科学与美国初创

杰斐逊、富兰克林、亚当斯和麦迪逊政治思想中的科学

[美] I. 伯纳德·科恩　著

王兆凯　译

北京出版集团
北京出版社

著作权合同登记号：图字 01-2025-0304

图书在版编目（CIP）数据

科学与美国初创：杰斐逊、富兰克林、亚当斯和麦
迪逊政治思想中的科学 ／（美）I. 伯纳德·科恩
（I. Bernard Cohen）著；王兆凯译 . — 北京：北京出
版社，2025. 2

书名原文：Science and the Founding Fathers：
Science in the Political Thought of Jefferson,
Franklin, Adams, and Madison

ISBN 978-7-200-18239-2

Ⅰ. ①科… Ⅱ. ①I… ②王… Ⅲ. ①科学技术—思想
史—美国—普及读物 Ⅳ. ① N097.12-49

中国国家版本馆 CIP 数据核字（2023）第 156907 号

总 策 划：高立志		选题策划：司徒剑萍	
责任编辑：白　云		学术审校：周珊珊　王　卓	
责任营销：猫　娘		责任印制：燕雨萌	
装帧设计：周伟伟			

科学与美国初创

杰斐逊、富兰克林、亚当斯和麦迪逊政治思想中的科学

KEXUE YU MEIGUO CHUCHUANG

［美］I. 伯纳德·科恩　著

王兆凯　译

出　　版　北京出版集团
　　　　　北京出版社
地　　址　北京北三环中路 6 号
邮　　编　100120
总 发 行　北京伦洋图书出版有限公司
印　　刷　河北鑫玉鸿程印刷有限公司
开　　本　787 毫米 ×1092 毫米　1/16
印　　张　18.25
字　　数　279 千字
版　　次　2025 年 2 月第 1 版
印　　次　2025 年 2 月第 1 次印刷
书　　号　ISBN 978-7-200-18239-2
定　　价　98.00 元

如有印装质量问题，由本社负责调换
质量监督电话　010-58572393

献给：坎布里奇（哈佛大学所在地）的同事

伯纳德·贝林

唐纳德·H.弗莱明

莉莲和奥斯卡·汉德林

杰拉尔德·霍尔顿

并献给：苏珊·T.约翰逊（作者的妻子）

目　录

中文版前言

我非常高兴中国读者能看到我的《科学与美国初创》。我相信，这些美国奠基人——杰斐逊、富兰克林、亚当斯和麦迪逊——的崇高气质，以及他们为建立一个新国家的奋斗史迹，值得中国读者去了解。特别是中国人民可以从这样的事实中得到启发，即在200多年前，这些奠基人就已经意识到：科学在阐明学说和为国家前途做出抉择时的重要作用。

科学推动技术和医学的进步、促使农业增产、为人民之间的交往提供了越来越方便的条件。科学是变革世界的主要力量，今天已被我们接受为公理。但是在18世纪70年代末美国诞生的时候，像今天这样平常的科学的实际应用还没有实现。17世纪以来，尽管许多科学家和哲学家都预言过：新的实验科学的诞生将带来"成果"，或者说将在我们的生产生活用品、食品、防病和治病、通信和旅行及保护我们在战争中免遭敌人伤害等方面做出贡献。但在美国建国初期，大约是1775—1800年间，科学家们对大自然的探索，还没有产生这么多的实用成果。

我们今天非常熟悉的科学发现在各方面的应用，那时候都还没有实现。直至1800年，只有一种了解大自然力量的科学发现得到了实际的应用，那就是富兰克林发明的避雷针。

富兰克林曾从事于电学的研究，因为这在当时来说是一种未曾了解的新的现象。我们今天生活在已经电气化的世界里，对我们来说，电学研究显然有着重要的实用价值。但在富兰克林开始研究电学时，它还是一点实用价值都没有的。它只是一种产生震动、火花、引力的新的自然力量。富兰克林着手去探索它是怎样运作的、它的主要现象和它的规律。

最后，富兰克林发现了电的相引和相斥的规律、导体和绝缘体的作用及尖端导体吸引电荷的能力。在注意到实验室制造的电火花和天空中雷电的相似性后，他运用自己的发现去设计一个实验，来确定雷电是不是一种电学的现象。他试图证实雷电和实验室中的电火花是同样的放电现象，只不过规模大一点。

雷电实验是成功的。富兰克林证实了雷电是一种放电现象，并运用他的电学发现进一步发明了避雷针，可使住宅、仓库、教堂和其他建筑免遭雷电的袭击。迟至19世纪30年代，富兰克林发明的避雷针是科学研究可以带给人类实际效益的唯一例证。因此，我们会更加赞赏美国奠基人尊重科学，并期望将其应用于国家事务的远见卓识。

今天，当科学已普及到人类生活和事务的每一方面时，我们更加崇敬这四位美国奠基人。他们不仅认识到科学的价值，而且谋求利用科学成果和科学知识去建立世界的新秩序。正如美国国玺上的格言所表明的："时代的新秩序"（原文为拉丁文NOVUS ORDO SECLORUM）。新秩序是他们制定的，所以他们相信，在这个新国家体系中科学是重要的组成部分。

原版前言

　　本书的指导原则是，我们确信科学是历史的重要组成部分，而科学史能说明美国历史的若干中心内容。正如常见的那样，本书是研究那些似乎毫不相干的问题的产物，即研究物理学、生物学和社会科学的相互作用。其重要成果之一曾被我编成书，名为《自然科学和社会科学：批判的和历史的观点》(1994)；我自己写的章节曾单独成书，名为《自然科学与社会科学的互动》(1994)，并在意大利以书名《自然科学和社会科学》出版。

　　上述著作涉及的社会科学主要是经济学和社会学，有些篇幅涉及国家理论。在研究中我反复遇到这样的例子，政治思想，甚至政治行为过程本身取决于科学的影响，或把科学用作模式、隐喻和类比的来源。我特别发现在18世纪的理性时代，当科学被当作人类理性的最高表达时，它成了类比和隐喻的源泉。这意味着有价值的科学系统常反映在政治演说词中。例如对美国奠基人的政治思想颇具影响的17世纪英国政治理论家詹姆斯·哈林顿曾引用生理学家先驱威廉·哈维的著作以提议他的政府理论体系。

　　多年来，我热衷于自己发现的牛顿学说对《独立宣言》的影响，并多次与我的研究生进行讨论。我十分欣赏杰斐逊对牛顿的科学和数学方面的掌握，这是他思想的一大特点。通常对杰斐逊的讨论只局限于他对牛顿学说的忠诚和对牛顿的崇拜。他的思想其实更为深刻。最后我认识到科学是他的政治思想和行为的重要特征。

我研究本杰明·富兰克林的科学思想已几十年了，早就看到他的人口统计学理论影响着他的政治思想。这很容易使人想到科学和他政治生涯的关系。大学毕业后，我曾被宪法中的牛顿学说所困惑，而且徒劳地寻找证据，看宪法在何处有意或无意地模仿了牛顿学说。最后我在伍德罗·威尔逊的著作中找到这种说法的出处。在本书第五章，威尔逊的大量陈述——正如那些重复自己论点的学者——是基于对《原理》中科学是什么的严重误解。我对科学与宪法的关系的研究引导我直接去研究詹姆斯·麦迪逊的思想。那个"约翰·亚当斯在他的政治文章中使用科学"的题目是意外的收获。我也欣喜地发现在那个年代，别的人如詹姆斯·威尔逊和托马斯·波纳尔如何运用科学。

在写作此书的过程中，我多次怀着敬畏的心情，面对前人涉及《独立宣言》和宪法等大量文献以及富兰克林、杰斐逊的思想和职业生涯的巨著原文，更不用说越来越多地加深对亚当斯和麦迪逊著作的认识。我必须问自己类似梅里尔·彼得森在写杰斐逊传记时提过的问题："在写作中我有时被人好奇和惊异地问到，还会有什么关于杰斐逊的重要的事没写出来吗？"我附加的问题是："像我这样并非美国政治思想史、外交史、社会史专家的门外汉，还能在前人的基础上有新的建树吗？"正是这个问题，确定了我的任务。

一个科学史家的培养过程与绝大多数美国历史学家截然不同，这不能不给本书带来不同于历史文献中流行说法的新观点。举一个例子就够了。无数学者、研究生和一般读者读过杰斐逊的《弗吉尼亚州备忘录》（1787），但据我所知没有人注意到杰斐逊利用了《原理》——主题是与自然科学似乎不相干的书——中的精确陈述。这个经验使我相信只有学过牛顿科学的人才能认识到《原理》对《独立宣言》的影响。

华盛顿的《告别演说》是众所周知的。所有读者都能认识到演说的主题是警告不要与外国结成政治联盟，而另一主题是捍卫我们自己内部的联盟。但很少有人注意到华盛顿的强烈忠告，要求美国人民支持知识的传播，他用了美国在建立第一个科学协会时熟悉的说法："……为了知识的增长和传播。"

美国奠基人，主要是杰斐逊、富兰克林、亚当斯和麦迪逊的政治思想和政治行为。我认为富兰克林在科学界的崇高声望是他后期外交生涯取得成功的重要因素。但美国人民是否认识到这一点呢？当富兰克林受国会派遣和塞缪尔·蔡斯、查尔斯·卡罗尔一起争取加拿大的支持时，他的名字在按字母次序排列的规则下反而排在别人的前面。蔡斯的称呼是："塞缪尔·蔡斯先生，马里兰殖民地代表之一"，卡罗尔的称呼是："卡罗尔顿的查尔斯·卡罗尔，马里兰殖民地"，而富兰克林被称为："本杰明·富兰克林，巴黎皇家科学院会员、英国皇家学会会员，以及宾夕法尼亚州代表之一。"他的名誉地位和博士称号被放在次要的位置，重点是他是巴黎皇家科学院会员和英国皇家学会会员。他是这两个学会的唯一新大陆成员。在一个世纪之内，没有人能得到像他一样的地位，直至路易斯·阿加塞斯成为这两个学会的会员。

我在本书谈到的对美国殖民地史、思想史和政治思想发展的思考，受到许多学者的影响。其中主要是伯纳德·贝林、埃德蒙·摩根、梅里尔·彼得森和 J. G. A. 波柯克。其他值得注意的是道格拉斯·阿代尔、卡尔·贝克、艾德里安娜·柯奇、保利娜·梅尔、理查德·莫里斯和戈登·伍德。

我衷心地感谢理查德·劳斯贝利基金会对本书研究工作的支持。它的创始人和主席艾伦·麦克亨利是我事业的支持者。作为一个杰出的人物，他成了受到该基金资助的所有学者和科学家的真正朋友。在受到基金会支持的日子里，我们也成了朋友，这是我平生一大乐事。

在此书准备工作中，我得到了我的研究生的协助，尤其是凯瑟琳·汤斯和爱摩丽·汤斯。梅雷迪思·圣·沙维尔根据难以辨认的手稿提供了打字稿。尤其是朱莉娅·布登兹对我的协助，她紧密地参与我每一阶段的研究和写作，并提出宝贵的建议。麻省福拉明翰州立学院的艾拉尼·斯多拉教授对本书初稿提出了有益的批评意见。我还经常得到我的出版者爱德·巴伯的关心和鼓励。

笔者纠正了本书平装版的一些小错误，并修改了对亚当斯运用牛顿第二定律和他不接受原子-分子假说的讨论。

第一章　科学和美国历史

1. 对科学和美国奠基人之间关系的研究

美国奠基人的专题文献有很多，且不断有新作产生。像杰斐逊、富兰克林、亚当斯和麦迪逊这样的人物，其思想和生活的每一方面，几乎都曾成为研究主题，写就成专著、论文。不过目前，仍然找不到专门研究科学在他们政治思想中扮演的角色的论述。虽然很多作者声称，美国宪法在某种程度上受到艾萨克·牛顿科学的影响，但他们的论点不能使人信服，或是给不出明确的例子，或是错误地声称牛顿学说是以静态平衡或均衡概念为核心。没有一本书能明确指出科学思考在何种程度上真正意义地引导了美国奠基人的政治行为。

然而，有关美国历史的学术著作并非完全没有提到科学与美国奠基人的关系，这一主题一定程度上纳入了美国殖民地和早期联邦史的研究范围。这不足为奇。美国孕育于被称为启蒙时期或伟大的理性年代的历史时期，而当时科学被誉为人类理性的最高表现。学者们公认牛顿科学是当时人类思维的最高成就。无法想象18世纪有思想的人们会没有受到牛顿所创立的科学理念、概念、原则、定律，以及物理学、生命科学和医学方面成就的影响。

显而易见，科学，特别是牛顿科学是美国奠基人思维模式的组成部分。本杰明·富兰克林本身是科学家，他崇拜牛顿，青年时期在伦敦就试图去拜会他。托马斯·杰斐逊终生热爱科学，牛顿的《原理》是他喜爱的著作之一，牛顿的画像一直挂在他家的历史伟人画廊中。约翰·亚当斯在哈佛学院上学时就学习了牛顿的自然哲学，并自豪于能在关于州和国家立法机构的辩论中引用牛顿运动定律。亚当斯的成就之一是参与组建美国艺术与科学院，该学院与富兰克林的美国哲学学会分庭抗礼。然而，关于他的两本学术性传记都没有充分注意到这位重要的美国奠基人的这一贡献。詹姆斯·麦迪逊在普林斯顿学院上学时研究了牛顿科学及其重要意义，他还写过比较自然界和人类事务相似性的短文。毋庸置疑，这四位人物的思维模式，包括政治思想，无不受到他们所处时代的科学的影响。因此，我们首要的任务是，确认科学进入他们政治思想的现实事态，认清这种影响的本质和评价它的重要性。

首先必须提出一点，如果科学真是美国奠基人政治思想中的重要成分，这一主题怎么会被几代的美国历史学家忽略呢？答案涉及几个方面。首先，许多美国历史学家的确认识到了科学为政治论争提供了类比和隐喻，毕竟历史文献本身阐明了科学的这个作用。此外，许多学者在讨论《独立宣言》的思想时提到了科学或科学哲学，其中有卡尔·贝克、莫顿·怀特和加里·威尔斯。综上，"科学与美国初创"这一主题非本书首创；然而，在全面性、多维度和前所未有的深度上，本书确是开辟了一条新路。

更重要的是本书从另一角度研究了美国历史问题。我的学术背景有别于传统的学者，我的研究主要不是着力于美国政治思想、文学或哲学、外交或政治史、经济或文化史，而是着力于科学，特别是科学史。我受的训练为识别政治文献中的科学出处提供了可能，而其他背景的学者很难做到。举两个例子。其一，詹姆斯·哈林顿，17世纪政治理论家，他的《大洋国》（Oceana）曾被称为"宪法的蓝图"，他把自己的方法叫作政治解剖学。哈林顿崇拜威廉·哈维（血液循环发现者），运用了基于哈维工作的许多类比。他仿照心脏的两个心室，主张建立两院制议会。他甚至提到两个心室在尺寸和强度上的区别，提到哈维论述了两个心室各自泵出的血液是不一样的，因此断定两院也应有其不同的功能。只有科学史家或真正熟悉哈维发现的本质的人才能充分领会这种类比。此外，只有懂得哈维对动物生育的研究的科学史家才能看出哈林顿运用的其他政治类比也是来自哈维。像"一切皆由卵生"（Ex ovo omnia）这样大胆的陈述，直接取自哈维的拉丁文著作《动物的生育》扉页上的标语。其二，杰斐逊。同样，只有科学史家或真正熟悉牛顿《原理》原文的人才能看出杰斐逊在《弗吉尼亚州备忘录》中的某些陈述来自牛顿。

我已经提过，不少历史学家觉察到在美国奠基时期，牛顿科学对美国思潮有重要意义。然而他们中的绝大多数人不具备物理学或生物学方面的渊博知识，更不要说懂科学史或早期的科学问题。结果，我们图书馆架子上摆满了各式各样作者写的关于美国奠基人的琳琅满目的书，谈及私人生活、思想和成就的方方面面，而恰恰没有谈及科学。此外，有少数不太关心美国历史的科学史家也写了一大堆有关本杰明·富兰克林的重要学术著作，却没有试图寻找他的科学事业和政治事业的联系。谈及杰斐逊和科学关系的书有四本，没有一本充分探讨他的政治思想和行为中的科学因素。据我所知，没有人认真探讨过科学在约翰·亚当斯和詹姆斯·麦迪逊政治生涯中的重要作用。

杰斐逊的情况与他人稍有不同，传记作家们已认识到他热爱科学，用了大量时间和精力来从事科学研究。像杜马·马隆、梅里尔·彼得森等，他们的评述中已经包含了科学方面的主题。但是，就我所知，没有一本能看到杰斐逊唯一的著作《弗吉尼亚州备忘录》的内容和他起草的著名的《独立宣言》中有源自牛顿《原理》的成分。

此外，科学在杰斐逊的智识生活中有重要意义，而我们至今仍没有把科学当作其职业生涯中的重要部分。有一个例子足以证明杰斐逊作为一位科学的信徒，与他如今被树立的形象是有差距的。1797年当杰斐逊去费城就任美国副总统时，他带了一些骨化石，并在为美国哲学学会（美国历史最悠久的科学学会）做的古生物学演讲中进行了演示。由此，他在继天文学家大卫·里滕豪斯之后当选会长。曾有人说他更自豪的是身为美国哲学学会会长，而不是美国副总统。[1]根据约翰·亚当斯的回忆，杰斐逊作为《独立宣言》起草人所具备的三个条件之一是他的科学知识。然而1993年，杰斐逊诞生250周年纪念，在那个他带着化石做过演讲并当选为会长的学会，被纪念的居然只是他对古典文献的兴趣，而不是科学。同年，国家人文科学捐赠基金会在各大城市组织了一系列纪念他的演讲，主题包括杰斐逊和宗教自由、杰斐逊和建筑等，就是没有杰斐逊和科学。

为什么美国人一般不认为科学是美国历史的重要组成部分？为什么学者没有更好地探讨科学在建国过程中的作用？我相信一定有许多原因。首先是，科学在美国历史发展中的作用显然并未得到公众的认可，科学工作者的名声远不及军事英雄、政治家、社会活动家、商业巨头、发明家，甚至某些作家和艺术家。获选美国总统的曾有军官、教师、教授、工程师和律师。特迪·罗斯福（西奥多·罗斯福的昵称）在生物学上有相当的造诣，并以此在牛津大学做过科学讲演，然而至今，唯有杰斐逊被真正当作具有科学专长的美国总统。

在建国初期，只有本杰明·富兰克林一位政治领导人在科学界享有盛誉：他是当时世界上公认的一流科学家。但我们的历史学家没有足够的知识，对科学的理解力不够，无法评估他在科学上的成就。这些历史学家或是轻视他对基础科学的贡献，或是不了解他的实际价值，把知识进步和应用混淆，把他的科学发现与发明摇椅、双焦点眼镜等小玩意儿同等对待，或看作是他的另一个"玻璃琴"。

科学在美国历史上的作用被忽视的另一个原因是科学史作为一门学科在学术界还非常年轻。直至今日，许多大学和学院没有设置科学史专业。美国研究或美国历史课中，科学史一般是不讲的。非但没有开设像"科学和美国"这样的课程，而且课本和教学大纲都倾向于不把科学作为一个重要因素列入美国历史。科学史作为一门正式被承认的新学科是如此年轻，它的第一个博士生1943年才刚刚毕业。因此毫不奇怪，对于科学在美国的兴起和文化发展中的作用，我们才刚刚开始进行全面评估。

2. 与政治思想及政治行为有关的科学

对科学与美国初创的研究是一个更大主题的分支，即科学以何种方式影响我们的政治思想和政治行为。在当今世界，对该主题的研究会直接引向科学的技术后果：核武器扩散和军备限制、技术对环境的破坏和自然资源的保护、职业病和危险废弃物的处理、新的治病和保健方法，等等。有许多例子能让我们看到由科技而产生的政治后果。150年前，驻外大使是全权代表，他们不能与派出机关及时取得联系，只能全权代表政府处理问题。在电磁学引发伟大的通信革命之前，大使要在没有指示的情况下自己做决策。当时欧洲和美国之间的通信非常缓慢。1812年，美国在新奥尔良战场上获得大捷，然而这次战斗居然发生在结束敌对行为的和平协议签订的两个星期之后。与此形成鲜明对比的是，今天，一位大使只要拿起电话拨给本国政府的外交部部长，就能请示在联合国讨论某问题时该投什么票，甚至是国际性宴会上该怎么回应人家的祝酒词。这种变化是科学通过技术影响政治行为的非常典型的例子。

但是科学和生物医学影响我们的思想的方式与技术不同。科学对社会和政治思想的影响有些是我们觉察不到的。举个例子，科学和生物医学的强大影响渗透到了日常社交谈话和政治演讲的隐喻中，其中很大一部分隐喻来自生命科学。我们经常说的国家"元首"，还有触及问题的"核心"，这些政治隐喻就来自动物学；我们常借用古典物理学名词"力量"来谈论社会、政治和经济问题；医学提供了"健康""病态"以及"社会病理学"这样的概念给经济学、社会学；我们常说的"正常"（相对于"病态"）情况是医学和统计学的另一贡献；统计学还带给我们一个重要的概念"平均数"；一个化学隐喻被用于对法官资格的讨论：估量法官对堕胎问题的态度被称作"石蕊试验"。而我们还从20世纪物理学中借用一个术语"量子跃进"来形容大幅度的进展，错误地以为量子力学中的"跃进"非常大规模。

美国奠基人很明白自己在政治演讲中引用了来自医学、物理学、生物科学的隐喻和类比。我们看到，约翰·亚当斯知道关于政治平衡概念的权威是詹姆斯·哈林顿，也知道哈林顿的想法来自生理学。因此在申明哈林顿的伟大之处时，亚当斯没有拿哈林顿和物理学家牛顿相比，而是把他的政治发现和血液循环的发现者、现代生理学奠基人哈维的发现相提并论。

当研究科学在美国奠基人政治思想中的作用时，我要强调我们主要涉及的是科学的理念，而非从属的技术。不过避雷针是一个例外，它的设计说明，当时主要是政治因素决定了避雷针的形状。在当时的辩论中，没有人对避雷针保护公众和私人住宅免受雷电袭击的有效性提出问题，被讨论的是避雷针的针尖形状。在这种情况下，是政治而不是科学做出了最后裁决，因而裁定，在英国避雷针的顶部应是球形的而不是尖的。

科学理念除在技术上有应用价值外，也常在政治上产生巨大的反响。科学理论的政治、经济和社会含义的重要性常会促成一个研究项目，对某些基本科学理论提出质疑，并最终予以纠正或推翻。例如，一种谬论的终结在政治上对美国的发展产生了重大影响，它认为北美原生动物和土著民族在生理上和智力上相对于欧洲是劣等的，欧洲移民和他们的家畜将经历"从旧世界到新世界"的迁移和"退化"的痛苦历程。这种谬论只有用强有力的科学反驳才能予以纠正，只有好的科学才能赶走坏的科学——与格雷欣法则（Gresham's law）"劣币驱逐良币"[①]相反，这恰是托马斯·杰斐逊完成的一项使命，他的努力记录在他唯一出版的书，即《弗吉尼亚州备忘录》中。

　　科学理念与政治理论有时会协同发展。从本杰明·富兰克林的政治思想中可得一例证，这涉及的是一门新的学科——人口统计学。富兰克林在有关美英关系问题的政治论述中发展了他的人口理论。他预言在北美会出现一个新的英国世界人口中心，由此他制定了一条政治路线，其立场是英国在对法战争取得胜利后，作为战利品应吞并加拿大而不是瓜德罗普岛。

　　有时在政治理论或辩论中运用科学理念，与其说是为了提供立场，不如说是为了提供论据。我们看一下亚当斯和富兰克林在辩论美国立法机关和国会应是两院制还是一院制时的相互交锋。为了反驳他的对手，亚当斯引用了最高的科学权威：牛顿的《原理》——那个时代最伟大的科学著作。在此亚当斯把牛顿物理学知识当作词汇库，运用科学类比来阐明自己的政治论点，同时也利用了牛顿的最高科学权威来支持自己的政治论点。此类修辞很自然地会引导我们去探究类比和隐喻在政治文章和辩论中的作用。

3. 政治思想中的类比

　　科学理念运用于政治思想和论述中的重要方式之一是类比。在使用类比思维方面，某些社会科学家走在了前面，声称在社会学、政治学和部分物理学、生命科学之间有某种一致性。因此，一批19世纪的社会学家认为社会"是"一个有机体，要寻找类似生物细胞的社会对应物。[2]不过更普

[①]　译注：美国历史上曾同时发行金银两种硬币，由于黄金价格上涨，金币被持有者收藏而从流通中消失，人们开玩笑说坏钱把好钱赶跑了，即所谓格雷欣法则。

遍的情况是，流行的物理科学和生命科学成了类比和隐喻的来源。

通常没必要，也很难画一条线把类比和隐喻截然分开。它们都涉及两个事物的比较，把一个事物的属性和另一个不相干的事物的属性结合起来考虑。在科学上类比通常以这样的假定为基础，即两个事物或科学分支在功能或特征上类似，因此，它们的概念、原理、方程式和理论可以互相转换。[3]一个著名的例子是詹姆斯·克拉克·麦克斯韦对万有引力定律和热传导理论的类比。他写道，虽然"热在均匀介质中传导"的定律，"乍看起来完全不同于"引力，但通过类比，他发现"引力问题的解"可以转换为"热传导问题的解"。通过这个例子，我们可以看到类比成为推进科学思想的很有用的工具。事实上，在物理学、生物学和地球科学上类比的传统用途就是发现的工具。杰里米·边沁宣称类比是科学发现的重要工具。在《物种起源》中，查尔斯·达尔文不仅广泛地使用了类比，同时也提醒"类比可能导致错误"。但他仍然说："通过类比，可能地球上曾经存在的所有有机生物都是从第一个有呼吸的原初生命形式繁衍而来。"[4]

这种对类比的使用，阐明了阿尔弗雷德·诺斯·怀特海所说的"发现的逻辑"，也即知识增长的途径，麦克斯韦称之为"激发合理数学理念"的过程。我们要注意在一切科学的发展中，在科学家利用他人的理念时，一个非常有创造性的转换往往貌似只是原来理念的部分或不完整的复制，甚至是戏剧性的改造。就这样，一个新的重要概念就诞生了。我们可以看到这类转换所产生的非常基本的物理学和生命科学的概念：哈维的血液循环学说、牛顿的物体惯性概念、富兰克林的单电流体的创立，还有达尔文的自然选择理论。从这个意义上我们可以充分理解为什么类比的使用是"发现的逻辑"的核心：它产生新知识的途径是彻底的创造性转换，而不是克隆。

怀特海在提出"发现的逻辑"的概念时，把它与"发现后的逻辑"相对照。在后者，类比是用在发现完成之后。类比的第一个用途是帮助解释难懂的概念或原理。比方说在讲解电路原理时，一种方法就是从更熟悉的机械科学中建立类比，甚至用机械模型来模拟电路作用的某些主要方面。这样，类比使得某些事物变得容易理解。

类比的第二个用途是使一个新的概念合理化，使它看起来是有道理的。卢瑟福提出原子不是物质的一个连续的片段，而是由中间的原子核和围绕它运行的一个或多个电子组成。当时，为了使人信服，他解释他的原子模型就像一个微型的太阳系，而不是什么奇奇怪怪的东西。西格蒙德·弗洛伊德写到他如何压下自己关于人类记忆功能的概念暂不发表，因为他知道同事会感到理念很难被接受。后来，他想出一种机械类比装置叫作"神秘手写板"①，使它的概念大众化了。他宣称这一类比表明他想象的那种功能绝非荒诞的东西。所以，类比可以用来支持某些理念，使它们变得合理、可以接受、被接受。[5]

与类比的上述用途密切相关的是伴随价值系统而呈现的相似性。类比的这一功能使之进一步迈入了修辞学领域，既会关乎单一词语或图像，比如在发言中的简要描述；也会是相似性的拓展表述。类比的第三个用途，也可以叫作隐喻，尽管在类比和隐喻之间无法，也没必要做严格的区分，但对价值系统的转移却特别有意义。

例如，19世纪中叶，威廉·斯坦利·杰文斯使用类比为在经济学领域运用微积分做辩护。他说，这很正常，微积分用在其他学科已几十年了，尤其是在理论力学上。他甚至特别类比了经典力学和经济学的问题形式，说明经济学提出的方程式和经典力学用虚功原理分析杠杆的方程式在形式上是一样的。挑剔的读者会看出这个说法有攀高枝之嫌：数量经济学居然能和崇高的牛顿经典力学相提并论。在杰文斯的论点中，最值得回味的是把牛顿经典力学的合法性和价值转换到经济学。[6]

杰文斯的这个例子说明了用隐喻法可从一门学科到另一门学科之间进行价值转换，也表明经济学与其说是社会科学，不如说是数学。精确的数学、物理学到自然科学领域的例子不太会被人们意识到，因为在17世纪的科学革命中，那些文风受"新潮科学"或"新潮哲学"影响的思想家和作家对修辞不感兴趣。倡导和从事新潮哲学的人们认为修辞在科学论文中无用武之地。科学应使用简单、清晰的语言来叙述实验和观察证据，随后是严格的归纳或演绎。每一个步骤都应用不加修饰的、清楚明白的语言（不带一点修辞性的花哨），以免读者在证据和逻辑上分心。这也是数学受到

---

① 译注：就是我们以前用过的复写纸。

极大尊重的原因之一，它的论述摆脱了修辞。但今天，一些科学史家和科学哲学家认识到科学有它自己的修辞学：有一套写论文的惯例、假设和规则，是不能由实验、观察或数学推演来证明的。同时，当一门科学的概念或过程作为类比或隐喻被另一门科学采纳时，意味着前一门科学的价值和成就对后一门科学也有效。

在将物理学、生命科学的概念、原理、定律运用于政治、社会思想和行为领域时，也呈现了类比运用的各种典型特征。在某种情况下，我们可以区分"发现的逻辑"和"发现后的逻辑"，而在大多数情况下是无法区分的。当奥古斯特·孔特采用医学概念对"正常"和"病态"做社会分析时，他非常清楚自己是在援引人体组织和社会进行类比，他写明曾对伟大的医生和生理学家弗朗西斯·约瑟夫·维克多·布罗塞的理念做过特定运用；但我们现在没有足够的证据来确定：哈林顿运用两心室的概念是为了构造两院制议会的概念？抑或不过是援引哈维对心脏的分析作为类比，使他关于议会的想法更加合理化。

在美国革命和建国时期，可以从乔治·贝克莱、大卫·休谟、亚当·斯密关于社会政治的著作中找到使用类比的杰出案例。这三位思想家都与美国政治、社会、思想史有某种联系；他们的著作都反映了牛顿那些在物理学、天文学中经过千锤百炼的理念如何被类比于完全不同的概念领域。

乔治·贝克莱，后任爱尔兰克洛因主教，以极端的"唯心主义"哲学立场而闻名。他早年在美国的经历引起了我们的注意。贝克莱精通牛顿数学和物理学，他还写了关于牛顿微积分基本原理的非常重要的评论。[7]在1713年写的一篇论文中，贝克莱声称他的社会或政治体系原理建立在与物质世界和牛顿万有引力定律相类比的基础上。他准确阐明了牛顿的天体力学，这是相当了不起的。正如我们所知，18世纪的许多社会和政治思想家，还有一些历史学家，对牛顿的天体力学有错误的认识，以为在牛顿天体力学中行星和其他做轨道运行的星体处于平衡态，因为他们假定向心力和离心力是平衡的。[8]

在论文中，贝克莱声言[9]社会是牛顿物质世界的类似物（他的用词是"平行事物"），因而在"人的精神上和心灵中"也有一个"引力原理"。[10]这种社会引力驱使人们参加社会、政治组织，如"社区、俱乐部、家庭、朋友圈和其他社会群体"。此外，正如质量相等的物体，"距离越近，彼此的吸引力越大"；同样，"关系越近，彼此间的吸引力越大"。他从类比中引出了若干关于个人和社会的结论，其范围从父母对孩子的爱到国家之间的交往以及对每一代的发展前景的关切。虽然贝克莱提出了社会引力的概念，把人的心灵和接近程度类比成物体和距离，但他没有追求概念上的严格对应，也没有把他所说的道德力量度量化。[11]换句话说，他没有追求和牛顿定律在数学上一样精确。他所做的只是在总体上创造和利用了一个恰当、强有力的类比。

大卫·休谟的《人性论》类似贝克莱的论文，其对牛顿万有引力定律做了整体类比，没有提出任何相应的数学定律。我们特别关注休谟，因为他是富兰克林的同事，在美国革命时期，他的理念在政治思想家中曾产生重大的影响。[12]休谟的目标是建立一门新的个人道德行为的科学，相当于牛顿的自然哲学。[13]他宣称发现了"联想"（Association）的心理学原则，有"一种引力，它像自然界的引力一样在精神世界有着非凡的作用，并表现为多种形式"。[14]简言之，他相信心理现象和物理现象之间可类比，都会呈现各方面的相互引力。但他没有提出类似牛顿万有引力定律那样的心理引力定律，也没有提出类似"质量"之类的牛顿《原理》中的基本概念。[15]他关于人性的定律不是要在形式上仿照牛顿的万有引力定律，而是要建立关于人的科学——如同牛顿定律建立了关于物质客体的科学。他的定律确是牛顿定律的类比，因为两者有相同结构的基本原则。

前面的两个例子说明了类比如何引导思想家在其他领域运用牛顿的科学。他们都以牛顿物理学为模板来创建体系，引入的概念或定律可与牛顿理论力学相对应。贝克莱和休谟的目标都是创造与牛顿自然哲学体系类似的思想体系。在19世纪初叶，以牛顿科学为模板的还有不同的例子。傅立叶的空想社会主义是每一个研究美国历史的人都特别感兴趣的，19世纪初叶美国许多空想社会主义者的社会基层组织都是按他的思想体系建立起来的。[16]傅立叶认为他创立的社会政治思想体系可与牛顿理论力学直接类比。他宣称发现了等价于万有引力定律的定律，可运用于人的本性和社会行为。他甚至夸耀自己发现的"引力微积分"是"万有引力定律中被牛顿遗漏的部分"。[17]1803年，他又进一步发现了"和谐微积分"，宣称他的"数学理论"超越了牛顿；因为牛顿和其他科学家、哲学家只发现了"物质运动的规律"，而他发现的是"社会运动的规律"。同样，傅立叶的牛顿主义的有利之处是既总体上基于与牛顿科学类比，而又不需与牛顿物理学在概念或定律上完全或精确对应。

亚当·斯密1776年出版的《国富论》在谈及他的著名概念"自然价格"时，他写道："自然价格是中心价格，全部其他价格皆不断受其吸引。"[18] 其中"全部"和"不断受其吸引"皆来自牛顿科学和他的万有引力定律。用于太阳系或木星及其卫星系统的牛顿万有引力定律竟然被斯密释义为他自己的语言：有一个处于中心的物体，而其他全部围绕它运行的物体皆不断受其吸引。事实上，这一段已被某些经济史家作为斯密用牛顿科学来表述自己的经济学体系的例证。另一例证是斯密写过一本天文学著作，在书中显示了他对牛顿科学成就的领悟。[19]

斯密将引力概念应用于自然价格，是基于物理世界和经济世界之间的假设性类比。但我们要注意，斯密的原理在一个重要的点上不同于牛顿的物理引力。牛顿物理学的基本原理之一是运动第三定律，作用力和反作用力永远是大小相等、方向相反的——这个原理被约翰·亚当斯用来构思最适合美国的州议会制度。第三定律的推论之一是所有物体不仅被吸引到中心物体，而且是彼此相互吸引的。就是说中心物体也永远被引向所有其他物体。在我们的太阳系，所有行星被引向太阳，但太阳同样受到各大行星的吸引；同样，木星的所有卫星被引向木星，而木星也被引向它的每一个卫星。换一种说法，牛顿的万有引力不仅是一个物体作用于另一物体的力，而且是互相作用的力。根据牛顿物理学，在所有适用的情况下，中心物体必定被引向其系统中的所有其他物体。因此，如果为了完善斯密的经济学和准确地复制牛顿的引力理论，使斯密的定律等同于牛顿的定律，那么所有的价格都会彼此吸引，自然价格也受到所有价格的吸引。这种说法就使斯密的经济学理论陷入混乱。

因此，我们应该更加尊敬斯密。他仅仅部分复制了牛顿物理学的概念，把它改换并转用于经济学，这是重要的创造运用。只有辉格史学家才会挑剔他不完美的复制。事实是他为经济学创造了一个概念，而不是去研究天体物理学的问题。

斯密对经济引力的运用提醒我们，经济学和所有的社会政治思想都从来不是物理学或生物学的克隆，所使用的概念没有必要是对已有科学概念的精确复制。克劳德·美纳特非常深刻地叙述了这一原则。他认为成功的类比不是简单地"运送概念和方法"，而是"标新立异"的。他的结论是，当从一个领域转换至另一领域时，"概念拥有了自己的生命"。[20]

尽管曾带来了新发现、解释，或支持了一种政治理念，出现在政治或国家著作中的某些类比也可能被认为是失败的。产生否定评价的原因是，这种类比可能非常肤浅或曲解了所应用的科学。孟德斯鸠著名的《论法的精神》中有一个特别值得注意的例子。这本书曾极大地影响了美国宪法的制定者，他们特别注意孟德斯鸠提出的三权分立的概念。《论法的精神》有一段对君主制本质的牛顿式的讨论。这一段文字曾被用来证明孟德斯鸠是一位牛顿主义哲学家，以及因为宪法是在孟德斯鸠的影响下制定的，所以宪法是一份牛顿主义的文献。

在这段文字中，孟德斯鸠在君主政体与"宇宙系统"之间引进了一个类比。对君主政体，他写道，"中央有一股持久的能量排斥所有物体，而又有一股引力的能量吸引它们向着中央"。[21]这种"引力的能量"及"吸引所有物体向着中央"的观念，是严格的牛顿式的，完全取自牛顿的《原理》。但仔细阅读《原理》会发现，牛顿对"宇宙系统"的解说，明确否定向心力和离心力之间存在平衡。孟德斯鸠的一对引力和斥力的类比是不正确的。这不像亚当·斯密解释的力那样是对牛顿概念的创造性转换，甚至算不上是牛顿学说的一个部分。这事实上是一个错误：力要是平衡了，就没有加速度，因而没有引力，也没有牛顿世界体系了。[22]孟德斯鸠既不懂牛顿的万有引力概念，也不懂牛顿经典力学的基本原理。有大量的证据说明，孟德斯鸠从未充分领悟新的牛顿自然哲学原理。[23]此外在他的论著中，只有孤零零的一个"引力能量"有牛顿式的腔调。由此，孟德斯鸠的论著很难被看作牛顿学说的产物。

我们不知道孟德斯鸠是否从一个非牛顿学说的类比（中心出发的力和向心的力平衡）而发现了新的原理。如果是这样，他只是错在把向心力命名为"万有引力"，使它看起来像牛顿学说。那么，对牛顿概念的援引就纯粹是修辞性的了，只是试图把论点表现为他自己并未充分了解的最新科学。这个例子提醒我们，在政治语境中使用物理学和生物学概念应该依据政治论述的修辞学来理解。

同样，在政治决策上使用科学隐喻（即基于物理学、生物学或数学的隐喻），只能或主要应该视为演说家、作家、听众尊重科学的一种标志。因此，富兰克林的助手威尔逊在关于法律的演讲中不加任何注解引用牛顿的"惯性"概念，这明显认为，牛顿式的隐喻能让听众认识、欣赏和留下深刻的印象。

在政治论述中使用科学隐喻的另一目的是使政治概念或原理看似"科学化"，因而合法化。为此，要使用科学术语给政治演讲、文章披上科学的外衣以赢得"科学"的"荣誉"。在18世纪的政治论述中可找到大量例证，其科学隐喻的使用暗示着科学的价值系统已被政治和社会科学分享。事实上，价值系统的转换是在政治论文中使用隐喻的一个非常重要的方面。

4. 社会政治语境中的类比和隐喻：
詹姆斯·威尔逊和托马斯·波纳尔

从富兰克林的同事詹姆斯·威尔逊和曾是他伙伴的托马斯·波纳尔的文章中我们可以看到，科学的类比和隐喻用于政治领域，或是为了吸引和掌握读者及听众的注意力，或是帮助制造政治观点，或是把科学的价值转借到政治或社会理念的陈述。实际上，上述功能是政治修辞学的重要部分，是支持、证明、解释或修正一个特殊的信念或结论的方法。我们可以从1790—1791年威尔逊所做的"关于法律的演讲"中清楚地看到上述功能的作用。威尔逊是富兰克林的朋友和政治伙伴、制宪会议的代表，后来是宾夕法尼亚州最高法院成员。

威尔逊写道："公共团体有一种像物体一样的惯性。"[24]这里他用了牛顿《原理》中的定义三。在这个定义中牛顿提出"惯性"或"惯性力"的概念，即每一种物体都有"固有"的力来抗拒它的静止或运动状态的改变。在牛顿之前的传统物理学中，普遍认为运动的物体要有外部的力去推动才能保持运动状态。但在牛顿的物理学中，外部来的不平衡的力只能改变物体的运动状态。牛顿《原理》中的定义四是"不受外力作用的物体由于惯性力的作用将保持其静止或运动的状态不变"。这个原理在牛顿第一定律中做了充分说明，一般叫惯性定律或惯性原理。我们要注意，牛顿在这里对物体惯性的叙述稍有混乱，不单用了惯性这个词，还用了惯性力这个词。结果是，他把力这个词用在两个完全不同的意义上。一种力——表现为向心力（或万有引力）、冲击力（或撞击力）、压力——是去改变那些静止的或做匀速直线运动的物体的运动状态；另一种力是惯性力，要去保持物体静止或做匀速直线运动的状态。这种惯性或惯性力不能被外加的力诸如万有引力、撞击力或压力所平衡。所以，这两种力的说法是不相容的。[25]

用牛顿物理学原理来做类比，威尔逊说，"公共团体有一种像物体一样的惯性"，正如物理学上的物体一样，按牛顿第一定律，会保持静止或匀速的运动。所以（按威尔逊的说法）没有成正比的外在原因推动，"公共团体会保持他们固有的倾向性"不变。此外，他在这个类比中不仅使用了牛顿第一定律，还使用了牛顿第二定律，甚至引入了"成正比"这个理念。第二定律宣称"运动的改变程度与外加动力成正比"。

在使用这个类比时，威尔逊试图转借已被公认的牛顿物理学原理来说明"公共团体"的行为。这个类比的方式表明他对理论力学的公理和牛顿运动定律都有正确的领悟。他当然期望听众也能领悟他的类比，否则，他只会沉溺在无用的修辞中。

当间接提到牛顿运动定律时，威尔逊同时断言他的概念也是合理的。因为他暗示公共团体的行为也类似自然物体的行为并遵从牛顿运动定律。当然，通过引进《原理》的核心概念，他援引了可能是那个时代最高的权威——牛顿物理学。他转借了已被公认的科学的价值系统到完全不同的领域——个人或团体的行为。这隐喻明显地表示他的陈述具有牛顿科学的特征。

我认为意味深长的是威尔逊并不认为有必要提到牛顿的大名或巨著《原理》。他明显地假定听众已充分学过牛顿自然哲学，能识别这个类比的来源。同样，他在使用生物学上的循环系统做类比时，既不提哈维，也不提血液：

我想我已经表明，从权力和理性、从惯例和原则讲，"赞成"是人类政府和法律的唯一强制性的原则。通过对我们美好的政府和法律体系的每一部分的组成和运作来追踪这生气勃勃的原则下的多种和强有力的能量，将是本演讲令人愉快的任务。还有什么任务能比通过政治体制的每一分支和成员去追踪自由的循环更愉快呢？这类解剖学有特殊的优点——它追踪，却不会破坏生命的本义。[26]

可是，在其他地方，威尔逊通过明确地援引科学范例达到了同样的效果。例如，在谈到普通法如"经验法"时，他承认：

它非但不是没有自己的一般原则，而且现在这些原则已严格地建立在"有规律的哲学"的基础上。这是在另一门学科中，由牛顿爵士根据辉煌的成就提出和陈述的——是建立在一致性上，建立在或类似，或数不清的实验对照上，其精确历史已由法院的判定记录在案。[27]

不管威尔逊是否提到了伟大科学家的名字，他都用牛顿科学隐喻地强化了自己对政府和法律理念的陈述。

富兰克林的另一位同事托马斯·波纳尔于1740—1743年在剑桥三一学院求学时接触到牛顿科学。我们会看到他的文章中的科学类比和隐喻的一些特点。对研究美国早期历史的人来说，波纳尔是个重要人物。他青年时代来到美国，先担任新泽西州副州长，然后任马萨诸塞州州长，最后是南卡罗来纳州州长。他是富兰克林的密友，对地理学和地形学特别感兴趣。1787年他出版了《对大西洋洋流的水力学和航海学观测》，富兰克林甚至为之写了一些脚注。作为多产作家，他在争取授予美洲殖民地更多权益的论争中不是很成功。独立战争爆发后，作为下议院议员，他试图与王室谈判结束战争的行为也失败了。[28]

关于牛顿的话题最先出现在波纳尔1752年出版的《政体的原理》中，他在书中表述"宇宙万物皆从属于一条共同的引力和运动的定律"。就是我们的太阳系也有"完美的独立存在的原理"。无论如何，如果没有"统一的规律作为基础"，那么"这些系统将变成空中楼阁，不可能存在"。同样，波纳尔说，在"道德系统"中"许多有各自的居所和不同处境的个人群体没有理由不形成一种共性作为公共交往的基础，并以同样方式形成个人守则"。[29]

波纳尔最重要的著作是1764年出版的《殖民地的管理》。在该书一篇政治性文章中大量引用了天文学原理和牛顿物理学。例如，他描述殖民地政府像一种天文学系统，每个殖民地都有它自己特有的天空，从为首的推动者（大不列颠政府）那里接受它的政治运动。所以：

> 大不列颠作为这个系统的中心，必须也是引力的中心。所有的殖民地，其政府的每一种权力的管理、其司法权力的运用、其法律的执行和每一项贸易的操作，都必须倾向这个中心。[30]

1774年《殖民地的管理》出了第五版，该书的副标题宣称："讨论和陈述了殖民地的权力和法规。"为了加强政治修辞，该书还使用了其他科学比喻，其中一个是关于牛顿的特殊类比。波纳尔写道："如果各大行星上物质的数量增加了，结果将是太阳系引力的中心会移向太阳的表面，甚至被拉出太阳表面。"在政治上，他说："同样的自然规律，对所有的情况必然起作用。所以当殖民地的权益的重要性增长时，权力中心将不会继续固定在英格兰，而会被拉出岛外。作为真正的哲学家和懂得自然规律的人，我们应相应地追随系统的引导，去形成一个总的管辖系统，一个大不列颠和它的殖民地的联邦；并巩固其在大不列颠的共同的中心。"他预言二者必居其一，要么努力保持中央政府的位置在不列颠，用武力镇压那些不安分的势力。不然的话，最后由于不平衡，将使中心失去其原来的位置。[31]

在《备忘录——关于新旧世界之间目前的态势，最谦逊地致欧洲各位君主》1780年第一版[32]中，波纳尔再次借用牛顿的物理学权威，说明自然界和政治界有共同的原理或规律。他抱怨："政府自以为聪明，抗拒天意，必将一事无成。"他认为政府对政治领域和物理学世界必定有精神认识上的不足，而认为造物主赋予的精神只是一种想象。政府的大臣们反对由上帝的手掌管的联邦制。大臣们反驳说："你要指引我们的精神；你要做我们的贤哲，将导致精神错乱。"波纳尔最后说："错乱和反驳的结果是崩溃。能想象的后果是王国的外部领地一个接着一个脱离，所以国家会逐渐缩减。"[33]

这引导他到另一个科学隐喻。我们会再次看到他用牛顿学说的比喻来传送政治信息。这次他用了一个特殊的牛顿关于行星摄动的概念，太阳系中每一颗行星的引力都会影响其他行星的运动。波纳尔说："北美已成为世界体系中一颗新的主要的行星。虽然它自然地运行于自己的轨道，但必然影响在其他轨道上运行的行星，也必定改变整个欧洲世界体系的共同引力中心。"[34]

三年后，他出版了《致美洲各元首的备忘录》，很容易感受到该书广告词引起的共鸣：

> 此书陈述和解释美洲新的世界系统，在那里定居的人都是天然的自由的，个人的群落组织（优先于政治社会的考虑）是他们自然形成的。[35]

怪不得多年后，在一本叫《智能物理学：有关人的本性和生存方式进步的短论》的书中，波纳尔用牛顿科学的类比来表述他自己对人类心理学和伦理学的见解。[36]

5. 科学兴趣的转移和科学隐喻来源的变化

当历史学家认为"科学"与18世纪思想史、政治思想或哲学有关时，他们倾向于集中全力研究牛顿的科学。更常见的是，在这种努力下，他们的注意力不是研究一般的牛顿科学，而是集中在《原理》中详尽叙述的万有引力定律和运动定律及理论力学上。这被限制了的观念有许多较大的缺陷。首先是没认识到牛顿科学是分成两个完全不同的类别，[37]每个类别又有自己的两个方面。其一是数学原理和定律的发展以及它们在理论力学问题上的应用。理论力学是牛顿对力和由力而产生的运动的主题所起的名字。[38]这门学科是牛顿发展的，占了《原理》三册中的两册。《原理》的全称是《自然哲学的数学原理》。"自然哲学"这个词所包含的学科我们今天叫它物理学。其二是以数学为基础的分支，主题是天体力学，研究遵从万有引力定律和理论力学原理的宇宙体系。这是《原理》第三册的内容。牛顿其他类别的实验的科学表述在另一巨著《光学》中。《原理》是靠数学技巧——比率和比例、代数、几何、三角学、无穷级数、导数法（或叫微积分）推演出来的。而《光学》很难运用任何数学工具，只能由命题推出命题，并勇敢地宣称自己是由实验证明的科学。

这两本著作，《原理》和《光学》陈述了两类完全不同的科学的传统基础。一类是物理学的数学发展和天文学的物理原理，另一类是通过对自然的直接探索和实验来扩展我们对它的认识。前者的研究靠推论和数学证明，后者靠归纳和实验的证据。从事后一类研究的科学家包括许多18世纪的重要先驱人物，其中有斯蒂芬·黑尔斯，植物生理学奠基人；本杰明·富兰克林，电学理论创始人；约瑟夫·布莱克，现代热学概念创始人；安托万·洛朗·拉瓦锡，现代化学的主要带头人。

对应于牛顿著作的两个主要方面，18世纪大众对牛顿科学的兴趣也分成两个部分。通俗演讲家们用精心设计的实验性的演示来解释和证明牛顿动力学、理论力学和天文学的物理原理，使不懂数学的人也能听懂他的基本数学原理。其中最出名的是威廉·惠斯顿，牛顿的接班人、剑桥大学名誉教授卢卡斯，以及德萨居利耶，一位有才华的实验家，是应用牛顿原理去组织政府的诗歌作者，[39]他还写了一本两卷的书来介绍牛顿科学，该书自夸不用数学就能说明问题。[40]

《光学》比起《原理》来说对一般读者要亲切得多。《原理》是用艰涩的拉丁文写的，它的原理和证明都是用数学展示的。而《光学》是用优美的英文散文写的，又不带数学。事实上是牛顿自己故意使得《原理》难读，以避免自己的学说成为那些没有充分理解其学说的知识浅薄的人的攻击目标。他用了完全不同的方式创作《光学》来吸引和掌控读者的注意力。《光学》的主题特别吸引一般读者。因为它揭示了光和颜色的本质，阐明了一些现象。如用棱镜来说明多色光谱的组成、霓虹的本质、许多美丽的颜色的产生和形态，比如著名的"牛顿的七色转动圆盘"。这本书揭示了我们看到的有色物体是那个样子的原因。它解答了一大堆问题，这些问题的数量逐版增加，牵涉的科学内容则逐版扩大。牛顿在各类题目中展示自己的观点，如光的本质、视觉生理学、光辐射热分析、引力的起因、化学反应的本质、神经传送信息到大脑和将大脑的动作的命令传送给肌肉。这本书甚至讨论了物质的原子结构，并说上帝最初创造万物就是用一个个小小的原子。书里详细地说明如何在科学上实行正确和有效的推断并最后在寓意上做出尽可能简洁的结论。正如玛乔里·霍普·尼科尔森用她先驱的科研和英语文学形象证实的，我们能理解为什么该书能产生巨大的影响。此书也是埃德蒙·伯克的短论《庄严和美丽》的一个来源。

去参加一个牛顿的光和颜色的原理的演示活动一定是非常愉快的。介绍牛顿科学最有趣和最通俗的书中有一本阿尔卡洛蒂的《写给妇女读的牛顿学说》。这本书只讲光学，根本不理会力学方面的内容。伏尔泰的通俗著作《牛顿哲学原理》是所有这类书中最好的一本。前半部专门介绍牛顿的《光学》，后半部保留理论力学和万有引力定律，可能是给那些最刻苦的读者看的。还有其他的牛顿科学简介，如亨利·彭伯顿的《牛顿哲学一览》（1728），用一半的篇幅介绍了《光学》。

要完整地了解18世纪政治类比和隐喻的科学来源，必须注意到18世纪中叶出现的人们对生命科学产生的巨大兴趣的现象。这表现为几种不同的形式。一方面，人们热衷于弄清楚由最新改进的显微镜揭示的自然世界。在1751年的《穷理查年鉴》的一篇短文中，本杰明·富兰克林写道："值得赞美的工具显微镜在我们面前展现了一个前人完全不知道的世界。"他详细列举了每次观察中显微镜如何显示了"奇妙的、料想不到的事物"。当时科学好奇的主题之一是由安东尼·范·列文虎克发现的精子的真实性质和功能。当时人们对人类和动物的生育机制有着巨大的兴趣，科学家和业余爱好者全被植物的有性繁殖吸引住了，居然发现花中的雄蕊和雌蕊是繁殖的性器官，就相当于人和动物身上的性器官。

在该世纪中叶，关于植物有性繁殖的发现被林奈以一个特别的方法去构成新的植物分类学的基础。尽管今天看来林奈的系统似乎是人为的，但系统的优点是其分类是以植物最基本的生长过程为基础的，即复制父本和母本的特性到幼苗身上的生育阶段，而这个阶段决定了植物的特性。更为重要的事实是林奈系统能使任何人一见到开着花的植物就可以确定是什么植物。人们开始到处考察、采集，将花朵与手册里的样本进行对照，然后予以确认。这使林奈的书变得非常实用（见图1）。

图1：母女在使用显微镜。阿贝·诺莱的通俗多卷本《实验哲学》中的插图。显示了18世纪中叶对显微镜和生命科学的广泛兴趣。桌上塔形大木箱用于放置母亲用的复式显微镜

　　林奈把所有的植物和动物先分类为若干纲，每个纲又分为若干目，每个目又进一步分为属和种。这个系统在分类和确认植物方面很实用。尽管现在许多属和种仍然使用着林奈生前的命名，但他的系统已做了极大的修正。

　　为了确认一种特定植物的种类，林奈系统要求观察者完成一系列规定好的步骤。好像在玩"20个问题"的游戏一个个地去找出答案。仔细观察一个花朵会揭示这种植物的生殖器官的数目和排列次序。例如，一种植物可能会生出一个、两个、三个，或更多分离的雄蕊，或雄性生殖器官，并被归到某个纲，叫作单雄蕊纲、双雄蕊纲、三雄蕊纲，等等。它所属的目取决于花柱，也就是其伸出的雌蕊，即雌性生殖器官的数目。这样单雄蕊纲就有单雄蕊单雌蕊目、单雄蕊双雌蕊目、单雄蕊三雌蕊目，等等。例如大戟属植物，也叫月桂属。它属于12雄蕊纲（有12个雄蕊）三雌蕊目（有3个雌蕊）。1754年《植物属志》第五版确认大戟属植物为1/2属[41]，而1753年版的《植物种志》确认大戟属植物为56种[42]，确认APIOS为"33号"[43]。

那些有志于植物学的人，只要一花在手，翻开林奈的手册，马上就可以找到有关类别的所有已知植物的完整资料。如观察花的颜色、尺寸、形态、习性和其他特征，很容易确定手中的植物是已知并记录在案的还是一个新发现的品种或变种。人们去做采集考察时可以一手拿采集箱、一手拿手册。他们开始制作压平的花朵的图集，按照林奈系统仔细地辨认每一朵花，就靠简单地去数雄蕊和雌蕊的数目，然后记录下他们商讨的结果，认定是相同的或不同的花卉。一种新的植物培育方式就此兴起。

要注意的是，新品种的发现者把标本寄给乌普萨拉的林奈，以便将其录入登记册，然后在他下一版的目录里介绍。美国的新植物是以美国植物学家或其他科学家命名的，如紫藤属植物（Wisteria，以费城的卡斯珀·威斯塔命名）、栀子属（Gardenia，以查尔斯顿市的亚历山大·加顿命名）、瓣鳞花属（Franklinia，以富兰克林命名）、鲜黄连属（Jeffersonia，以杰斐逊命名），如此，等等。富兰克林的朋友和科学助手约翰·巴特拉姆得到的声望不仅是植物收集者，而且是实验植物学家，记录了许多的杂交品种。林奈称他为"在世最伟大的天生的植物学家"。在提供杂交品种作为植物有性繁殖的证据从而奠定林奈分类系统基础的早期科学家中有两位美国人——科顿·马瑟和詹姆斯·洛根——值得我们注意。富兰克林的朋友、纽约州副州长卡德瓦拉德·科尔登的女儿简·科尔登曾被认为是美国第一位女性林奈主义植物学家。

18世纪40年代珊瑚虫（水螅）的发现引起了专家对生命科学的极大热情和兴趣。年轻的日内瓦生物学家亚伯拉罕·特朗布莱[44]在水渠里发现了这种微小的生物，当时他在荷兰一个公爵家里任家庭教师。[45]最初他不能肯定他发现的微小生物到底是植物还是动物。它黏附在玻璃器皿的边上，好像植物那样在发芽；但它又有能力向有光源的地方移动，这又像是动物了。这小东西有一个孔，好像是嘴，它有许多像头发那样的附肢显得出奇美丽。他把它里外翻了个个儿，它照样生活，一切功能照旧。最值得注意的是它的惊人的再生能力。

珊瑚虫引起了整个知识界的轰动。理由之一是它可能是解决许多问题的关键。例如，它好像是动物界和植物界之间"失去的环节"，两方面的特征都有。虽然它看起来像一条虫，但通常靠长芽来繁殖，很像水生植物。特朗布莱把这个过程写信告诉查尔斯·邦尼特。他写道,"新一代从母体里诞生,就像枝条从树干长出来那样"。即"最初只是一个小小的瘤子,但每天都在长大;然后出现了腿,到长全了,它就从母体里脱离了"。[46]生物界在此之前从未见过这样的东西。

更为重要的是珊瑚虫好像给生育问题提供了新的启示。让今天的我们去回顾18世纪中叶关于生育的思潮是困难的。某些生物学家偏袒"后成说",坚持胚胎是由类似"种子"的受精卵经连续发育而成的。问题是直到19世纪都没有人能找到一个哺乳动物的卵。17世纪,威廉·哈维曾耗费了很大一部分时间去寻找哺乳动物如鹿的蛋或卵而没有成功。与此相反的理论是"预成说",这个理论的概念是预先形成的单体系列在受精时被带进活的实体。这种预先形成的单体系列或"小矮人"(他们有时候这样叫)的里面又包含着下一次生育所需要的单体系列,如此等等。这个概念有时被类比成中国"套盒",大盒里头有中盒,中盒里头有小盒,小盒里头还有更小的盒。预成学派因预先形成的单体系列是发生在卵中或是发生在精子中的争论而产生分歧。

18世纪中叶的两个发现激发了关于生育问题的争论,并引发了一场大众兴趣风潮。其一,追随雷奥米尔的日内瓦人夏尔·博内发现了某种蚜虫是孤雌繁殖的,不需要有雄性参与。其二,更加轰动的是特朗布莱发现了珊瑚虫的奇妙特性。

再生是珊瑚虫许多不平常的特性中最令人惊讶的。今天我们中的许多人已很熟悉甲壳类动物中的这种现象,比如龙虾丢了一只大钳爪会重新生出一只来。我们也知道海星被撕成两半,会各自生出另一半来,变成两个海星。但在18世纪很少有人知道这些现象。所以当发现珊瑚虫被切成几段后,每一段都会再生为完整的珊瑚虫时,它所引起的巨大轰动是可想而知的。

我们可以从巴黎皇家科学院定期出版的大事记上收集到一些特朗布莱观察报告中的激动人心的文字。"凤凰是由它的灰烬复生的,但这只是神话,并没有比我们现在所说的发现更令人惊叹。"参照如此"异想天开的理念",如果"毒蛇被斩成两截,再把两截又接合在一起,就会成为一条相同的毒蛇",[47]报告断言"大自然比我们的异想天开走得更远",从"同一动物身上切下一个片段"，再继续把它切成"2片、3片、4片、10片、20片、30片、40片"，而它们"复生成与原来一样的许多动物"。[48]难怪连伏尔泰都不相信这会是真的。

再生现象的发现引起知识界轰动的原因之一似乎是引出了一个非常重要的关于"灵魂"的问题。夏尔·博内跟进特朗布莱的工作，他在日内瓦附近没找到任何淡水珊瑚虫，只能在蠕虫身上做类似的研究。他发现某种蠕虫被切成几段后，这分开的几段继续生存、单独行动，甚至再生出失去的那一部分。这种没有头的蠕虫会继续行动，跟有头的时候一样。这引发了一个问题，在这些没有头的蠕虫身上"生命的源泉"在哪里？肯定不在头上，因为头被切掉后，"它们仍然做着同样的运动"。难道"这些蠕虫只是简单的机器？"他问道，"难道冥冥之中有灵魂在让它们运动"？"如果它们有这样的源泉，这个源泉又怎样从各个被切开的部分去找回自己呢？"难道我们必须"承认蠕虫一定有好多灵魂，就像同一条蠕虫的分段一样，所以它们才会变回完整的蠕虫"？[49]这条思路最初是因珊瑚虫的发现得到启发的，得出的观念是动物的灵魂不是集中在头部，但它是一种有形物，散布在生物体的全部活的躯体上。

关于珊瑚虫及其奇异特性的新闻传播得非常快。特朗布莱的发现概要登在流行的关于显微镜的书上，如乔治·亚当斯的《显微摄影术或由显微镜阐明的知识》（1746）。报纸和杂志都宣布了有关这次发现的新闻，这则新闻又扩充为报告文学提供给科学刊物和书籍。本杰明·富兰克林对珊瑚虫的奇异特性留下了深刻的印象。他在1751年的《穷理查年鉴》上写下了珊瑚虫的这些特性，并作为他陈述"显微镜下的奇迹"的部分内容。

我们在第三章中会看到富兰克林将珊瑚虫的特性用于两个非常不同的政治类比。在18世纪还有其他人由生命科学中引出种种的隐喻到政治领域。其中之一是在关于殖民地问题的讨论中使用一棵生长着的树的隐喻。在《殖民地的管理》第五版中，托马斯·波纳尔解释他曾"构思一个理念，我们的殖民地是一棵老树在它精力旺盛处长出来的枝芽"。所以殖民地也应该能相应地"自然发育伸展这同一植物的枝条"。然而他发现这个"理念"只是"纯粹的幻想"。真实发生的是"老树"开始"认为这枝芽是一棵独立的植物"并"以其高耸的枝条"抛给它们"一片妒忌和疑心的阴影"，取代"它原先的旧情"。作为不可避免的结果,"年轻的枝芽在它茂盛时觉得自己是独立的植物"。然后,它发现"连着的老枝"变成了一种"束缚",并不再"支持它的成长"。[50]这是一个以生物学为基础的托词,用于求得政府对殖民地的友好改革,甚至到引进"自由的政府"的程度。

18世纪中叶,电的发现取代珊瑚虫成为公众兴趣的焦点。富兰克林在伦敦的支持者彼得·柯林森寄给纽约的卡德瓦拉德·科尔登的信里对科学界这种兴趣的转换做了描述。好像柯林森也把类似的信寄给了富兰克林。按柯林森的说法,他们生活在"可能正好是奇迹发生的年代"。"珊瑚虫的惊人的奇异现象在过去一两年里满足了大家的好奇心"。但现在"欧洲的兴趣被电的实验所吸引"。[51]柯林森的信实际上是传达了阿尔伯特·冯·哈勒登在1745年出版的《绅士杂志》上的文章的结束语。这篇文章同年转载于《美国杂志编年史》。按哈勒的说法,最近四年中出现了一些真的"令人惊讶的发现"。首先是"珊瑚虫像是不可信的怪事",而现在"电火又是惊人的奇迹"。[52]

柯林森和哈勒提到的电的实验成了向各地观众做公开演示的启蒙和娱乐活动。这些壮观的表演之一是让一个用丝绳悬挂在天花板上或站在绝缘的凳子上的男孩通电,在种种不同的情况下演示电火花,如用它来点燃酒精等。1743年,富兰克林在波士顿观看了巡回演说家阿奇博尔德·斯潘塞的电学实验演示,就安排他到费城来重复他的演示。富兰克林记述了最后买下斯潘塞的实验工具,并用它们来开始自己在电学方面的研究生涯。[53]后来,富兰克林的朋友和研究伙伴埃比尼泽·金纳斯莱到美国旅行并在各地做电学演讲和示范。[54]富兰克林还记述了塞缪尔·多明——"希腊教堂的神父"——在费城向自己学习了电学演示,然后,"他以此为生,从查尔斯城出发旅行1288公里,吃穿不愁"。稍后,多明神父从牙买加写信给富兰克林,计划他下一步的旅行并"打算主要以电学演示来支持自己的旅行"。[55]

在美国革命时期出现了非常重要的医学方面的进步和化学方面的发现。这些相继吸引了公众的注意力并成为政治讨论中新的隐喻的源泉。在本书第五章我们将会看到这些科学隐喻被用在制宪会议的讨论中,在刊物《联邦主义者》中也反映了代表们对科学的多方面的兴趣。尽管某些历史学家和政治科学家认为宪法是一个牛顿学说的文献，但仍然可以看出来，宪法中的科学隐喻绝非主要来自牛顿科学。

6. 推理和归纳两种思想方式的比较

《独立宣言》和宪法产生的年代的美国政治思想展示了两个似乎不同的特点。一个是推理，另一个是归纳。推理的特点是效仿作为人类理性表现的数学和逻辑学，从欧几里德几何学和牛顿的《原理》中寻找模式。从《联邦主义者》上的某些文章中可看到把特定的一般原理当作政治思想的公理来推演或捍卫宪法的某些特性的例子。这样的极端过程受到猛烈的批评，有人甚至嘲笑麦迪逊在《联邦主义者》上的辩论方式。这个记者写道："下次他该求助于圆锥曲线了，这会使他很容易地为自己心仪的体系找到许多拐弯抹角的理由。"[56]推理是《独立宣言》的一个特征，它把一般的原则放在序言里，然后才开始控诉各种不平等的现象。

归纳的特点是它与经验的关系比逻辑学和数学要密切得多。一般人对经验教训的信任度要比对单纯的推理高得多。当约翰·亚当斯写"可靠的政府的两个资源是理性和经验"时，他表达了许多同时代的美国人的观点。当林肯在著名的《葛底斯堡演说》中说"这是一场检验孕育于自由，并献身于人人生而平等的宗旨的国家能否长久存在的战争"时，其要点是一切要经受实践检验。

在《独立宣言》和宪法产生的日子里，艾萨克·牛顿和弗朗西斯·培根分别是推理法和归纳法的主要倡导者。杰斐逊所说的伟大的不朽的三人组合、人类最高智慧的化身，是指培根、牛顿和约翰·洛克。他请人绘制了他们的画像，并将其挂在国务院办公室最显眼的地方。这些画像受到亚历山大·汉密尔顿的充分赞赏，后来在杰斐逊蒙蒂塞洛寓所内的显眼位置展出。

以经验为基础的归纳法具有某些特别吸引美国人的特性。与欧洲的情况不同，始终尊重经验教训对新大陆的移民有特殊的意义。因为在新大陆不论是城镇居民还是远离荒凉的边地和印第安领地的农场和种植园的人，都有边界意识。谁要是拘泥于理论或不切实际的幻想，而忽视了从残酷的现实中所得出的经验教训，非吃苦头不可。正如富兰克林在《穷理查年鉴》

中所说的"经验是所宝贵的学校"。

以经验为基础的归纳法在18世纪欧洲的启蒙运动中有着特别的魅力。它的基本点是以经验去检验知识或系统,与它类似的科学真理的标准是牛顿的"用仔细观察或实验的结果来证实"。归纳法约定的原则认为实验和观察——经验的两个方面——是构成知识的唯一可靠基础。对经验的信任意味着大自然是最高的权威,凌驾于并否决任何人类的权威。此观点已浓缩在世界上最早的科学学会——英国皇家学会——的箴言中:NULLIUS IN VERBA(没人可以说了算)!而以《独立宣言》中的话来说,最高权威是"自然法则和造物主法则"。

经验是杰斐逊不朽的三人组合中的第三位人物——洛克的哲学中的基本原则。他认为婴儿生来是无知的纯洁的,像一张"白纸",没有"天生"的理念。他论述,理念是以感官资料的冲击和经验的印象为基础而形成的。我们别忘了牛顿的两部主要著作《原理》和《光学》也基本上是以经验和归纳为基础的。牛顿《原理》中"自然哲学的规则"的第三条和第四条都涉及归纳法。在《光学》最后一篇"疑问"处,牛顿指引读者解决问题的途径是"依照经验和观察的结果,通过归纳去得出结论",其方法是"从结果到原因,从特殊原因到一般原因,直至在最普遍的原因上得出论据"。牛顿甚至希望,"如果自然哲学的每一部分都推行这样的方法,它将臻于完善,道德哲学的范围也将不断扩大"。

在制定宪法的年代里,对牛顿的尊崇并不妨碍给予直接通过观察和实验去探究后牛顿时代的科学以相当高的评价。当时最有名的美国科学家是富兰克林,他的实验和解释因经验得到的知识理论而闻名。他的大名鼎鼎的论文题目是《关于电学的实验和观察》。启蒙时期的另一位科学英雄是林奈,是以他命名的伟大的植物分类系统的奠基人。他的工作是靠观察而不是靠数学或推理。

政治纲领总是以宗教信仰或政治的、社会的哲学为基础。特殊的结论是从一整套普遍信仰和公理中导出的。为了认识《独立宣言》签署者和宪法制定者的政治思想,我们不能忽视启蒙时期、理性年代的知识背景对他们思想倾向的影响。甚至被认为不太精通哲学的华盛顿也知道美国独立后之所以能建立政治新世界,启蒙时期的思想家起着重要的作用。在向全国宣布他将从军队总司令职务上退休并回到平民生活的公开信上，他注意到新国家的建立不是发生"在黑暗的愚昧和迷信的时代"，而是"在超过过去任何时期的，人权被更好地认识和清楚地确定了的时代"。华盛顿把这一变化归功于"社会幸福之后对人类思想的成功研究"，归功于"哲学家"、"贤达"和"议员们"的"智慧结晶"。[57]

7. 结　论

当我们研究科学在美国奠基人政治思想中的作用和《独立宣言》及宪法中可能有的科学背景时，要记住美国形成自己的个性是在启蒙时期或理性的年代。该年代的两位知识巨人是哲学家洛克和科学家牛顿，有时也叫安妮女王时代的"双星"。伏尔泰在他的《与英国人有关的哲学书信》中尊称洛克是现代的柏拉图，赞美牛顿是人类理性的最高典范。洛克不仅是有影响的《政府论两篇》的作者，而且是由哲学家（按我们今天的理解）转为牛顿主义的第一人。[58]

在理性受到尊崇的时代，科学活动被看作人类理性付诸行动的智力表现。不仅牛顿及其成就受到尊崇，人们还认识到科学一直在前进，并仍在继续产生理性的成果。牛顿所开辟的学科，包括数学分析、理论力学、天体力学和光学。此外，出现了牛顿未曾想到的新的学科。其中之一是电学，由于富兰克林创造性的智力活动而成为一门学科。约瑟夫·普里斯特利在他的电学史著作中写到牛顿听到这门新学科时将会非常惊讶。后牛顿时代的科学还有由斯蒂芬·黑尔斯创建的植物生理学、地质学上惊人的新发现和化学上的一次革新。

许多美国奠基人都受过高等教育。在哈佛、耶鲁、普林斯顿、威廉－玛丽学院，学生必须学习数学和牛顿的科学原理，并了解当代正在创造和发展的新的学科。所以毫不奇怪他们会把科学知识作为类比和隐喻用在政治讨论和著作中，不必计较科学隐喻被使用的实际数量有多大。重要的是杰斐逊、富兰克林、亚当斯的政治思想论文中出现了科学，科学在制定宪法的讨论中提供了隐喻的源泉。毋庸置疑，美国奠基人展示的科学知识证实他们不愧为理性时代的公民。

第二章　科学和托马斯·杰斐逊的 政治思想:《独立宣言》

1.杰斐逊和科学[1]

杰斐逊在写给法国经济学家尼莫斯的信中说:"大自然使我平静地追求科学并成为我最大的快乐。"[2]仅有另一位美国总统西奥多·罗斯福可能被评述为政治科学家。[3]杰斐逊和罗斯福一生都把科学作为一种业余爱好。他们都对自然史和生命科学有着持久的浓厚的兴趣,但都没在科学上有所建树。所以不同于富兰克林,他们都没有被确认为科学界的成员。

杰斐逊感兴趣的知识领域,按我们今天的名称,包括农业学、人类学、考古学、建筑学、植物学、古典语言(特指希腊文、拉丁文)、高等教育、历史、语言学、文学、机械发明、自然史、古生物学、哲学、修辞学、政府理论、动物学和专业知识的推广。我们会赞同肯尼迪总统在白宫为诺贝尔奖获得者举行的宴会上的讲话,"除杰斐逊总统曾单独在此用餐外,人类最顶尖的智者和天才从未像现在这样在白宫聚会"。[4]

在生命的最后阶段,杰斐逊希望人们记住他的三项成就,并据此拟就了自己的墓志铭。游客可在杰斐逊蒙蒂塞洛寓所中的墓碑上读到他愿被人知道他是:"美国《独立宣言》作者、弗吉尼亚大学创始人、《弗吉尼亚宗教自由法令》作者。"尽管科学是他生活和思想的重要组成部分,但在这个单子上却没有科学上的成就。他根本没提到自己担任过弗吉尼亚州州长、华盛顿总统的国务卿或美国总统。

科学对杰斐逊的重要性的学术性证据,可在近代出的专谈和科学的四部著作及其他学者的论文中找到。[5]在美国人文科学基金会为纪念他开办的讲座上,物理学家和科学史家杰拉尔德·霍尔顿做了一次演讲,论及大量的杰斐逊的科学活动及其对我们今天的影响。[6]霍尔顿用新颖的方法去研究杰斐逊的生涯。他很有说服力地说:"杰斐逊首先把自己看作科学的研究者、哲学家、教育家、农民和学者。"不同于偶像牛顿,杰斐逊不是一个真正的科学家。按霍尔顿的说法,杰斐逊主要关心的不是去找出单纯的"包含整个经验世界"的"统一的理论结构"。可是杰斐逊的确处于"基础科学未知领域研究的中心",期望科学可以找到解决社会和政治问题的答案。[7]

"杰斐逊和科学"这个主题曾经常被详细地论述,用不同程度的细节去描述他的科学兴趣和成就,还常提到他作为农业家、发明家和建筑师的活动。这些作者没去探索杰斐逊所受的科学教育及他对科学的兴趣与他的政治理念、政治生涯的关系。没有学者去追踪杰斐逊作品中出现的牛顿学说的观念。

杰斐逊写信给尼莫斯时,说自己曾有意追求科学,正在结束自己的公众职务,完成他的第二个和最后一个美国总统任期。他又在信中说,要不是"时代的过错",他决不会放弃科学事业,他将不再涉足"狂暴的政治热情的海洋"。现在,他终于自由了,他感觉自己像"脱去了锁链的囚徒"。[8]在更早的1791年为华盛顿担任国务卿期间,他写信给哈里·英尼斯说政治是他的"责任",自然史是他的"爱好",并再三阐明自己的感情。[9]1778年,在革命的动乱的日子里,当时任弗吉尼亚州州长的杰斐逊写信给在威廉斯堡的乔凡尼·法勃罗尼说他虽然注定要忙于美国国家事务,但仍然能抽出时间研究哲学。[10]在准备被派到法国路易十六王朝去当公使时,他写信给拉斐德谈到他早就想要访问一些科学和艺术都很先进的国家。[11]1791年,在担任国务卿时,他写信给小托马斯·伦道夫说到他憎恨对他的时间和精力的浪费,渴望摆脱公务而得到自由,使他能去研究弗吉尼亚的编织业和有时间去从事其他科学方面的追求。[12]

关于上面提过的杰斐逊把自己的热情分配到科学和国家事务方面的情况,可从已引述过的1797年他的一些活动中鲜明地表现出来。他去费城就任新当选的美国副总统和美国最早的科学组织——美国哲学学会——的会长。富兰克林是该学会的主要奠基人。杰斐逊接替了新近亡故的老朋友、天文学家、钟表制作者大卫·里滕豪斯的会长职务。他的行李里带了一些珍贵的由弗吉尼亚矿工挖到的巨兽骨化石。他在美国哲学学会展示这些化石，并做了关于这些巨兽来历的讲演。他将其命名为"大獭兽"。[13]

当时，他写信给女儿玛莎并深有感触地说："政治是这样的痛苦，我要忠告我爱的每一个人，千万别卷进去。"[14]他还说自己已经改变了"活动范围"，"按自己的愿望，鄙视财富和拒绝参加宴请和聚会"，从而能够"全情结交值得尊敬的科学阶层"。[15]

在1801年2月的新都华盛顿，当议会在讨论艾伦·伯尔和杰斐逊谁将担任第三届总统时，杰斐逊坚持他的科学研究，并忙于和同代科学家的书信联系。在给费城的卡斯珀·威斯塔的信中，他谈到在纽约新发现的一些化石和收购为美国哲学学会收藏品的可能性。[16]他从纽约的罗伯特·R.李文斯顿处得到消息，希望威斯塔能去挑选一些动物化石标本，诸如长牙、脊椎骨、颚骨断片，还有胸骨、肩胛骨、胫骨、头部的齿槽骨，等等。

甚至在总统任期上，杰斐逊也从未放弃对科学的关心。《国家通讯》的创始编辑塞缪尔·哈里森·史密斯夫人，描写了这位美国总统一次采集植物的探险。她写道："没有一种植物，从最低微的杂草到巍峨的大树，能逃过他的眼睛。从马上下来，他攀登悬崖，或蹚过沼泽去摘取他发现的或想要的任何植物，难得回来时不带着一大堆标本。"[17]爱德文·马丁写过关于这位科学家总统的活动的生动概要。他写道："在他的华盛顿寓所，我们看到他不仅和心爱的花、木、书、模仿鸟①在一起，他还有木工工具、园林器具、地图、地球仪、海图、绘图板和其他科学用具。在阿比盖尔·阿达姆用来晾衣服的未完工的东屋里，塞满了杰斐逊从大骨头盐碱地收集来的巨大化石。在他的草坪上，过路人有时会看到梅里慧瑟·刘易斯从遥远的西部带给他的小灰熊。他的政敌还嘲笑过他的'熊花园'。"[18]

塞缪尔·米歇尔医生曾写信给妻子说，杰斐逊总统"以医生的智慧"和他讨论过牛痘的问题。[19]事实上杰斐逊是两位勇敢的革新者之一，另一位是哈佛大学医学院药物学教授本杰明·沃特豪斯。杰斐逊负责将英国的爱德华·詹纳发现的天花疫苗引进美国进行预防接种。米歇尔告诉他的妻子，杰斐逊"非常精通人性和人类知识，超过他所有的对手和谩骂者"。

---

① 译注：产于北美南部及西印度群岛。

1804年，当时是参议员、后任第六任总统的约翰·亚当斯记述了杰斐逊总统怎样向他的客人展示"有许多漂亮彩插的法文版《鹦鹉的博物学》"。[20] 1807年11月他又描写了和杰斐逊共度的一个夜晚。他说:"这是我必须参加的在杰斐逊家的一个愉快的宴会。当晚的来客主要是国会议员。宴会进行中，米歇尔提到富尔顿的蒸汽船是一项很重要的发明。杰斐逊对此表示同意，还加了一句，'我认为他的水雷也是一项有价值的发明'。杰斐逊详述了这些发明的性能，还谈到对其发展不利的一些明显的缺点，他争论过，但没有结论。谈话的范围从化学、地理学、自然哲学到油料、牧草、走兽、鸟类、化石和表面装饰。"[21] 杰斐逊曾说自己是一个"热心的业余爱好者"，从上述记载我们也可大致得到这样的印象。

作为杰斐逊的亲密助手和朋友之一的画家及博物学家查尔斯·威尔逊·皮尔记述了同伟大的博物学家及探险家亚历山大·冯·亨伯特在白宫度过的夜晚。他写道:"在总统非常高雅的宴会上，没有应酬性的祝酒，也不谈政治，相反，专门谈博物学方面的主题和生活的改进措施。"[22]

杰斐逊和富兰克林一样是执着的制作家和发明家。他还是天才的建筑家。他在蒙蒂塞洛的寓所就是一个明显的例证。在他的著作中，我们"发现他讨论的主题有犁、农业机械、运输机具、水塘、太阳系仪、复写器、计步器、里程表、'几何学的独轮手推车'……'流体静力学的背心'……空气泵、指南针、木制的或厚光纸的图形用于几何学的证明，水闸、气球以及未来——特别是美国——将蒸汽动力用于机械的巨大可能性"。[23] 他的家里几乎填满了各类科技书籍。墙上挂着连绵不断的艺术壁毯和雕饰，混杂着博物学标本、古董、化石、矿石和其他自然界的珍品。他的发明遍布寓所，前厅里放着一个复杂的挂钟，它的钟摆由特别的通道从屋顶挂到地下室，还有一种送菜的升降机用来加快送餐的速度，甚至有一张特殊设计的床。马奎斯·德·恰斯特勒斯在蒙蒂塞洛访问杰斐逊后，他写道:"没有一个目标能逃过杰斐逊先生。看起来他从年轻时就进行着高水平的思考，从建成的住宅看，他一定仔细地观察过世界。"[24]

在乔治·华盛顿执政期间，作为美国第一位国务卿，杰斐逊的责任之一是按照宪法的规定掌管发明的专利权的授予。他肯定认为从事这项工作特别称心，本身是发明家，又是这项最高法令的制定者之一。他最重要的发明之一是制造新式犁板，下面在有关牛顿数学的文章中将会谈到它。在他蒙蒂塞洛寓所中找到的许多机械器具和小装置中有一个旋转的书架，可以装五大卷书，每一卷都可以在指定的页数处打开。还有一张手提式书桌，有特殊的间隔放文件、笔记本、钢笔和墨水，还可以储存未完成的文件版本。他的发明中有一件特别的小玩意儿是复写器，可以复制文件，还有一台制作副本的印刷机。他在家里安装了自己设计的特殊的通风和冷却系统。在蒙蒂塞洛有那么多的装置和发明，可真是一个发明家的乐园。[25]

杰斐逊曾非常高度投入的学科包括农业（对他来说是"首要的学科"）、数学、物理学、天文学、博物学、古生物学、考古学、人类学。尽管按当时的观念他还算不上一个脊椎动物古生物学家，[26]但他对此做过某些意义重大的贡献，并保持着恒久的兴趣。[①]他对考古方法的意见是值得注意的。世界闻名的考古学家莫蒂默·惠勒在他写的一本流行的手册中称杰斐逊为"第一位科学挖掘者"。[27]他发现杰斐逊的《弗吉尼亚州备忘录》包含最早记载的"考古学的分层观察"。惠勒说，杰斐逊的"清楚而简洁的报告说明了土墩（被研究的）的自然形态和人类居住的证据"。杰斐逊"在土墩的材料……和来源中发现有趣的地质学成分。他指出土墩结构的地层学的阶段，并记录某些有意义的特征。最后把他的证据与流行的理论客观地结合起来"。我们会同意惠勒的结论："1784年一个繁忙的州长有这样的成就是了不起的！"

人类学家发现杰斐逊关于美洲土著印第安人的著作特别值得注意。他特别着迷于印第安人的起源问题。他成功地学习了印第安语，并且是运用语言学准则于人类学问题的真正先驱。他学习土著语言的方法是非常现代化的：从建立词汇库入手，然后才去斟酌文法和句子结构。在他的《弗吉尼亚州备忘录》中描述了美洲印第安人的贵族阶层并将其卓越的雄辩才能与有名的德谟斯梯尼和西塞罗相提并论。

杰斐逊的科学活动经常是和他的政治生涯交叉的。最有意义的事件之一是他对1803年国会授权的刘易斯和克拉克的远征探险队所做的培训方案。当时刘易斯和克拉克受命去西部地区探险，计划用两年半时间旅行和

---

① 详细内容请参考附录5。

研究。其主要目的是探讨开拓美国西部领土边界的可能性和潜在的商业机会。后来进行了著名的路易斯安那购地谈判，使美国的陆地疆域扩大了一倍。作为一个科学家，杰斐逊发现这也是一个科学探险的极好机会。他希望得到未扩展地区的详细的、准确的关于地形学、地理学、地质学的资料，有用矿产的埋藏，印第安人不同部落的风俗习惯，当地的各种动物和植物，甚至化石。在探险准备阶段，杰斐逊安排选定的探险队领导梅里慧瑟·刘易斯到费城学习科学知识。其老师包括植物学家本杰明·史密斯·巴顿、解剖学家和动物学家卡斯珀·威斯塔、数学家罗伯特·帕特森（他负责教刘易斯天文学），还有医生本杰明·拉什。[28]杰斐逊还要向在兰开斯特附近的梅杰·安德鲁·埃利科特学习测量原理和绘制地图。杰斐逊还要求巴顿在植物学、动物学和印第安历史"最值得探究和观察的方面指导刘易斯"。[29]所有这些老师都是杰斐逊领导下的美国哲学学会的会员。

杰斐逊的培训方案是这一类培训中的科学典范。它说明了杰斐逊熟悉地理学考察、人类学和考古学、未探测地区的动物群和植物群问题、矿物学问题。他的明确的目标是要"扩展科学的边界"。在杰斐逊的职业生涯中，再没有别的文献可以如此充分地证实他对广泛科学知识的掌握和科学探索的需要。[30]

对刘易斯和克拉克探险队所做的准备只是通过官方文献证实杰斐逊的科学知识有重大意义的情况之一。另一个情况是他解决了在国会合理分配议员席位的数学问题。还有就是他利用牛顿学说的原理为新的国家制定了标准。性质完全不同的一个情况是他驳斥了流行的生物学理论，即认为新大陆的一切生物都在"退化"。摧毁这个谬论对美国以后的发展有明显的重大意义。最后，我们要看到，他的最著名的政治著作《独立宣言》表明了他对牛顿哲学的信仰。

2. 杰斐逊所受的科学教育

杰斐逊在1760年17岁时进入威廉斯堡的威廉－玛丽学院接受正式高等教育（见图2）并选择主修古典文学和数学。他很幸运，他的老师之一是自然哲学教授威廉·斯莫尔。虽然斯莫尔是受过良好训练的科学家，可是他在该学院所教的不只是科学（或"自然哲学"），还有一系列其他的课程，包括形而上学和数学（见图3）。后来，杰斐逊曾说"可能是斯莫尔决定了我的一生"。[31]

斯莫尔从1758年开始在威廉－玛丽学院任教，在威廉斯堡只住了六年。后来他回到英国，在那里被称为"威廉·斯莫尔，医学博士"。他在伯明翰定居后成为陶匠乔塞亚·维奇伍德、詹姆斯·瓦特、伊拉斯穆斯·达尔文（进化论奠基人达尔文的祖父）的同事。他们和其他科学家及

图2：1759年的自然哲学（科学）课。绘于杰斐逊作为新生进入威廉－玛丽学院的前一年。老师在向学生说明18世纪的天象仪—太阳系仪的性能。架子上有许多科学仪器，包括一台复合显微镜；经防腐处理的博物标本悬挂在天花板上

图3：法国18世纪中叶实验哲学课。该图取自多卷本的《实验哲学》。阿贝·诺莱神父正为一群绅士和女士做演示。壁柜里是真空泵和各式钟罩，以及其他装置。该课程是为男女生同时开设的

业余爱好者一起组成了月光社。因为他们约定在满月的晚上聚会,这样明亮的月光就会照亮回家的路。后来,约瑟夫·普里斯特利成为该学会最有名的科学家。[32]

杜马·马隆,著名的杰斐逊传记作者,收集了一些有关斯莫尔的教学及对杰斐逊的影响的资料。斯莫尔是苏格兰人,他给杰斐逊和其他学生介绍了启蒙时代的思想和苏格兰哲学学派的理念。他不但教杰斐逊科学和数学,还教他伦理学、修辞学,甚至纯文学。他的一个弗吉尼亚学生约翰·佩奇称他为"卓越的永远可爱的教授"。毫无疑问,斯莫尔教给杰斐逊的数学和自然哲学——艾萨克·牛顿的科学——是"特别有趣的、令人愉悦的"。杰斐逊后来写过数学是他永远喜爱的科目。"在那里我们没有理论,没有任何不确定会留在心里,但一切都是可论证的和圆满的。我已经忘掉了很多,要捡回来比我原来精力充沛时学会它还要困难。"他很感激"他的老师和朋友斯莫尔在大学时代为他打好了基础,使他能带着意想不到的愉快和成功"研究数学。[33]斯莫尔强调了欧几里德系统是数学和所有思想的基础。杰斐逊学习和运用了欧几里德系统的定义、假设和公理——"不证自明"的所有合理的知识和推理的基础。

在革命开始时,按杜马·马隆的说法,当"公众的意见分歧威胁着要像海洋一样把他和众多的朋友分开时",杰斐逊送了一份厚礼给斯莫尔表示他的赞美和感谢——三打在他的酒窖里放了八年的马德拉葡萄酒。我们会同意即使斯莫尔只是"启蒙运动的次要倡导者",可他"怎么说也是一个难得的为你指出方向、为你打开心灵窗户的引路人"。[34]

通过斯莫尔的介绍杰斐逊结识了威廉斯堡的乔治·威思,并同他学习法律。威思对科学非常感兴趣,收集了不少自然界的珍宝并拥有一台很好的天文望远镜(现在还可以在他的威廉斯堡寓所中看到)。斯莫尔、威思、弗朗西斯·福基尔(弗吉尼亚州州长)成为对杰斐逊产生巨大影响的三人组。福基尔是启蒙运动的忠实信徒,热爱科学并持续观察稀有的自然现象。他父亲是法国胡格诺派教徒、医生,从法国逃到英国,受雇于牛顿领导下的造币厂。[35]

3. 作为博物学家对国家的贡献：驳倒"美洲退化论"

从杰斐逊的《弗吉尼亚州备忘录》中可看到他的科学兴趣是为国家服务的。这本书许多学者已研究过了，他们只注意对大自然的美丽描述和弗吉尼亚天然桥等美洲风光。《弗吉尼亚州备忘录》吸引人们注意力的另一个原因是它仔细地描述了美洲的矿物、植物和动物。这里我们不去过多地涉及作为博物学家的杰斐逊和他对美洲自然风光的反映。我们的目的是去探讨杰斐逊怎样运用其广泛掌握的科学知识，系统地反驳新大陆的植物、动物，甚至人类都比旧大陆衰退的谬论。这谬论硬说由旧大陆移植到新大陆的植物、动物都会发生退化。能揭露此谬论的虚伪是政治上的一个重大收获。

杰斐逊的《弗吉尼亚州备忘录》是对驻费城法国公使馆的秘书马勒斯于1780年提出的询问弗吉尼亚州情况的答复。他记录了他于1781年6月开始收集材料，当他从州长职务上退下来后，利用空闲时间整理了多年积累的大量笔记和统计数据。[36]当把这些材料放到一起时，他发现需要把马勒斯提的问题从22个增加到23个。全文交付马勒斯的时间是当年12月。[37]

杰斐逊把他的初稿在朋友中传阅，注意他们的反馈，扩充和修改其内容直到变成一本完整的书。他本打算在费城出版，但费用太高了。1784年，他作为特派专员前往欧洲与友好国家就条约进行谈判，并留下来担任美国驻法国使节时，带去了他的手稿。[38]该书1785年在法国少量出版用做私人赠送。法文译本1787年出版，正式的英文版本同年在伦敦出版。

杰斐逊的《弗吉尼亚州备忘录》曾被认为"可能是1785年前美国人写的最重要的科学和政治书籍"，该书"极大程度地奠定了杰斐逊作为当代哲学家的声望"。[39]《弗吉尼亚州备忘录》是集各类统计数据、矿山和矿物、气候、植物和动物、美洲土著的风俗习惯的知识宝库。读者还可看到杰斐逊的"关于宗教自由和政教分离的理念、与独裁专政相比对于代议制政府的理想的分析、艺术和教育理论、对奴隶制和黑人的态度、对科学的兴趣"。[40]

从政治和科学的观点来看，《弗吉尼亚州备忘录》最重要的章节是第六章，其标题有点乏味:"矿产、蔬菜和动物。"[41]第六章的导言——是一些枯燥的数字，有多少矿产、多少"药用泉"和多少"虹吸喷泉"，跟着是长长的植物名单——很难使读者有劲头去读最后的关于动物(包括人类)的段落。杰斐逊在这里改变了他的风格，显得很生硬。首先，他给出了关于美洲动物的详细说明，很像前面的对植物的说明，然后开始有意识地去驳斥所谓"美洲退化论"。被当时著名的博物学家布丰采纳的这一谬论，体现在一系列流行的有关美洲的著作中，其中最重要的是科尔内留斯·德·波夫的《关于美洲的科学研究》和阿贝·雷纳尔的《东西印度群岛的哲学史和政治史》。雷纳尔的哲学和政治"史"有点像"博物学"，而不仅是大事年表之类的东西。

美洲退化论"的主要论点如下:

1.新大陆生存的动物品种比旧大陆少。

2.新旧大陆都有的同种或类似的动物品种，旧大陆的都比新大陆的高大。

3.驯化的动物由旧大陆移植到新大陆后比其祖先长得个头小。

4.只有新大陆才有的动物倾向于比旧大陆的对应品种个头小。

5.所有的生命(动物和人)在新大陆倾向于退化。[42]

有两个支持"美洲退化论"的例子可以说明当时的一些观念。按戈德史密斯的说法，夜莺是欧洲和美洲都有的，但美洲的夜莺不会唱歌，是哑巴。[43]布丰把貘看成美洲的"大象"，发现它的尺寸和小母牛差不多。[44]

所有美国人都被布丰的理论干扰了。首先，正如杰斐逊指出的，也是每一个美国公民都知道的，布丰依据的"事实"是错误的。一个简单的涉及新大陆动物真实情况的汇集表明这个理论肯定是错误的。其次，对"美洲退化论"的普遍信仰，特别是应用到人，会使许多想移民到美洲的人望而却步。所以杰斐逊以他作为政治家和科学家的双重身份进行反驳。

布丰提出的新大陆出现退化的论据之一是美洲的湿度比欧洲大。杰斐逊反驳说美洲的湿度并不比别的大陆大，虽然他承认还没有足够的数据去判断和反对这个假定。即使布丰是对的，他解释，结果也会否定布丰本人的论点，因为经验已证明蔬菜在温暖潮湿的环境下长得飞快。他提醒，也正是由于这个原因，我们发现潮湿地区动物的"数量增长很快并且个头也大了"。布丰借用以子之矛，攻子之盾说，世界上最大的牛是在两个潮湿的地区丹麦和乌克兰找到的。

为了与布丰比较个头大小的论点进行论战，杰斐逊制作了三类不同的表格，将美洲和欧洲的四脚动物进行比较。他斥责布丰轻率地接受旅行者的报告，他们肯定没有对所说的动物进行测定，就拿来与别的国家的动物比较。杰斐逊的证据导致他得出结论：

> 结果是双方国家都有的26种四脚动物，有7种是美洲的个头大，有7种一样大，还有12种没有进行充分的检测。所以第一张表格驳斥第一条谬论，即双方国家都有的动物中美洲是最小的，如此等等。这说明所有论点都是夸大的，大概还未达到在这两个国家中找到差别的程度。

杰斐逊冗长的表格（光鸟类就占了5页）是使人信服的。他说如果新大陆的貘被看成"大象"的话，那么野公猪一定是欧洲的"大象"了，那可比美洲的对应物"个头还小一半多"。杰斐逊承认某些驯养的动物在美洲会"变得比它的原种个头小"，[45]原因不在气候，而是没有喂饱。这在欧洲也一样，他陈述，无论哪里"青草不够、主人太穷，都会使它们处于半饥半饱的状态"。如果我们把"美洲人的这种个头变小的情况归咎于大自然运转中缺乏一致性的无能"，那将是一个错误，杰斐逊论证，是一种"违背了哲学的法则——它教给我们'类似的结果必有类似的原因'"的错误。

因为研究杰斐逊的学者们不太熟悉牛顿《原理》的原文，对他直接从《原理》上引用的自然哲学的法则也不是很清楚。杰斐逊的关于因果关系的引文取自《原理》第三册开头"自然哲学的法则"的第二部分。牛顿在《原理》中阐明的法则已成为自然哲学界的指导原则，我们可看出杰斐逊在辩论中的实力。杰斐逊的自然哲学的法则和"类似的结果必有类似的原因"用的是牛顿的原话。牛顿的原文是拉丁文，生前被安德鲁·莫特译为哲学中的论证规律。[46]杰斐逊时代的鉴定家会马上确认他的方法学原则的来源，特别是他用了"哲学法则"这个词，这是牛顿在《原理》里常用的词。这段引文最具冲击力的方面可能是杰斐逊根本不提牛顿的名字或书名。他认为牛顿的法则已众所周知，提其名字或书名是画蛇添足。

杰斐逊知道单凭简单的数字，尽管有效，但不足以反驳布丰以印第安人的性格、生理和行为为例，说明生命在新大陆退化的观点。布丰写道："新大陆的人类和世界上的人类的高度大致相同"，接着毫无根据地说，"可作为所有在新大陆的生物都变小了的一个例外"。按布丰的说法，这些人类，"是虚弱的，既没有头发也没有胡子，而且对他们的异性没有热情"。布丰把美洲印第安人描述为"胆小的懦夫，没有愉快或智慧的活动。任何身体的活动好像是在操练，一种随意的运动，然后就是由欲望支配的必要的活动了"。如果解脱他的"饥、渴，使他失去这些活动的动力，他会愚蠢地站在那里或一躺好几天"。布丰扼要总结："人类在这儿（即在美洲）毫无例外地受普遍规律的支配，大自然通过拒绝赋予他们爱的能力，把他们降到比所有动物更低的地位。"[47]

为了回击这种错误和谣传，杰斐逊表现了真正的科学家的品格。他把讨论限定在北美洲的印第安人，他说这样可以凭自己的知识和他信赖的、忠实的、有判断力的报告者的报告来说话。他不会涉及南美洲的印第安人的问题，因为他没有关于他们的第一手或可靠的资料。他马上指出，布丰的故事好像是一幅折磨人的图画，但他相信这并没有真实的原型。杰斐逊说："印第安人，不是缺乏热情，也不会比在同等条件下生活的白人差劲。印第安人是勇敢的。他们爱自己的孩子，关怀孩子，而且是非常溺爱的。他们的友谊是牢固的、忠实的、竭尽全力的。"杰斐逊承认"印第安女人屈从于不公平的苦工"，但引起他注意的是"所有未开化的民族"几乎都这样。"只有文明才能使妇女享受到自然平等的欢乐。"

杰斐逊发现布丰在逻辑上有很大的漏洞。如果"寒冷和潮湿是大自然用来减少动物种群的因素"，杰斐逊质问，为什么这些因素同一时间会起相反的作用？因为，正如布丰承认的新大陆和旧大陆的人类"尺寸大致相同"，似乎这些自然因素带着对人类生理机能的尊重"中止了它们的退化操作"。而同时，这些因素（按布丰的说法）却强烈地作用在"精神能力"

上。杰斐逊不明白这些阻止"新大陆动物世界扩大的因素和其他自然因素的联合作用"怎么会被"制止和中断"了，所以才"允许人的身体长到恰当的尺寸"。按"这种不可理解的过程"，他觉得奇怪，难道这些减少和退化因素"有针对性地"只作用于人的心灵而不作用于人的躯体吗？

杰斐逊知道只凭数据不足以对美洲印第安人的才能和智力做出公正的评价。他完全相信，一旦了解了所有的事实，并适当考虑到印第安人生活的特殊经济和社会环境，"我们会发现他们的心智和身体的构成单元，与欧洲智人是相同的"。杰斐逊以明哥族酋长洛根致州长洛德·邓莫尔的演说为例，作为印第安人高水平成就的一个证明。杰斐逊说敢于去"挑战德谟斯梯尼和西塞罗以及其他欧洲卓越的演说家的全部演说，看是否能拿出一段超出洛根水平的演说"。[48]

两个世纪以来，杰斐逊的《弗吉尼亚州备忘录》一直作为自然科学家对一个地区几乎所有方面的陈述的光辉典范而受到赞扬。然而，今天挑剔的读者不能不对杰斐逊论述中对土著美国人和非洲裔美国人的不同对待而感到震惊。证据来自杰斐逊对印第安酋长演讲的赞美，认为酋长洛根可与西塞罗相提并论。令人吃惊的赤裸裸的事实是：当杰斐逊斥责布丰歧视美国土著的道听途说时，他自己对非洲裔美国人的说法同样是未经调查的，纯粹是重复南方种植园主中流行的歧视性的道听途说，是对种族主义者意见的支持，后来他对此非常后悔（见附录8）。

杰斐逊总结自己的反驳时注意到布丰的"关于大自然贬低在大西洋彼岸子民的倾向的新理论"曾被雷诺神父用到"从欧洲来的白种移民"身上。他摘引了雷诺的一段话：人们"肯定会惊讶，美国还没有出过一个好的诗人、一个有才能的数学家，也没有出过一个科学或艺术方面的天才"。[49]杰斐逊在他的答辩中，放任他的爱国热情超越了他的科学判断。在科学领域，他提出本杰明·富兰克林由于对科学的贡献而被世界公认。作为"单一艺术方面的天才"，他指出，在战争中出了一个军事家华盛顿。他写道，"将来，华盛顿会被确认为世界上最著名、最杰出的人才之一，那时卑微的哲学将会忘掉曾把他列入自然退化的人群"。然后，他转向第三位优秀人物，大卫·里滕豪斯，杰斐逊声称他是在世的头等的天文学家。如要讲天才，里滕豪斯必定是第一位的，因为他是自学成才的。

里滕豪斯是最值得注意的一个人物，职业是钟表匠，他自学数学和科学并成为一流的天文学家。他对日食、月食和1769年金星凌日的观察获得同代人的高度评价。[50]下面我们会看到杰斐逊在探讨利用钟摆来制定长度标准的可能性时求助于里滕豪斯的牛顿动力学知识。里滕豪斯最有名的成就之一是设计和制作了由发条驱动的机械装置，这是经他改进的太阳系仪，是18世纪普遍收藏的一种科学仪器。每所美国院校都谋求购置一台太阳系仪，用来演示行星及其卫星的运动。它被用在通俗讲座和大学有关牛顿原理的实验中。哈佛大学因自己的太阳系仪而骄傲，其中两台是伦敦著名的仪器匠B.马丁制作的。里滕豪斯的太阳系仪可比他的钟出名得多，杰斐逊在《弗吉尼亚州备忘录》中把他称作能手（即工匠），他"已被证实是世界上前所未有的机械方面的天才"。杰斐逊总结道，通过设计和制作太阳系仪或太阳系模型，里滕豪斯"虽未曾真正地制造世界，但他的仿造已比古往今来的所有人更加接近创世主"。[51]这真是很美的赞辞啊！

杰斐逊赞扬的里滕豪斯的太阳系仪很值得一提。大多数太阳系仪，如B.马丁和约瑟夫·波普制作的只是以近似的方式展示太阳系的主要特性，而里滕豪斯的机器非常精确地模拟了天体运动的细节。他表明他的目标是做出一台太阳系仪，其运动"恰恰与天体的运动相当，不要像普通的太阳系仪那样，没转几圈就有好几度的误差"。[52]他实际上做了两台，一台在宾夕法尼亚大学，另一台在普林斯顿大学。除了模拟太阳系的运动之外，它的装置还是一台计算机。里滕豪斯写道，依靠"手的缓慢移动"，这台太阳系仪"会在几分钟内指出未来几年天体运行中值得注意的事件发生的时间"。[53]

宾夕法尼亚大学的太阳系仪放在一个大的长方形箱子里，前面有玻璃，箱子架在腿上，分三个独立的部分，最大的部分代表"所有主要行星……以它们之间以及和太阳之间的距离"为比例。[54]每个行星"都在不同于自己的其他行星的轨道平面上运动"，并且"轨道平面的倾斜角都是按真实情况调整和保持的"。此外，每个行星"按照其偏心率的大小在公转中改变着与太阳的距离"，同时"速度也随距离的远近而变化，以便说明'在相同的时间内覆盖相同的面积'，完全符合牛顿系统的定律"。以木星、火星、地球、金星的轴的定向和旋转来反映行星的自转，地轴的两极

"围绕黄道的两极做公转",恰与"自然界中"的情况一样。当时还未发现水星和土星有自转运动。太阳系仪可以准确地显示水星和金星的凌日和会合的情况。由三个日晷组成的日历可将太阳系仪设定在任何年、月、日。转动曲柄可使该系统设定在公元前4000年至公元6000年间的任何时刻。

有一种完全分开的装置可分别显示土星、木星和月亮的运动。其中一台叫月球运行仪的可以显示牛顿理论之月球运动的不均衡性。它能够在数量上反映全部月食,精确度不是以日计而是以小时计。月球运行仪也可以显示日食。它不需要计算,在一两分钟内可设定在地球上任何指定的经纬度,然后再现当地所看到的日食的真实情况。[55]据说,"如果造物主的旨意不变的话",里滕豪斯的太阳系仪达到的精度是"在将近6000年的时间里误差不超过一度"。[56]

里滕豪斯的太阳系仪以其机器的精准和对太阳系主要特性的演示而受到高度赞扬。但我们要注意,他本人在天文学上并未做出任何有意义的发现。虽然他担任过美国哲学学会会长(他是杰斐逊的前任),但从未被选为英国皇家学会的成员。他没有像同代人哈佛教授约翰·温思罗普那样在大学任教,也没带出多少徒弟。不管怎么说,杰斐逊对里滕豪斯个人才能的赞美是有道理的,但也必须承认,他的盛赞是允许自己的爱国热情超越正常评估能力的一个例子。

杰斐逊反驳"美洲退化论"的部分依据是提供美洲存在巨型动物的真凭实据。他自费在新罕布什尔州登山探险,将猎取的驼鹿的皮和骨骼寄给布丰。后来他又送去别的标本来证实自己的观点。[57]为了支持杰斐逊,詹姆斯·麦迪逊提供了雌性鼬鼠和鼹鼠生殖器官的准确尺寸作为数字证据说明美洲的品种比欧洲的对应物大。[58]后来,布丰退缩了,但他的书还在散布着他的无根据的歧视和谬论。他好像答应过在他的博物学巨著再版时做出更正,但没来得及做就去世了。[59]雷诺神父在后来的版本中删去了"美国没有出过一个天才和真正的人才"这样的话。

1787年,威廉·卡迈克尔递给杰斐逊一份有关富兰克林宴客情况的报告。有个客人问富兰克林对新大陆的动物和人类与旧大陆之间存在不平等的论调有何看法。富兰克林注意到在座的美国客人比法国客人个头大,肌肉也发达。他回答:"如果单说肌肉的力量,这里没有一个美国人会表现

出他不能把其余人中的一个或两个扔到窗户外头去。"富兰克林叫提问者
仔细看看他周围的客人，然后"判断从地球那边移民过来的人种有没有退
化"。[60]富兰克林的演示可能和杰斐逊在《弗吉尼亚州备忘录》里收集的科
学证据一样有效地反击着"美洲退化论"。

4.数学和政治：国会议席的分配

20世纪的读者可能会吃惊于杰斐逊的智力活动和日常生活几乎都是用
数字安排的。他熟悉数学并喜欢数字和计算。他的生活的绝大部分可归结
为数字的观察和计算。《独立宣言》和加里·威尔斯关于杰斐逊的著作都
反映了他笃信数学规则和数量观察的细节。他还经常追踪这些规则和数字
的来源，其中之一是威廉·佩蒂，社会统计学奠基人之一和数字性政府的
第一个预言人。从保存下来的最早的杰斐逊手稿上可看出他重视数量上的
考察。1760年，他只有17岁，他写信给监护人要求准许他离开沙德韦尔
庄园并搬到威廉－玛丽学院，在信中准确地计算了这个建议能节省多少时
间。如"我继续待在山上"，他写道，"不可避免地要损失我1/4的时间"，
主要因为"朋友们到这儿来耽误了我的学习"。[61]生前他在给阿比盖尔·亚
当斯的信中用幽默的口吻说他有"十又二分之一个孙子和二又四分之三个
曾孙"，还加了一句"这些分数很快就会变成整数"。[62]他保存着对农业活
动、气象情况和许多日常生活方面的数字记录。他甚至从对谢斯叛乱的数
字分析中提出自己的论点。他写道："马萨诸塞州后期的叛乱，所造成的惊
慌比我想象的要大。比起每个州各自经历过的长达一个半世纪的叛乱，我
认为这个在13个州延续了11年的叛乱不是什么了不起的事。事实上没有
一个国家可以在长时间内没有一次叛乱，也没有一个政府有这样的力度能
够防止叛乱。"在从巴黎寄出的信中，他写到在法国，任凭有"全部的专
制政治和二三十万时刻戒备的军队"，他还是目睹了"三年中发生了三次
叛乱。每一次的规模和流血的程度都比马萨诸塞州要大"。[63]

当他在华盛顿总统领导下担任国务卿时，杰斐逊对数学的关注和计算
技术已被证实对政治行为起着重要的作用。杰斐逊面临的是一个表面上看
起来很简单的数学问题：怎样按宪法的规定给各州分配国会议员的席位。

宪法要求席位的分配要以10年内的人口普查数据为基础。宪法没有规定具体细节该怎么做而只是阐明了规则或条件：首先是每3万人口不超过一个席位（其中奴隶人口数按3/5计算），其次是每个州至少有一名众议员，最后是众议员的总数不得超过某一个数字。这些要求同样也用于税款的分配。

绝大多数美国人都期望按人口普查数据恰当而公平地给每个州分配议员名额，但这3万人中没一个人能明白这种分配的实际情况。当我们了解了实际分配的情况后，会惊奇于它远不是一个简单的数学问题或政治问题，在国家绝大部分的历史时期中都诱发激烈的争论、辩论和各种分析。最后为了议员席位的分配还动用了这个国家最能干的数学家的创造性的努力。显然，简单而明了的解决办法包含着重大的政治问题，曾在国会引起激烈的辩论。

税收分配的问题不像众议员席位分配问题那么烦琐。举例说，某个州占全国人口的1/13，它的税收份额可以很容易和公平地定为税收总额的1/13。议员席位的分配就不那么容易了，因为它不能出现分数。让我们设想一下，如果议员的总数是120个，某州的人口占全国的1/13。简单的数学结果是该州占有议员总数的1/13。120除以13约等于9.231，比9多一点。对其他州进行类似的计算都会出现一个整数加上分数或小数的结果。

马上出现了严重的问题，因为很明显不可能存在"分数制"议员。他们自己也提出了许多可能的解决办法。一是分数都忽略不计。这对于那些得分为1.987的州就太不公平了，它可能失去了将近一半的议员名额。而对于得分为12.124的州来说就无所谓了，不过失去1/10左右，比失去一半强多了。二是把额外的席位按分值的高低来进行分配，先分给最大的，再分给次大的，依次类推，直到120个席位满额为止。或用同样的程序，但是是从人口最多的地区，而不是从分值最高的地区开始分配额外的席位。

还有许多其他可行的解决办法，比如在总数为120个席位的前提下能否找到一个公约数，从而可以消去分数。经过试算和保留误差，在总数仍为120个席位的情况下可以找到一个公约数。但这些方法都遭到了不同程度的反对，不是偏了大州就是偏了小州、不是偏了北方就是偏了南方，以及其他种种理由。

1792年首届国会试图设计一个席位分配系统，并"按第一种计算方法制定了席位分配法案",由于杰斐逊的激烈反对,乔治·华盛顿否决了这个法案。这可是非常重要的事件,是美国历史上总统第一次使用否决权,也是华盛顿仅使用过两次中的一次。

这个事件作为一个明显的例子,说明了设计政府的蓝图除了创始人的知识和深思熟虑外,还应当引进技术科学和数学。它也显示了杰斐逊的数学才能,他对该法案的分析为华盛顿行使否决权提供了依据,并奠定了最后大家可以接受的法案的基础。

为了了解问题的本质和杰斐逊的解决方案,让我们先看一个假设的相对简单的情况。假定美国只有五个州——马萨诸塞州、康涅狄格州、纽约州、弗吉尼亚州和特拉华州——席位的分配按最简单最易理解的方法。[64]事实上,这就是亚历山大·汉密尔顿赞成、国会通过而又被华盛顿否决的方法。让我们按假定的情况来运用这个方法,设全国人口总数为26000人,国会议席总数为26。然后,用总人口除以总席数得出公约数,在设定的情况下,我们得出1000人。假设马萨诸塞州人口总数是5259人,马萨诸塞州分到的席位应是5259除以1000即5.259。这个数字有时被叫作"理想席位数"。[65]假设康涅狄格州的人口总数是3319人,除以1000得3.319也是理想席位数。在第一轮我们舍去分数(或小数)部分,只保留整数部分。马萨诸塞州为5、康涅狄格州为3。总的结果见表1:按照这种方法,很明显总席位数不是26而是25。根据什么来分配这剩下的一席而使总席位数仍是26呢?

表1　第一轮国会议席分配

州　名	人口(人)	理想席位数	第一轮分配席位数
弗吉尼亚	9061	9.061	9
纽　约	7179	7.179	7
马萨诸塞	5259	5.259	5
康涅狄格	3319	3.319	3
特拉华	1182	1.182	1
总　数	26000	26	25

第一个意见可能是分配给人口最多的州，即弗吉尼亚。第二个意见可能是分配给小数部分最高值的州，在这种情况下，该给康涅狄格州，因为319是小数部分最高值。现在可以看一下选择席位分配办法的政治含义。第一种方法是偏向了南方的弗吉尼亚州多得了一个席位。第二种方法是偏向了北方的康涅狄格州多得了一个席位。第三种方法是众议院为25席，但这个方法会剥夺某些州（在这儿是弗吉尼亚或康涅狄格）可能得到的选举权。每一种方法都以不同的方式影响着众议院内部权力的分配。很明显，实际选择议席分配规则有重要的政治含义。

按照国会1792年通过的办法，根据1791年做出的最近10年的人口数据，最后的决议是把额外的席位给小数部分值最高的州。在我们假设的情况下是康涅狄格而不是弗吉尼亚多得到了一个席位。结果见表2：

表2　第二轮国会议席分配

州　名	人口（人）	理想席位数	第一轮分配席位数	第二轮分配席位数
弗吉尼亚	9061	9.061	9	9
纽　约	7179	7.179	7	7
马萨诸塞	5259	5.259	5	5
康涅狄格	3319	3.319	3	4
特拉华	1182	1.182	1	1
总　数	26000	26	25	26

这种分配众议院席位的模式有时候叫作"配额法"。由于是亚历山大·汉密尔顿支持的，最近又重新命名为"汉密尔顿法"。[66]如果在第一轮分配后发现多出来的席位不是一个，是两个甚至更多，多出来的席位会分配给小数部分值最高的两个州，以此类推，或需要多少席位才能使总数达到预定的席位数目。在我们的例子里，如总数是差两个席位的话，这补充的两个席位就会分配给小数部分值最高的两个州，康涅狄格和马萨诸塞。很明显，北方的州将以牺牲南方的州为代价获得极大的好处。

汉密尔顿的方法很快就得到国会的认可，它看起来既简单又符合逻辑，读者奇怪为什么会遭到杰斐逊如此强烈的反对，还说服华盛顿否决了这个法案。杰斐逊对这个法案的主要反对意见是立足于政府的基本原理：法案没有包含这种分配方式是怎么提出来的说明。该法案也没有透露这个分配方式已被实际使用过。因此，杰斐逊准确表明，如果这样，当1800年根据人口普查进行下次议席分配时，就没有固定的规则可以遵循。[67]因为法案没有详细的说明，就会留下许多空子让人在程序上做手脚。正如杰斐逊所写的，这法案"似乎避免了将'程序'建立为一套规则，唯恐它不能适应另一种场合。或许，是为了在下次更加方便地分配它们（剩余的席位）给较小的州；在另一次也许给较大的州；或又一次按某些人别出心裁的奇思妙想和适应当时某个（政治的）集团为了加强自己的力量的需要"。[68]杰斐逊要求法案包含一个明确的方法，把席位分配永远归结为一项算术操作，不允许不同的人得出不同的结果。

法案由于没有详细说明得到结果的规则而遭到失败，在杰斐逊看来它违反了科学原理和程序，因为这些科学都声称方法是最重要的。杰斐逊有良好的物理学和生物学基础，在所有学科的研究和应用方面他始终强调方法。启蒙时期科学的基本特性就是要求有正确而明白的方法，被林奈简单而优美地阐明为"方法是科学的灵魂"。

由于分配法案没有详细说明该方法曾被怎样使用过，杰斐逊必须用他的计算技能和经验去解决数字问题，去算出法案里提到的数字是怎么来的。通过仔细分析法案中提出的分配方式，他有能力运用数学方法来解答，用结果倒算回去来揭露国会使用过但从未清楚说明的程序规则。当汉密尔顿为了支持该法案向华盛顿递交了一份详细说明国会使用过的分配法案的备忘录后，杰斐逊的分析很快就得到证实了。

这里要注意，很多南方人包括杰斐逊和麦迪逊，认为法案的席位分配偏向北方的州，因为它把剩余的席位分配给五个北方的州（康涅狄格、马萨诸塞、新罕布什尔、新泽西、佛蒙特），而只分给三个南方的州（北卡罗来纳、南卡罗来纳、弗吉尼亚），还有一个席位分给边界的州（特拉华）。杰斐逊在给华盛顿的《弗吉尼亚州备忘录》中承认国会通过的分配法案在大小州之间、在南方和北方的州之间还"勉强算是公正"的。他的意见不是代表哪个党派来反对具体的结果，而是反对他们得出这个结果的方法。[69]

　　杰斐逊特别反对的是汉密尔顿的分配法案在第二轮或以后几轮所需的琐碎操作，以小数点后的数字为依据来分配剩余的席位。他建议用另一种方法把小数部分忽略不计，从而避免了随心所欲分配剩余席位的决定。第一步是选择一个合适的总席位数。用简单的算术程序，通过试算和纠正误差，找到一个可能的最大公约数，就会有以下的特性：用这个公约数去除各个州的人口总数，所得结果（所有小数或分数部分都舍去不计）加起来就是选定的总席位数。在我们前面假设的例子中，除数906.1就符合这个情况。把弗吉尼亚人口总数9061除以906.1得10。把纽约州的人口总数去除以906.1得7.923，取整数得7，如此等等。表3列出结果并与汉密尔顿的分配法案进行比较。

表3　国会议席分配比较

州　　名	人口（人）	杰斐逊为总席位26设定除数906.1所得结果	杰斐逊的分配法案	汉密尔顿的分配法案
弗吉尼亚	9061	10.000	10	9
纽　　约	7179	7.923	7	7
马萨诸塞	5259	5.804	5	5
康涅狄格	3319	3.663	3	4
特拉华	1182	1.304	1	1
总　数	26000	/	26	26

　　要注意，按杰斐逊的分配法案是把多余的一个席位给南方的弗吉尼亚州，而按汉密尔顿的分配法案这一席位是要给康涅狄格的。这个例子虽然是假设的，但已清楚地表明方法的选择对政治后果影响很大。

　　杰斐逊的分配法案在传统的美国著作中被叫作"最大公约数法"，在欧洲被叫作"德荷德法"。维克多·德荷德是19世纪比利时的一个律师，他制定这个方法远在杰斐逊之后。直到1975年，米歇尔·巴林斯基和佩顿·扬在他们的调查报告中列出事实之后，该方法的发明权公认归于杰斐逊。[70]

杰斐逊向华盛顿解释，他反对国会分配法案的原因之一是它违反了宪法严格的条文"议员应在各州中按其人口总数来分配"。他解释，这句话意味着"他们应按共同的比值来分配席位。因为比值、比率是同义词"。按照"人口中的比率的定义"，需要一个"适用于全体的比值，或换句话说是公约数"。杰斐逊说只要运用算术就足以证明国会分配法案"没有按人口总数来分配席位"。一个简单的算术练习表明了法案"至少使用了两种比值"：30026用于罗得岛、纽约、宾夕法尼亚、马里兰、弗吉尼亚、肯塔基和佐治亚，而27770用于佛蒙特、新罕布什尔、马萨诸塞、康涅狄格、新泽西、特拉华、北卡罗来纳和南卡罗来纳。如果"两种比值都可以用"，杰斐逊质问，为什么不用15或其他数？在这个法案中"按人口总数分配已变成任意分配了"。

最后，杰斐逊论述，汉密尔顿的法案违反了宪法很明确的规定，即"每30000人口不超过一个议员"。该法案使8个州每27770人就得到一个席位，超出了宪法的限制。[71]汉密尔顿和法案支持者的立场是不准备按1：30000的比率在每个州来分配席位，而只求总数上符合这个比率。华盛顿赞成杰斐逊的意见。

杰斐逊的小心求证的批评分析意见有很多页。我们不必去追究那些细节，只要注意到华盛顿是被杰斐逊的数学和推理所打动就足够了。华盛顿也知道该法案在国会两院只是以微弱优势通过。在听取了内阁全体的意见后，他否决了该法案。国会决定以杰斐逊的分配法案取代汉密尔顿的分配法案，延续了好几十年。

在讨论了杰斐逊和汉密尔顿的论战之后，读者也许会奇怪他们究竟在吵些什么：难道一次投票真的能产生巨大的差别吗？花那么多时间和精力去解决一个似乎很简单的算术问题值得吗？这个问题要靠历史、心理学和政治学来回答。首先是历史，因为美国的政治系统，总统传统上是由选举团选出的，而不是简单地在总票数中占多数。每个州都掌握一定票数的选举团，票数取决于众议员和参议员的数目。一次投票的不同结果能决定两个候选人谁能当总统。事实上，这已经发生过一次，在1876年的选举中，拉瑟福德·海斯和塞缪尔·蒂尔登竞选总统。蒂尔登在普选中获得多数票，但在选举团的一次投票中输给了海斯。

其次，让我们转到心理学方面。居民对本州的影响力和自豪感取决于（在众议院内）席位的数目。失去席位会伤害到这种自豪感，而对选举人来说选举失败可不是一件好受的事。特别是对一个州来说，如果丢失了一个席位，就要重新划分选区。这就把我们引入政治领域了。对于失去席位的众议员来说，这后果可能意味着政治生涯的终止。另一个后果是一大批选民要更改他们的选区和众议员，可能把熟悉本地利益的人换成完全陌生的人。一个席位的改变还会影响部门或地区之间的平衡。所以，很容易理解，席位分配法案的选择曾经是一个有重大政治牵连的长期问题。

5. 杰斐逊和牛顿的科学

前面两段故事，反驳布丰的"美洲退化论"和为国会议席分配设定方法，反映了杰斐逊怎样以他的科学知识和数学才能为国家服务。第三段故事是要展示他对于牛顿《原理》中的科学的掌握。杰斐逊在高等数学方面受过良好的教育，他学过微积分，或按牛顿的说法叫"流数法"。对杰斐逊精通牛顿科学原理和《原理》原文的评价有助于我们发现他最著名的作品《独立宣言》所受到的牛顿的影响。

杰斐逊确实是美国总统中唯一读过牛顿《原理》的人。他把牛顿尊崇为世界上最伟大的天才之一。在蒙蒂塞洛他为不朽的人物设置的画廊里，有三幅肖像挂在最高的位置：艾萨克·牛顿，数学家和自然哲学家；弗朗西斯·培根，法理学家和科学方法的编纂者；约翰·洛克，"通情达理"的哲学家，有影响的《政府论两篇》的作者。他从英国得到这些肖像，是请画家约翰·杜鲁伯尔为他定制的。[72]他担任国务卿时这三幅肖像就挂在办公室里，每一个访客都会马上看出他对牛顿的尊崇。

还有一件事可看出杰斐逊对牛顿的尊崇，即他拥有牛顿的蜡模遗容。我们不知道他何时何地怎样得到这个蜡模遗容，只知道是和他的文稿及财物一起在1825年他的孙女艾伦出嫁时被带到了库利奇家。这些杰斐逊的资料最终收藏在波士顿图书馆和马萨诸塞州历史协会。蜡模遗容后来由该图书馆送给巴布森学院，与罗杰·巴布森及其妻子格雷斯收藏的牛顿的著作、手稿和其他纪念品放在一起。巴布森是非常崇拜牛顿的，他说过，是由于运用了牛顿第三定律，才使他能够追踪未来的经济动向。他轰动一时地预测了1929年股市的崩溃。

杰斐逊总统离任3年后，1812年1月21日在一封信里表达了对牛顿的尊敬和在研究这位伟大的科学家的著作时所感到的愉快。信是写给他以前的政治对手约翰·亚当斯的，他写了最终离开国家事务和政治争论后所感到的巨大的解脱。他说他可以"扔掉报纸而换上塔西佗、修昔底德、牛顿和欧几里德的书"。[73] 在这里他清楚地阐明了对古代和现代知识的热情。古代知识的代表人物为一位伟大的罗马历史学家和一位伟大的希腊历史学家，还有一位希腊的几何学奠基人。在这个受尊敬的群体里唯一被他提到的现代人是牛顿。难道还有别的美国总统会为了取乐去读牛顿的著作吗？

数学和物理是退休后的理想学科，是保持智力机敏的挑战。对于阅读牛顿著作，杰斐逊有良好的基础，他在大学学过物理、天文和数学。我们不能确定他学过的课程，但可以肯定斯莫尔让他读过牛顿自然哲学的主要说明和科学课本，而且给他介绍过牛顿的伟大著作《原理》和《光学》。杰斐逊精通微积分，学习了威廉·埃莫森写的牛顿的《导数学说》，后来他为自己的图书馆购置了一本。[74]

杰斐逊青年时代读的是大学生都学过的牛顿的《光学》，这是一本很有趣的书。它用优美的英文散文写成，不要求读者有数学基础，好像是一本实验方法手册。但不是只教你怎样去设计和做实验，还教你怎样得出结论。在《光学》的开头和《原理》的结尾部分杰斐逊都会发现对满足于假设的警告。他也会从《光学》里学到牛顿用一套公理来建立自己的科学体系的方法。在这本书里牛顿详细阐述了关于光和颜色的理论，包括对阳光的分析和说明我们看见的物体有它各自色彩的原因。牛顿对光和颜色的理论的重要应用是阐明了虹的成因。后来，在法国流行的讨论会上的演讲中，杰斐逊利用了他记忆中的牛顿对虹的解释。[75] 他的图书馆收藏了牛顿《光学》的第四版修订本（1730）。

杰斐逊像18世纪中叶学习牛顿科学的其他学生一样，肯定读过牛顿《原理》的某些部分，或是安德鲁·莫特的英文译本《自然哲学的数学原理》（第一版，1729），或是在两位耶稣会士托马斯·李·色尔和弗朗西斯·杰斯寇尔所著的包含大量评论的版本的帮助下去读拉丁文版《自然哲学的数学原理》。他的图书馆收藏了两卷本的拉丁文版《原理》及其注释本（1760）和莫特的英文译本（1803），共三卷，附有他学生时读过的微积分课本作者埃莫森所做的注释。当他担任国务卿时，在向国会做的关于度量衡的报告中，我们将看到他直接引用了拉丁文版《原理》中的内容。

从《原理》中，杰斐逊学习了牛顿怎样组织理论力学。像欧几里德一样，从一系列定义开始，接着是著名的运动定律，而且这些成功的定律已被演绎为数学公式了。在《原理》中，杰斐逊会读到牛顿的"自然哲学的法则"。在第三册，也是最后一本书里，他会学习到太阳系是如何在万有引力作用下，按照牛顿先前阐述过的理论力学原理和运动定律运行的。在大学时代，杰斐逊还学习了牛顿科学的一些主要教科书，其中最有可能的是德萨居利耶、格雷夫桑德等人所著图书。杰斐逊后来的图书馆中收藏了德萨居利耶的课本复制品。毫无疑问，他还研读了格雷戈里和B.马丁的牛顿天文学教科书的部分内容，这两本书都被他收入自己的图书馆。他很可能还阅读了两本最重要的关于牛顿科学的一般读物，一本是亨利·彭伯顿的《牛顿哲学一览》，另一本是麦克劳林的《牛顿哲学发现的故事》。杰斐逊还拥有麦克劳林、科尔森、爱默生撰写的关于牛顿微积分的书籍。

杰斐逊对牛顿在《原理》里所命名的理论力学怀有浓厚的兴趣，并一直跟进这门学科的新近著作。例如，1789年他从法国写信给哈佛校长约瑟夫·威拉德，叫其注意刚刚出版的拉格朗日的《力的分析》（1788），说这是一本非凡的书，它的出版是近代科学最有意义的事件之一。他还加了一句，拉格朗日是公认的在世最伟大的数学家，其个人的价值是等同于他的科学成就的。[76]杰斐逊不局限自己在一般的了解上，由他所写的小结"他的工作目的"，我们得知他对拉格朗日的作品有深刻的理解。他写道，"拉格朗日的目标，是把所有的力学原理归结为单一的平衡，并给出一个简单通用的公式"。他认识到拉格朗日力学方法的一个特性，就是用代数和分析的模式来处理主题，而不必用图解来解释概念。杰斐逊是绝无仅有的，那一代美国国家领导人可能根本没听说过拉格朗日，更不要说能对他的论文的重要性做出中肯的评价了。

杰斐逊精通牛顿数学还呈现在一件多数读者似乎完全不能料到的事情上，他设计了一种改进型的犁——坡地犁。虽然他对犁的改进曾在他所有的传记作者中被讨论过,但在这次努力中特别应用了牛顿数学这一做法却没有引起人们的注意。坡地犁的特性之一是在它的模板上,当犁头从泥土中通过时,犁身随即将犁过的泥土翻出。他认识到要达到最大的效率,就要把犁做成产生最小阻力的形式。开始,他只是简单地通过试算和纠差来做这部分设计。但在和费城的宾夕法尼亚大学数学教授罗伯特·帕特森通过信后,他知道了解决这个问题要用微积分。帕特森告诉他,最小阻力的形式恰恰是在威廉·埃莫森的《导数学说》中研究过的一个问题。于是杰斐逊告诉帕特森他学生时代学过微积分,用的正好是埃莫森的课本。

找出最小阻力的固体形状问题是最先由牛顿在《原理》中陈述的。而解决的方法是由约翰·马欣在安德鲁·莫特的《原理》英文译本附录中说明的,杰斐逊的图书馆收藏了该书。杰斐逊运用了埃莫森的著作,犁的设计也成了牛顿数学习题中一道很好的应用题。这个情节对本书是很重要的,因为它证明杰斐逊精通高等数学,特别是牛顿的数学(关于应用牛顿微积分设计犁的详情见附录6)。

杰斐逊对牛顿科学的熟悉也体现在他建立长度标准的过程中。作为国务卿他承担了为这个新的国家制定重量和长度标准的任务。1790年,各州都有自己的标准,如果州之间产生贸易就会导致混乱。杰斐逊有两个主要目标。他要使整个系统合理化,要像在货币方面已经采用的十进制——元、角、分那样,在重量、长度、面积、体积测定方面也引进十进制。他还希望测定单位以大自然为基准。为了寻找长度标准,他把基本单位立足于某些自然现象而不是任意的人为的作品。在那个时代,长度和其他量的测定标准都是不一致的。巴黎的"尺"和伦敦的"尺"是不一样的。事实上,在一个国家的不同地区长度单位都不一样。

杰斐逊最后决定把长度标准建立在秒摆上,也就是说一个秒从极左端摆到极右端或从极右端摆到极左端,其"平均时间"恰好是一秒。[77]这个建议的基本原理涉及对牛顿物理学理论上的理解,而具体实行这个建议又要求有熟练的机械方面的技术。

对于牛顿在形成杰斐逊秒摆的概念上所起的作用人们曾有许多误解。例如,有人说这个程序是"从牛顿《原理》中直接引出"的,虽然仔细读过《原理》就会知道牛顿并没有提出这样的建议。事实上,这个标准是在牛顿以前，克里斯蒂安·霍根在1673年出版的关于秒摆的论文中提出的，比《原理》还早14年。牛顿对秒摆和地球形状之间的关系的研究，报告在《原理》第三册第20章，倾向于阻止而不是支持用秒摆去建立通用的长度标准。

另一个共同的错误是认为在《原理》里，牛顿已给出伦敦纬度的秒摆长度约100厘米。这个错误是杰斐逊自己在早期报告的手稿里写出来的，当时他手头没有《原理》原文可资参考[78]。而在《原理》里讨论的秒摆[79]，所有带数值的例子讲的都是巴黎的秒摆。

用秒摆长度做长度标准的基本想法是由克里斯蒂安·霍根提出来的，没有被接受是因为有某些明显的实际问题。当杰斐逊承担了制定重量和长度系统的任务后，霍根的建议又分别在一批科学家、工匠和公众人物中重振了。[80]最后，杰斐逊的建议并未被国会接受。[81]讲这个故事主要为了表明他的物理知识和其对牛顿《原理》中科学的掌握。

杰斐逊的报告着力于秒摆用途的两个方面：一个是理论的；另一个是实践的。首先是秒摆"长度"定义的根据。摆的简单定律，即有关摆的周期和其长度关系的定律，只适用于一个"集中于一点的质量"挂在一根没有重量且不会延伸的绳子上。数学物理进入了这个阶段的讨论，因为任何真实的（或物理的）摆的尺寸必须转换为对应的理想的摆。这个问题后来固定出了所谓"摆动的中心"而解决。于是对应摆的长度就是从悬挂点至摆动的中心的距离，这个中心，正如里滕豪斯向杰斐逊说过的，对"规则形状"的摆是很容易算得出来的。[82]对于这个论点，他评论，"也许这种科学计算的其他方法都未曾提供如此多的定理，美好在于简单，恰如摆的学说"。[83]杰斐逊的数学物理知识已被解决了摆动的中心的能力所证实。

关于摆的另一物理问题是要设计一个装置来保持秒摆有一个恒定的周期。需要有时钟那样的机械，提供一系列的脉冲来保持摆幅恒定。还有温度变化的影响问题，因为摆的周期决定于它的长度，而杆和柱体的长度都会随温度的升降而延伸或缩短，即摆的周期会受到温度变化的影响。因此，标准秒摆的长度必须在指定的温度下。杰斐逊发现在《原理》第三册第20章中，牛顿在陈述摆的物理学时提到了这个问题。所以在他最后的报告中从《原理》直接引用了一段铁杆随温度升高而膨胀的文字，但用的是拉丁文而不是英文。[84]

剩下两个问题直接与《原理》中的物理学有关。首先，牛顿已记录了不同纬度的秒摆长度是不一样的。一个在巴黎纬度上具有准确的一秒周期的秒摆，如果运到不同纬度的地方去，就不能保持同样的周期。其次，不同高度的秒摆长度可能也是不同的，取决于该地与地心的距离。这两个问题——纬度和高度——引用了牛顿物理学的基本观点。

在《原理》诞生几十年前，就已经有人发现了秒摆的周期随纬度不同而变化的事实。许多观测者——值得注意的是埃德蒙德·哈雷和琼·里彻——在天文学探险中遇到了这种现象。为了在近的地点观测火星，里彻在1672年从巴黎到了法属圭亚那首府卡宴。他惊奇地发现他在巴黎准确地做好记号的摆长在这儿不合适了[85]，他要缩短摆长才行。哈雷在把一个摆从伦敦运到圣海伦娜时遇到了类似的情况。牛顿的《原理》阐明了这种现象是他的荣耀之一。牛顿指出，摆长的变化起因于在不同的纬度摆锤的重量发生了变化。他从理论上说明了为什么摆锤重量的变化会导致摆的周期发生相应的变化。当1726年《原理》第三册出版时在第20章中讨论这个问题时，增加了许多科学家观察到的摆的周期随纬度变化而变化的实例。

重量随地球上纬度变化而变化的事实是科学概念框架中最伟大的新事物之一，即与牛顿在《原理》中详细阐述的这个新的质量概念联系在一起的。牛顿舍弃了以重量作为物体的"物质的数量"的量度的老办法。里彻和哈雷依据经验都指出对于给定的物体，其重量不是一个基本的属性而是"附带的"属性。物体的重量取决于它处于何地何状态的"附带性"。牛顿的质量概念是没有"附带性"的。对任何物体或物质样本来说它是不变的，不论处于何地何状态。物体的质量是固定的，即使搬到月球或其他行星也不会变。一个摆从一个纬度转到另一个纬度导致周期变了、重量变了，但质量没变。同样，一个物体搬到月球上会具有"月球上的重量"，会比原先在地球上的重量轻很多，但质量还是没有变。甚至一个物体在失重的情况下，它的质量也没有变。这个陈述在今天来说是太平常了，我们看见了宇航员登月后大大地减轻了重量，也看见了许多宇航员在失重状态下做科学实验的电视节目。但在牛顿时代，可没有那么多的经验拿来做证据，只有秒摆的周期或长度变化这么一个事实。这个故事有助于说明产生了《原理》的科学的创造性思维的力量。

牛顿的质量概念是作为物质的量度或"物质的数量"在《原理》里介绍的（定义一）。在牛顿物理学里，一个物体的质量是不变的，不管是加热或冷却、压缩或延伸、扭曲或弯曲、从这一纬度转到那一纬度，甚至转到宇宙中任何地方，都不能改变它的质量。当然，我们现在知道任何物体的质量都不是绝对不变的，即不是在所有情况下都一样。在运动速度接近光速时，必须要做一个相对论的修正。在牛顿物理学里，按照牛顿第一定律，质量是物体保持其静止或不变的运动状态的原因。按照牛顿第二定律，质量也是决定物体在外力作用下加速程度的因素。牛顿根据实验发现，对给定的地点，物体的重量是与质量成比例的。按照牛顿的万有引力定律，对于给定的引力场，物体的质量是所受引力大小的决定因素。[86] 所以很容易理解为什么质量这个新概念被认为是《原理》中最富创造性的基本理念之一。

在《原理》第三册第20章中，牛顿证明了物体重量具有反映物体与地心距离的功能。因为摆的周期取决于摆的重量，杰斐逊必须考虑一个物体在海平面上和在高海拔地点的重量差异。如果在不同的高度上物体的重量会发生实际意义的改变，那么秒摆的长度也会发生相应的变化。所以，按照牛顿的结论他还得去算出由于高度变化所产生的误差有多大。他的计算结果是"美国最高的山峰也不会使地球的半径增加1/1000，秒摆长度在山顶上的变化也不会超过约0.02厘米"。他甚至计算出"在南美安第斯山的最高峰，秒摆长度也不过增加0.1厘米左右"。[87]

秒摆审议中最重要的问题是秒摆长度受纬度变化的影响。实际上，这意味着在定义长度时要有指定的纬度。为了实用，需要的不是牛顿的理论知识而是他研究出来的换算规则。实际上，约翰·怀特赫斯特在他关于利用摆长设定长度标准的书（1787）里根本没提牛顿的名字，也没提到《原理》或牛顿物理学原理。这只是一个钟表匠写的《螺钉和螺母手册》。

对杰斐逊来说，仅有结果或换算规则是不够的。作为一个研究过牛顿《原理》的物理学的学生，他想把他的系统建立在单纯的规则之上，从实践上升为理论，去建立与基础物理学联系在一起的法则。此外，他似乎认为如要使计算规则被接受，必须要用完整的物理学来证明。牛顿对秒摆的物理学的说明是《原理》中最出色的表述之一，它包含了秒摆的定律，还将主题扩展至整个地球的实际形状，因而受到全世界同行的赞赏。比如，伏尔泰认为，牛顿是伟大天才的一个标志在于他没有像后来的马比妥斯那样去做大规模的测量探险，而是只凭一支铅笔、一张纸和自己的超人智慧就断定了地球的物理形状。牛顿认为，地球不是一个完美的球体，而是椭球体，两极扁平，赤道凸出，其主要证据来自月球对地球引力的分析，这种引力产生了岁差现象。[88]

在《原理》第三册第20章关于秒摆的主题中，牛顿对非球体的地球表面的物体重量和其与地心的距离成反比做了极好的说明。[89]他不仅推导出秒摆长度变化的规律，还算出了不同纬度的具体秒摆长度，即从0度到90度，每5度出一个数据；从40度到45度，每度出一个数据。因为牛顿在表格中给出的数据以法尺为单位，杰斐逊还要把它们换算成厘米或米。当他在最后的报告中用长长的脚注指出时，说"这可不是一件容易的事，因为不同的科学家提出的换算系数差别很大"。

在杰斐逊的报告里，他算出牛顿在纬度45度上的秒摆长度相当于99厘米。还算出了"会摆动在相同的周期"的一个秒摆的当量杆。他当然知道绝大多数秒摆长度的实验数据不是在正好纬度45度处做出的。所以，他给出了牛顿在纬度30度、35度、40度、41度、42度、43度、44度和45度处的秒摆长度测定的数据，这样任何地方的测定数据都可以"从当地纬度换算为标准纬度45度的数据"。

杰斐逊在和里滕豪斯通信讨论用秒摆长度制定长度标准的过程中，里滕豪斯写给他一份关于《原理》第三册第20章的注解。不幸的是里滕豪斯匆忙中出了根本性的错误。当杰斐逊阅读这个注解时看出了这些错误，用括号指出不正确的措辞，指出要删改的地方，并在行间写出正确的说明。然后，杰斐逊按照他的修正稿用拉丁文写了一段《原理》的摘要，说明他已经正确地掌握了这一节。[90]这个事件使我们从另一角度看到杰斐逊对《原理》中物理学的确切掌握。

杰斐逊最后的建议报告里满是物理学，很难为一般读者所理解。甚至还包括了测定球体、杆、圆柱体摆动中心的数学方法。难怪这个报告没有被接受，他的方案也没付诸实施。一个起初看起来简单容易的长度标准建议，竟牵涉这么复杂的东西，很难被认为是切实可行的。所以，杰斐逊的建议只能作为我们了解他掌握牛顿物理学和牛顿《原理》原文程度的一个标志。把杰斐逊的量度系统建立在牛顿科学的基础上，而不是建立在简单的测量技术上，他的《关于重量和长度的报告》成为献给理性时代的文献，而不是机器时代的蓝图。

6. 杰斐逊和《独立宣言》

《独立宣言》是美国历史上最驰名的文献之一。它曾被仔细地研究过，包括核对不同的手抄稿、印刷文件和在几个版本中逐字核对。除了星河浩瀚的学术文章外，至少还有六部大型历史学专题文献[91]，当然，每一个杰斐逊的传记作者都研究过《独立宣言》。看来，对这个文献已没有更多的话可说了。尽管有堆成山的学者注释，但我知道还没有人试图去查清杰斐逊用语明显出自牛顿自然哲学的地方。只有两个主要的研究者，即卡尔·贝克和加里·威尔斯的研究是把《独立宣言》和当时的科学背景联系起来的。据我所知，无论是贝克、威尔斯或其他注释者都没有发觉杰斐逊所用语言中对牛顿《原理》的共鸣。

1775年当第二次大陆会议在费城举行时，杰斐逊才32岁，几乎是最年轻的成员。约翰·亚当斯后来记录了他与杰斐逊之间的一次谈话，说明了为什么是杰斐逊而不是他来起草《独立宣言》。理由之一是杰斐逊能"写得好十倍"[92]。在另一文献中，亚当斯记录了代表们知道杰斐逊的"文学和科学声望以及巧妙的写作才能"[93]。当然人们期望自由的文件能出自具有写作才能、伟大的文化影响、科学的世界观三方面的天才作者之手。

《独立宣言》在序言中就开宗明义地向世界说明从英国分离出来的目的和根据。正如梅里尔·彼得森说的，杰斐逊"抓住机会把新国家的政治理念用公理的措辞表达出来"。他表达的大前提是"公正的政府是建立在平等的基础上并由被统治者同意的"[94]。按杰斐逊的话："无论何时，任何形式的政府一旦对这些目标的实现起破坏作用时，人民便有权予以更换或废除，以建立一个新的政府……"根据是杰斐逊宣称的他们有"不可让与的权利"，集中体现在著名的措辞"生存权、自由权和追求幸福的权利"上[95]。

彼得森告诉我们，杰斐逊论战的策略着重在"大前提的'不证自明'，那是超越论证力量之上的道义上的真理，并对理性的有良知的人们有直接的说服力"。[96]在一个小前提下，杰斐逊控诉乔治三世反复剥夺美洲移民的权利。接着是一系列郑重其事的控诉，列出控告清单去攻击英国国王。杰斐逊的结论是"这些联合起来的殖民地有权成为自由和独立的州"[97]。

许多年以后，杰斐逊写道："我在起草《独立宣言》时并没有去寻找新的原则或前人从未想到的新的论点，也没有说过前人从未说过的话。我的目的只是在人类面前展示我们的共同信念和为我们不得不采取的独立立场辩护。我没有企图在原则上或感情上别出心裁，也没有照抄任何特定的或前人的著作。我的意图只是要表达美国人民的愿望，并根据当时的情况给予这种表达以正式的语调和气魄。"[98]草稿完成后，给起草小组的其他成员看过，主要是亚当斯和富兰克林，他们做了一些小的修改。

最后大陆会议的代表们用两天半的时间逐字审查了杰斐逊的草稿。前言部分没做多大改动就通过了，主体部分做了很多改动。某些改动是文风上的，而另一些是希望把意思变得更加准确和减少论战的味道。[99]国会完全删去了"杰斐逊文稿中最长的、最愤怒的、情绪化的控诉"[100]：国王的"灭绝人性的战争"[101]，即贩卖奴隶[102]。不过，包含牛顿学说联想的前言部分几乎完全按杰斐逊的原文保留在定稿中。

《独立宣言》（定稿）以下列激励的词句开头："在人类事务发展的过程中，当一个民族必须解除同另一个民族的政治联系，以独立平等的身份立于世界各国之林时……"[103]然后杰斐逊定义"独立平等的身份"是"自然法则和造物主法则"赋予人民的权利。[104]我们要注意杰斐逊在这里没有援引国际法原则，正如雨果·格罗第阐明的那样。也没有求助于《圣经》和上帝的启示。他以属于"自然"和"造物主"的"法则"构成了表述的权威。

作为《独立宣言》背景要素的这个属性是卡尔·贝克对18世纪的自然观做了一番探讨的起因。贝克是精通18世纪思想的敏锐的学者，他马上看出杰斐逊时代的自然观深受牛顿科学哲学的影响。但贝克并没有真正理解牛顿的科学，也没有评估杰斐逊醉心于牛顿科学的程度。他未能领会牛顿科学的概念和原理，仅限于大量引证牛顿科学的普及读物，又没有严肃地探讨其内容，致使他未能把自己的卓越洞察力的推断进一步深化。[105]连贝克对《原理》中科学的认识都如此肤浅，很难相信哪个20世纪重要的历史学家能写出这个特征。[106]

加里·威尔斯对《独立宣言》的研究，像这位历史学家和评论家的其他著作一样，展示了大量学术性的专门知识并充满各种各样的重要见识。例如，此前从没有人能如此充分理解杰斐逊执意要把生活的方方面面简化为数字的背景和意义。我们已知道设计分配议员席位方案的实例中他对数字的关切。威尔斯的见解之一是《独立宣言》可以当一个科学的文献来读，它展示了牛顿的思想。他断言"《独立宣言》的开头是牛顿学说的"。但他没有把《独立宣言》和具体的牛顿学说的概念或原理联系起来。相反，他推测"杰斐逊开场白中充满牛顿学说味道的用语是'必要的'"。他没有注意到杰斐逊提到的"自然法则"是牛顿学说的词语。

通常我们会把杰斐逊在《独立宣言》中提到的"自然法则"解释为后来流行的概念"自然规律"。[①] 在杰斐逊时代和更早的几个世纪中，"自然规律"被理解为人类贯穿理性运用的最高级别的规律。自然规律是不容易定义的，它是一个组合词，"自然"和"规律"，既不能按它们各自的主题"做单一的定义"，也不能被认为是"普遍接受的惯例"。自然规律还不好用简单的术语来定义，因为它反映了从西塞罗到阿基纳斯再到约翰·洛克以来知识环境的变化。最近一个研究断定这个术语至少有120种不同的含义。[107]但是，基本上"自然规律"永远是比科学规律、人类规律、国家规律更"高级"的基本规律。

和自然规律密切联系的一个概念是自然权利。塞缪尔·亚当斯1772年写道，"生存权、自由权、财产所有权"是"自然的权利，是大自然第一规律的一个分支"，他的书即使不是直接影响了《独立宣言》，也可以说是它的预告。[108]1758年冬，当约翰·亚当斯还是哈佛学院的学生时，他就记录了某些关于"自然规律"和"民事法"的思想。自然规律的拉丁文是"自然法"[109]，亚当斯宣称："大自然的法则是大自然对所有生物的教导。"他写道，"'自然法则'包括理性的法则，比如，自爱、繁殖和受教育的要求，

---

① 英文中自然界的"规律"与人世间的"法律"、"法则"均为law，因而主宰自然界的法与主宰人世的法并无二致。所以，本书中的自然法则、自然规律一般情况下可互换，不硬性统一。

包括克己、节俭、公正和坚强的规则，理性在经验的帮助下，发现其自身倾向于人性的完美和幸福"[110]。

在18世纪，自然法是密切地与国际法联系在一起的。例如杰斐逊的图书馆里有单独的类目叫"自然和国家法"，那里包括了常被认为是现代国际法创始人的雨果·格罗第的论文。《独立宣言》发布的时代有关自然法的主要著作是约翰·洛克的《政府论两篇》的第二篇，杰斐逊的图书馆存有该书（但归入"政治"类）。洛克的思想观点可从瑞士法理学家布拉马基关于自然法的有影响力的论文中找到。杰斐逊的图书馆收藏了后者的两个版本，归入"自然和国家法"类。[111]学过法律的杰斐逊很熟悉有关自然法的文献，在构思《独立宣言》考虑自然权利时肯定会从这些文献中提取合乎法律的思想。

莫顿·怀特在对《独立宣言》的研究中用很长的一章专写自然法则。怀特发现洛克的直接影响比往常推测的要小，他的思想在传播中被他人，尤其是布拉马基做了某些改动。虽然怀特讨论了科学规律的概念，但他没有把《独立宣言》当牛顿学说的文献来讨论，也没有探讨《独立宣言》和牛顿科学的任何方面的关系。[112]

《独立宣言》中"自然规律"这个概念在政治哲学上的重要性已被充分地记载。[113]我自己对杰斐逊提到的"自然法则"的理解与普遍接受的解释不同。我并不是要否定或取代它，相反，是提出一个补充的观点增强杰斐逊所用词汇的意义。毋庸置疑，杰斐逊作为一个律师和政治哲学家，肯定受到流行的自然规律理念和同源的自然权利概念的影响。但我将提出对杰斐逊所用词汇的另一个可能的注解，指出对该词汇的解释不能只严格限制在由自然规律引出的考虑上。

我们将在下面看到压倒性的证据，杰斐逊和当时的人们非常熟悉"自然规律"这个词，它是对牛顿科学的共振的回应。要注意的是在这个牛顿学说的文献中，用的是复数的"规律"而不是单数的"规律"。杰斐逊的私人图书馆收藏了许多书名是《自然规律》的书，它们归入"自然和国家法"。值得注意的是，杰斐逊的图书馆所有关于这个题目的书中除一本外都不用单数"自然规律"做书名，唯有理查德·坎伯兰的书用单数"自然规律"做书名，但声言要讨论的是复数的"自然规律"。

坎伯兰著作的书名指出作者的双重目的：抨击托马斯·霍布斯的理念和探讨"自然规律"这个题目。[114]该书的第一部分与引用和讨论的笛卡尔及霍布斯著作一样，用复数的"自然规律"泛指一般观念上的科学规律。直到第一章的末尾，从一般规律中转换出最高的道义上的规律，即自然规律，由它来推究其他规律的合法性。坎伯兰采用了普遍的用法：复数的"规律"用于具体的自然规律，即科学规律；而单数的"规律"用于自然的规律或总的抽象的规律。

我们已经知道杰斐逊在写《弗吉尼亚州备忘录》时在提到科学规律或"自然规律"时用的都是复数。这用法可与他1770年作为一个年轻律师为某一案件辩护时使用的单数"规律"相对照。他在法庭上陈词，"在自然规律下，人人生而自由"。他又说，"每个人一来到这个世界就享有他个人的权利，包括根据自己的意愿迁居的自由权"。[115]杰斐逊在这里主张的这类权利后来也陈述在《独立宣言》中。在这个例子中，杰斐逊明确提到的"自然规律"（单数）是自然法则，而不是具体的"自然规律"（复数）。

7.《独立宣言》中牛顿学说的共鸣："自然规律"

对《独立宣言》开场白的规范说明不能只看到杰斐逊写了传统上的自然规律或自然法则，而特别披露了主要的灵感来自约翰·洛克的著作《政府论两篇》。当然，这本书不一定是杰斐逊理念的直接来源，因为洛克的原理（或非常类似洛克的原理）也可以从其他作者的书中得到。对标准观点的一个挑战者加里·威尔斯认为，对杰斐逊的政治和哲学思想影响更大的是18世纪苏格兰启蒙时代的代表人物，其中值得注意的是亚当·弗格森、弗朗西斯·哈奇森和托马斯·里德。虽然威尔斯为苏格兰学派的影响提出了合理的论据，但绝大多数美国历史学家没有完全接受这个结论。[116]

面对大量的有关《独立宣言》和自然规律的学术著作，一个人要对杰斐逊提到的自然规律做出另外的解释是真要有一点勇气的。但是任何一个学过科学史的人，特别是深入地读过杰斐逊时代牛顿学说文献的人，会对杰斐逊的著作有不同的和补充的见解。我们没有办法准确地判断杰斐逊写《独立宣言》时什么是他意识到的或没有意识到的。但我们能够很容易地发现,他的文字中关于科学的联想,以及能够引起共鸣的措辞。当杰斐逊读自己的文字时,对他提到的自然规律一定会产生一系列联想,其结果会直接引向科学领域和科学规律。可以确证,从杰斐逊熟悉的、读过和研究过的、他私人图书馆收藏的书上所表述的"自然规律",突出的观念正是我们今天所理解的科学规律。同样,我们马上会看到,自然规律趋向于一套非常具体的定律,即《原理》开头部分的牛顿运动定律。这一系列的联想,对类似学过牛顿科学的杰斐逊和那个时代学过科学的任何人都是不可避免的。

在我的18世纪科学研究班上,我会年复一年地读出《独立宣言》的开场白,并问我的学生"自然规律"这个词给了他们什么样的启发。我的学生全都深入地研究过杰斐逊时代的科学文献,他们研究过杰斐逊用过和收藏过的书。他们会毫不犹豫地回答,杰斐逊心中所想的是我们叫作科学规律的定义。某些学生还会补充回答牛顿运动定律、《原理》中的公理。

杰斐逊自己在《弗吉尼亚州备忘录》有关化石的论证中使用过同样的词"自然规律"。他不相信会有这么大的洪水漫过山顶而使贝壳沉积在那里。为了否定这种可能性,他提出的证词是,如果洪水达到北山或肯塔基那样的高度"似乎是违反自然规律"的。[117] 根据这个词,他的意思是按照科学规律、按照已确认的"自然规律",这种规模的洪水是不可能的。总之,杰斐逊自己解释过"自然规律"是科学的原理,和我们今天说的科学规律是基本一致的。

牛顿在《原理》里没写过"自然法"或"自然法律",但在《光学》中提到过"自然规律"。在该书的结尾,接近带有疑问的结论处,牛顿写道"'原理'是大自然一般的规律,根据它万物得以生成;它们的存在由现象表露给我们"。在杰斐逊私人图书馆的《原理》的所有副本中,不论是拉丁文原版或是莫特的英文版,都有罗杰·科茨为第二版写的以后各版都重印的序言。该序言提到的"自然规律"也是在这种意义上的观念。序言倒数第三段开始讨论"自然规律",来自前一段的末尾所说的"上帝统辖一切的完全自由的意志"。这是紧跟在"物理学的真正原理和自然界事物的规律"之后的。这正是科茨在序言前面所说的,"是伟大的造物主选来去建立绝顶美妙的世界架构的规律"。

在英国皇家学会1715年出版的《哲学学报》上的一篇臭名远扬的书评中，牛顿非常引人注目地使用了"自然规律"这个词，在某种意义上与我们的"科学规律"相似。[118]这份匿名的书评据称是英国皇家学会就发明微积分的报告做的报道。这份书评出自牛顿之手，他感到有必要加强和用文献进一步证实报告的结论，维护他自己的发明优先权并暗中裁决莱布尼茨是一个抄袭者。[119]在这里我们感兴趣的不是17世纪科学界的某些卑鄙手法，而是牛顿在书评的陈述中提到"永恒的无所不在的大自然的规律"。[120]对牛顿来说，和在《光学》中一样，"自然规律"意味着自然哲学的规律，即科学规律。这就是18世纪有科学文化的人读这句话的意义，他们把牛顿运动定律尊为最高典范。

在杰斐逊起草《独立宣言》的时代，词组"自然规律"，特别是它的复数形式在科学著作中有非常特殊的意义。这个词——"自然法"（拉丁文）——曾经是科学革命时期最基本的著作之一，勒内·笛卡尔的《哲学原理》中富有想象力的特征。杰斐逊私人图书馆收藏了该书的副本。笛卡尔用这个词来表示自然哲学的基本规则，他表述为"自然的某些规则或规律"。正如笛卡尔说明的那样，实际上是运动定律。我们不久会看到牛顿的《原理》取代了笛卡尔的《哲学原理》，牛顿的"运动定律"成为被尊崇的"自然规律"。

读者也许会奇怪，笛卡尔和其他人为什么会相信运动定律具备如此重要的特性用来构成"自然规律"。后代的科学著作对把牛顿的运动三大定律作为自然的基本规律是怎么看的？历史回答了这个问题。现代思想发展的全过程都认为运动是大自然的主要现象。因此，它的定律可作为了解任何系统的自然现象的基础。18世纪早期牛津大学自然哲学教授约翰·基尔，通过引证亚里士多德的话在他的牛顿科学课本中谈了这个问题。译成英文是"不了解运动就是不了解大自然"。[121]换句话说，这意味着运动及其定律的知识是了解大自然知识的关键。

当牛顿撰写《原理》时，他在形式上模仿笛卡尔先出的书而把标题和基础内容都做了改动。笛卡尔的书名叫《哲学原理》。牛顿加了两个词，把"哲学"变成"自然哲学"，把"原理"变成"数学原理"，完整的书名就成了《自然哲学的数学原理》，即把笛卡尔的标题简单地扩展为自己的标题（见图4）。牛顿同样把笛卡尔用过的词，如"规则"或"自然规律"转换为"公理"或"运动定律"，等等。全句使得这种转换看起来更加明显，把措辞"基本规律或自然定律"改成"公理或运动定律"。如果对牛顿选题的证据还不够清楚的话，那么牛顿第一定律无论在概念、用词和解释上都与笛卡尔的第一定律几乎雷同（见图5）。

笛卡尔震撼人心的原话是，"自然规律"已被普遍接受为科学的基本原理。[122]熟悉和应用笛卡尔著作的托马斯·霍布斯也持这样的观点。杰斐逊私人图书馆中书名唯一用单数"自然规律"的是理查德·坎伯兰的著作，书中的"自然规律"指的是科学规律和科学原理，和笛卡尔、霍布斯的观点是一样的。

18世纪有一大批科学著作和值得注意的牛顿学说自然哲学著作，把牛顿的"公理或运动定律"作为"自然规律"来引证。例如，杰斐逊私人图书馆收藏的约翰·哈里斯的《技术词典》（1704）显著而简单地陈述"举世无双的牛顿"给出的"牛顿运动定律"可以"真正地叫作自然规律"。约翰·基尔的《自然哲学简介》是18世纪前半叶非常流行和经常再版的课本，也把牛顿运动定律看作"自然规律"。杰斐逊拥有该书的拉丁文版和英文版，有充分的理由可以相信，他在威廉-玛丽学院上学时已读过该书。书中第六章简单命名为"关于自然的规律"。按基尔的说法，"自然规律"是"自然界所有的物体都必须遵守的规律"。基尔说他将"按照卓越的牛顿拟定的那样用同样的形式、同样的字眼来表述这些规律"。然后他从《原理》开头部分逐条引用、讨论、说明牛顿运动定律。

在杰斐逊时代，自然哲学方面被广泛使用、权威性很高的一本书是格雷夫桑德的《经实验证实的自然哲学的数学要素》，副标题是"牛顿哲学简介"。作者是荷兰莱顿大学数学和天文学教授，原作是拉丁文，由德萨居利耶译成英文并多次再版。第16章的标题是"关于牛顿的自然规律"。其实就是三大定律，按格雷夫桑德的说法是"牛顿拟定的，我们认为可以解释一切与运动有关的事物"的规律。[123]接着是三大定律的说明并逐条予以讨论。另一本科顿·马瑟的《基督徒哲学家》（1721）把运动定律叫作自然规律。作者自称该书是"经过宗教改进的在大自然中最好的发现的集成"。马瑟在第1章（"短论"）中写下了"管辖物质世界的自然规律"。其

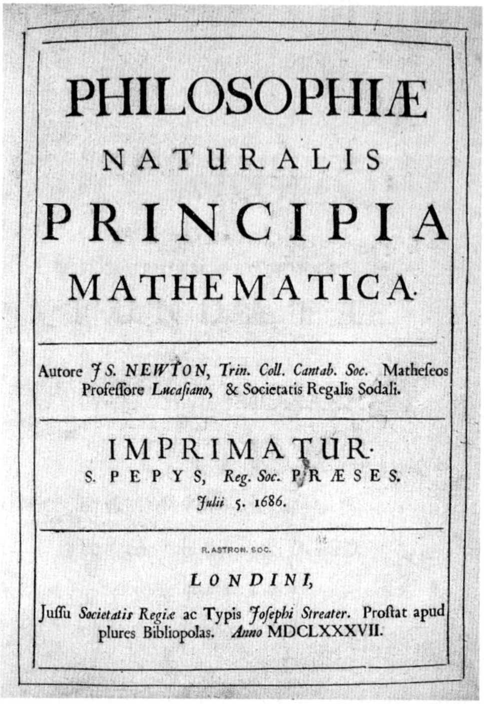

PHILOSOPHIÆ
NATURALIS
PRINCIPIA
MATHEMATICA.

Autore *JS. NEWTON,* Trin. Coll. Cantab. Soc. Matheseos Professore *Lucasiano,* & Societatis Regalis Sodali.

IMPRIMATUR·
S. PEPYS, *Reg. Soc.* PRÆSES.
Julii 5. 1686.

R. ASTRON. SOC.

LONDINI,

Jussu *Societatis Regiæ* ac Typis *Josephi Streater.* Prostat apud plures Bibliopolas. *Anno* MDCLXXXVII.

图4：牛顿的《原理》。图示为1687年第一版的标题页，突出表现"哲学"和"原理"两个词。而在1727年最后认定版上，这两个词是用大号红字印的

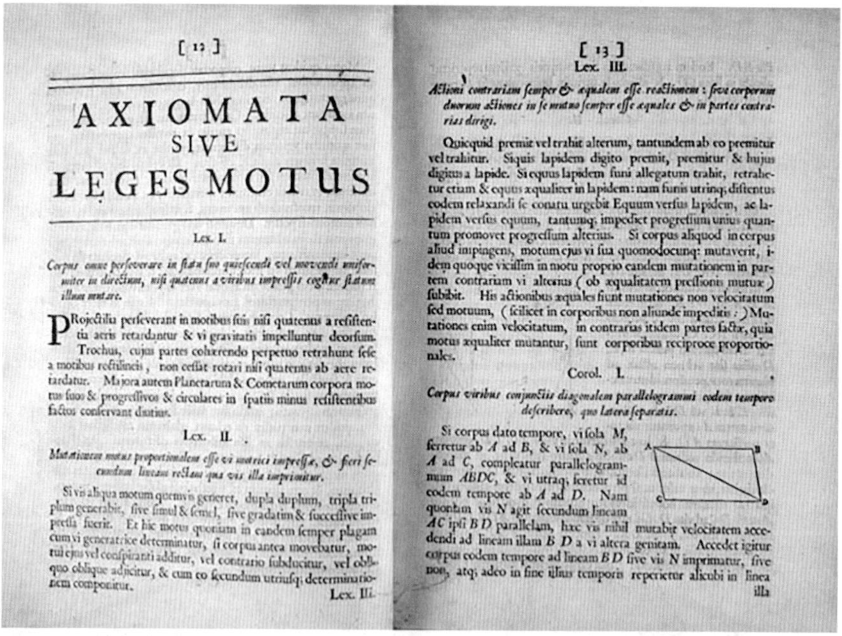

[12]

AXIOMATA
SIVE
LEGES MOTUS

Lex. I.
Corpus omne perseverare in statu suo quiescendi vel movendi uniformiter in directum, nisi quatenus a viribus impressis cogitur statum illum mutare.

Projectilia perseverant in motibus suis nisi quatenus a resistentia aeris retardantur & vi gravitatis impelluntur deorsum. Trochus, cujus partes cohærendo perpetuo retrahunt sese a motibus rectilineis, non cessat rotari nisi quatenus ab aere retardatur. Majora autem Planetarum & Cometarum corpora motus suos & progressivos & circulares in spatiis minus resistentibus factos conservant diutius.

Lex. II.
Mutationem motus proportionalem esse vi motrici impressæ, & fieri secundum lineam rectam qua vis illa imprimitur.

Si vis aliqua motum quemvis generet, dupla duplum, tripla triplum generabit, sive simul & semel, sive gradatim & successive impressa fuerit. Et hic motus quoniam in eandem semper plagam cum vi generatrice determinatur, si corpus antea movebatur, motui suo vel conspiranti additur, vel contrario subducitur, vel obliquo oblique adjicitur, & cum eo secundum utriusq; determinationem componitur.

Lex. III.

[13]
Lex. III.

Actioni contrariam semper & æqualem esse reactionem: sive corporum duorum actiones in se mutuo semper esse æquales & in partes contrarias dirigi.

Quicquid premit vel trahit alterum, tantundem ab eo premitur vel trahitur. Siquis lapidem digito premit, premitur & hujus digitus a lapide. Si equus lapidem funi alligatum trahit, retrahetur etiam & equus æqualiter in lapidem: nam funis utrinq; distentus eodem relaxandi se conatu urgebit Equum versus lapidem, ac lapidem versus equum, tantumq; impediet progressum unius quantum promovet progressum alterius. Si corpus aliquod in corpus aliud impingens, motum ejus vi sua quomodocunq; mutaverit, idem quoque vicissim in motu proprio eandem mutationem in partem contrariam vi alterius (ob æqualitatem pressionis mutuæ) subibit. His actionibus æquales fiunt mutationes non velocitatum sed motuum, (scilicet in corporibus non aliunde impeditis:) Mutationes enim velocitatum, in contrarias itidem partes factæ, quia motus æqualiter mutantur, sunt corporibus reciproce proportionales.

Corol. I.
Corpus viribus conjunctis diagonalem parallelogrammi eodem tempore describere, quo latera separatis.

Si corpus dato tempore, vi sola M, ferretur ab *A* ad *B,* & vi sola N, ab *A* ad C, compleatur parallelogrammum *ABDC,* & vi utraq; feretur id eodem tempore ab *A* ad *D.* Nam quoniam vis N agit secundum lineam *AC* ipsi *BD* parallelam, hæc vis nihil mutabit velocitatem accedendi ad lineam illam *BD* a vi altera genitam. Accedet igitur corpus eodem tempore ad lineam *BD* sive vis N imprimatur, sive non, atq; adeo in fine illius temporis reperietur alicubi in linea illa

图5："公理或运动定律"。牛顿运动定律在《原理》中表述为公理。请注意显著的粗体大标题《公理》

实就是牛顿运动定律加上万有引力定律。

另一本B.马丁的著作不仅提到运动定律是自然规律，并且强调了牛顿运动定律的笛卡尔血统。马丁是18世纪中叶热心的牛顿学说者、著名的科学仪器制作者和许多牛顿科学通俗读物的作者，包括收藏在杰斐逊图书馆的《哲学语法》。[124]该书是用对话体写的，一个学生问自然界有多少定律？老师回答牛顿已经拟定了三个。

我不再过多地罗列把牛顿运动定律写为自然规律的全部作者，只在最后提出约翰·亚当斯的日记。1754年4月9日他作为哈佛学院的学生记下了上实验哲学课的细节。题目是"牛顿运动定律被说明和证明了"。在亚当斯的老师约翰·温思罗普教授的讲稿中可找到亚当斯记述的来源。牛顿运动定律被叙述为"大自然或运动的三大定律"。

这些证据足以说明在杰斐逊时代，"自然规律"意味着我们今天所称的"科学规律"，而牛顿运动定律通常被称为"自然规律"。正是在这样的观念下亚历山大·蒲柏在关于牛顿著名的两行诗中提到了"自然规律"：

> 大自然和它的规律隐藏在黑夜里。
> 上帝说，叫牛顿去做，一切都大放光明！

这首两行诗不仅在我们刚探讨过的意义上提到自然规律，而且显然是牛顿的定律，因为是上帝"让牛顿做的"，所以才"大放光明"。

面对如此大量的证据，已很清楚，当杰斐逊起草《独立宣言》时，"自然规律"这个词对他来说是一个特定的牛顿学说的共鸣。一系列的直接联想，会引导他自觉或不自觉地想到牛顿的"公理"和他给予高度评价的《原理》中著名的运动定律。

有的读者难免会认为，这样来推测牛顿的"公理或运动定律"被引用到政治文章中是否太勉强，那么请注意《独立宣言》发表几年后，约翰·亚当斯在与本杰明·富兰克林进行一场辩论时，以最适宜的形式引用了牛顿第三定律。而且，我们在第一章已讲过詹姆斯·威尔逊在关于政府原理的讲稿中介绍了牛顿第一定律的定义。正如我们将看到的，《独立宣言》开头部分引用的牛顿学说的语句强化了杰斐逊想要明确表达的信息。

8.《独立宣言》:"不证自明"的真理

为了充分评价《独立宣言》第一句中牛顿式的共鸣可能有的政治意义,考察一下第二句是必要的。联想过程暗示了一种牛顿式的解读,这种解读与牛顿式的"自然法则"意义如此密切相关,以至于它可以作为一种强化。在"原始的未加工稿"上,[125]杰斐逊以其对信仰的断言开始这个句子。杰斐逊写道:"我们掌握的这些真理,是神圣的、不可否认的……"是哪些真理呢?由此引出了(在最后定稿上)"造物主赋予他们某些不可剥夺的权利",其中有"生存权、自由权和追求幸福的权利"。[126]

熟悉《独立宣言》文稿的读者会发现笔者引用的句子里有一些不熟悉的语句。在最后的定稿中,每逢7月4日独立日我们都要纪念的杰斐逊的真理不是初稿的"神圣的、不可否认的"而是"不证自明的"。这个改进是非常巧妙的。谁能不被"我们掌握的真理是不证自明的"……这个声调昂扬的句子所打动呢?这种变动是否纯粹是修辞上的改进呢?卡尔·贝克提出,这个变化可能不是杰斐逊而是富兰克林提出的。[127]而博伊德,他对杰斐逊的手稿比其他学者更熟悉,他认为没有理由可以断定这个有意义的变动不是杰斐逊自己做的。[128]就我们的目标来说不必在这个问题上多耽误时间。杰斐逊的最后定稿表明了他的信仰,他接受了这个改进,并一直保留到最后。我们关心的是当杰斐逊重写和重读这份文献时,这个词语对他意味着什么?对那个时代的其他署名人和读者又意味着什么?

在《独立宣言》的规范的解释中是把"不证自明的"和自然规律学说联系起来看的,并联想到洛克的政府理论和由其他作者如布拉马基等传播的类似洛克的理念。杰斐逊和其他《独立宣言》签署人都是受过教育的人,其中许多人学过法律。他们可能熟悉自然法则的原理,但也可能研究过欧几里德。对任何一个研究过欧几里德几何学的人来说"不证自明的"这个词会马上让人想到"公理"。笔者和学生及同事做一些词的联想游戏。笔者问他们什么单词可以联想到"不证自明的"?几乎在每一个场合,他们都会毫不犹豫地回答:"公理。"

杰斐逊图书馆收藏了我们前面提过的哈里斯的《技术词典》,该书把

"不证自明的"和"公理"直接联系在一起，定义公理是"那种共通的、明白的、不证自明的、已被承认的概念，它不能进一步解释得更加明白或由说明来予以证明"。例如"一个事物不能也不会待在同一时间"、"整体大于局部"。哈里斯用公理的概念来定义"科学"。他写道："一种科学，是获得或建立在清楚的、不证自明的原理基础上的知识。"这已经很明显了，在杰斐逊时代"不证自明的"意味着公理，并使人联想到科学。

在18世纪，欧几里德几何学仍然是必修课。被普遍使用的课本是牛顿的老师艾萨克·巴洛编的，并多次修订和再版。虽然欧几里德几何学建立在定义、"共通的概念"和公理的基础之上，但在17世纪和18世纪称作"定义"、"假设"和"公理"。在几何学和逻辑学中，不证自明的陈述和公理是知识的基础。我们知道杰斐逊对数学有非常高的评价，这是一门被普遍接受的学科，对于是或非，在数学中个别的分歧是无立足之地的。我们已知道他从政治职务上退休后，1812年在写给约翰·亚当斯的信中说准备读四位自己喜爱的作者的书，其中之一是欧几里德。作为一个喜爱欧几里德几何学的人，他一定欣赏过埃德娜·圣文森特·米莱诗句中的情感："只有欧几里德看到美好的质朴之处。"欧几里德几何学的妙处之一是它的证明方法是从复杂的命题引回到严格的基本公理上的。后来约翰·亚当斯以同样的感触回忆，这是他作为大学生学习数学和科学时，耐心地按照步骤去证明难题或解决棘手的问题得到的好处。

杰斐逊喜爱的第二位科学作者是牛顿。他的图书馆收藏了《原理》和《光学》。任何研究过这两部著作的人都会发现，像欧几里德几何学一样，《光学》和《原理》也是建立在一套"公理"的基础之上的。在牛顿和欧几里德这两位他所喜爱和崇拜的科学家的著作中，杰斐逊会找到一个以公理为基础的系统。牛顿著作中的公理不同于传统的几何或逻辑上的公理，这些非传统的公理是在科学革命时期得到广泛运用的。这种新观念的公理最早出现在16世纪哥白尼的著作《纪事》上。哥白尼的著作被公认为科学革命开始的标志，《纪事》是以他的名字命名的日心说的第一本论文。哥白尼的书一开始就说他要证明宇宙模型的地心说为什么是错误的，为什么要把宇宙模型的中心确定为不动的太阳，他说"如果有什么假定会被叫作公理的话，那就是我的假定"。[129]在任何通常的观念中，这一类的"公理"

没有一个可以被认为是绝对不证自明的。事实上，这些新观点的提出是反对当时已被普遍接受的观点，即托勒密和亚里士多德的学说，因此几乎会被绝大多数哥白尼时代的读者认为是荒诞的、不合理的。[130]

1611年约翰尼斯·开普勒在关于光的折射的短论《屈光学》中以类似的观念使用了"公理"这个词。这是牛顿作为学生第一次进入三一学院时学过的著作。开普勒在书中从两个方面使用"公理"这个词。他在有关的科学知识中引入了"光学公理"和"物理学公理"，但明显地没有提到这些命题是普遍的不证自明的。书里还有一些不加修饰的"公理"，但对每个人来说没有任何观念会认为它是不证自明的。例如，公理6："晶体和玻璃的折射作用几乎一样。"公理9声称："晶体的最大折射角大约是48度。"因为这些"公理"来自特殊的实验结果，像哥白尼的公理一样，通过别的方法是无法理解的。它们构成一个物理学系统的基础，并不是普遍的不证自明的。与哥白尼的公理不同的是，开普勒的公理可直接用实验来检验。

作为牛顿《光学》基础的八条公理非常类似开普勒的公理，它们是物理学的陈述，不是靠直觉或逻辑而是靠实验来认识的。例如公理5陈述："入射角正弦准确地或非常接近地与折射角正弦成给定的比例。"这条定律如此不明确，完全不顾人们对它的探究，直到17世纪才算搞清楚。这是徒然地找出折射定律的开普勒所不知道的。牛顿《光学》中的其他公理人们也同样只是作为实验结果来接受的。

当杰斐逊起草《独立宣言》时，"公理"的双重用法已很显著，成为自然哲学教科书的讨论话题了。例如，几何学公理和物理学公理的区别在约翰·基尔的《自然哲学简介》里才算得到澄清。基尔可被看作牛顿学说的权威发言人，因为他是牛顿的亲密助手，而且曾在牛顿与莱布尼茨争夺微积分发明的优先权中充当牛顿的主要发言人之一。杰斐逊拥有1730年莱顿版的基尔的《真正的物理学和真正的天文学简介》和英文译本《真正的天文学简介》（第六版，1769）。此外，杰斐逊在威廉-玛丽学院学习牛顿科学时肯定读过基尔编的课本。

按照基尔的《自然哲学简介》，科学或自然哲学以"哲学公理"为基础。在第八章基尔解释了自然哲学和几何学的不同之处。他写道："自然哲学的研究对象，是物体及物体间的相互作用，它不像几何学课题中数量的简单形式那样那么容易和清楚地想象出来。"因此，"在物理学课题中"基尔将"不坚持过多的硬性的证明方法"而接受"证明的原理，即清楚的、自己证明的公理。正如几何学要素中陈述过的那种公理一样"。他的根据是"事物的本性不容许像几何学那样解决问题"。

亨利·彭伯顿在他的《牛顿哲学一览》(1728)中持相同的观点。彭伯顿也是牛顿的一个有权威的解释者，因为他在牛顿指导下编辑了《原理》的审订稿。在《牛顿哲学一览》的开头章节中彭伯顿对比了几何学和自然哲学的公理。他写道，牛顿的定律"是由经验提取的物质的某些一般作用和属性"。它们"在我们所有关于物体运动的争论中被用作公理和明显的原理"。他解释道："这些牛顿学说的公理，不同于几何学的'不用提供证据'的公理。在自然哲学中，我们所有的推论必须建立在事物的某些属性上和争论前已被接受的原理上。几何学的原理或公理被认为'它们的本质是太明白了，不需要证明了'。但在自然哲学中，没有任何物体的属性可以被认为是不证自明的，像几何学的做法那样。为什么物体的属性不能像几何学中的公理那样被认为是不证自明的呢? 因为我们对物质属性的了解不是来自它的特征和本质，而是我们的经验。"可以看出，彭伯顿像其他牛顿学说的注释者一样，跳离几何学的公理和不证自明的真理，落实到它们在自然哲学中的对应物，并强调这两者之间的区别。

在18世纪非常有用的伊弗雷姆·钱伯斯的《百科全书，或艺术和科学通用辞典》(1752)里我们可以看到"公理"的两个意思被紧密地联系在一起。有一个简单的事实可让我们判断这部著作的重要性。法国狄德罗和达朗贝尔合编的著名的《百科全书》是从把钱伯斯的著作译为法文开始的，钱伯斯用几乎整页的两栏来讨论"公理"。他的叙述分成两部分。第一部分的公理是"不证自明的真理，其命题的真理性是每个人一眼就看出来的"。第二部分是在科学中当作公理来用的"在某些艺术或科学中建立起来的原理"。他解释道："物理学中公理的观念是，大自然通过最小的物体来体现自己；它也从不做没有意义的事。"在直接引用牛顿的《光学》时，钱伯斯说，"这是光学中的一个公理，入射角等于反射角"。这有点类似"医学的公理，例如，人体内没有纯酸"。然后他解释"在这种观念下，运动的一般定律被叫作公理"，而且他给出牛顿的第一和第三定律作为例子。任何仔细读过钱伯斯《百科全书》开头部分的人都不会将不证自明的真理与物理学的公理混为一谈。

我曾提到过的联系的顺序——从自然规律到公理再到牛顿运动定律——在《百科全书》中做了专门的说明。钱伯斯很明确地阐明自然规律是公理。然后他说它们是"从自然界物体中观察到的运动或静止的一般规律"。他还加了一句"自然规律和运动定律的作用是一样的"。经过推敲，钱伯斯解释，某些作者将运动的定律用于特定的运动情况，但只对更加一般和普遍的情况，作者才叫它自然规律。从这些基本的定律中，有从公理中推断出其他的规律。钱伯斯进一步展示和讨论由牛顿建立的来自《原理》中被他称为三大自然规律的运动定律。[131]

在杰斐逊起草《独立宣言》时，最著名的物理学"公理"就是《原理》开头部分的运动定律，曾被大胆地称为"公理或运动定律"。但牛顿和他的读者都很清楚，从任何真正的观念上来说这些"运动的定律或公理"不能被认为是普遍的不证自明的。看一下第一定律，它说明一个物体在没有外来的不平衡力的作用下会发生什么情况。按照牛顿第一定律，在这种情况下，静者恒静，动者会以不变的速度和方向做直线运动。牛顿很清楚，有史以来科学家和哲学家相信的是完全不同的规律，即该物体在这种情况下不能保持其运动状态而是会逐渐趋向停止状态。第二定律就更加不能够不证自明了，因为它是建立在牛顿刚刚发明的质量概念的基础上的。第三定律也不能普遍的不证自明，简单的事实是绝大多数人从来也没有正确地懂得它，而错误地以为第三定律与力的平衡或均衡的情况有关。我们将会看到约翰·亚当斯援引第三定律反驳富兰克林一院制议会概念中发生的这种常见错误的例子。

虽然牛顿的公理不是普遍的不证自明的，但它仍然与几何学中不证自明的公理同样有效，只适用于学习过以新的方式来思索大自然的人们。每一个牛顿学说的忠实信奉者都充分相信三大定律是真正了解大自然的无可争辩的基础，正如欧几里德的公理是几何学的无可争辩的基础一样。所有新哲学家们，即牛顿《原理》表述的新科学的信徒们也同样评价牛顿的公理，正如逻辑学、几何学或其他已确认的知识领域的公理一样。即使会有个别怀疑者，但在《原理》中提供了这些公理的普遍有效的令人信服的证据，那里有由公理或运动定律导出的命题，用以解释天体和地球的主要现象。

作为真理的基础，这种公理的观点被那些用新的、正确的方法思考，并将物理科学的意思转用到政治领域的人们所接受。从阿基纳斯到洛克再到布拉马基，哲学家特别注意到自然规律的"不证自明"，并不意味着已对每一个人做出证明。莫顿·怀特在研究《独立宣言》时，谈到一个至少可以回溯到阿基纳斯时代的老的哲学传统，按照这个传统真理对某些人是不证自明的，对别的人就不一定。阿基纳斯强调在有知识的人看来是不证自明的真理，对蒙昧无知的人不是不证自明的。[132] 杰斐逊很清楚他列出的对不证自明的真理的信仰也不是被每一个人都证明了的；它们并未由全体人民掌握，而且很难被普遍接受。确实，杰斐逊没有写"这些真理是不证自明的"，而是写"我们掌握的这些真理将是不证自明的"，以此表明他们对《独立宣言》谈到的内容是不证自明的，像牛顿的公理在《原理》中是不证自明的一样。恰如杰斐逊所说的，"这些是这篇论文的公理"。请记住议论中的真理是人人生而平等，并由造物主赋予他们生存权、自由权和追求幸福的权利。这些真理与运动定律（即牛顿的自然规律、牛顿《原理》中的公理）处于类似的信仰水平，只对那些接受了新观点的人有效。他们以同样的尊敬对待物理科学以及人的权利和潜能。

我在上面提到过的一系列理念的联系——从"不证自明"到"公理"，从一般的"公理"到在物理科学中使用的新观念下的"公理"——初看起来是很勉强的。单凭一句话"不证自明的"，即使对那些容易相信的人来说，这个思维顺序也太牵强了。但在《独立宣言》的文字中这个词不是单独出现的，而是紧跟在杰斐逊提到的"自然规律"之后。如果在提到自然规律时会联想到牛顿《原理》中的公理，那么在紧接的句子中提到同类的公理时认同它的"不证自明"就不会产生印象上的跳跃。牛顿的《原理》被杰斐逊和绝大多数同代人尊为人类理性最伟大的创造，而这套公理又是该书的基础，所以才会出现上述情况。

最后，有读者认为：这样去推测杰斐逊关于逻辑、数学和科学的概念，比如"公理"用在政治文章中太牵强附会了，举例说明这种用法较常见。

大卫·休谟的著作《政治将成为一门科学》，[133] 休谟和他的当代人像我们一样把政治理解为政治科学。除标题外，休谟并未试图探索用政治的一般原理证明其类似物理学或生物学，而是讨论不列颠政治体系中一般的和特殊的方面，同时零星地提及希腊和罗马，偶尔点到马基雅维利。所谓变成科学似乎只不过是有组织地处理问题。从一开始就假定政治是科学，休谟断言"政治接受普遍的真理"。其中之一被休谟"断定"为"政治中的普遍真理"[134]，即"世袭的君主，没有附庸的贵族，人民选出的议员组成的最好的君主政体、贵族政治和民主制度"。休谟断言还有某些"这门科学的其他原理似乎也可反映这类普遍真理的特性"。不管我们怎么想休谟的这些原理，事实上他认为是原理，并相信是在政治论坛上起作用的原理。

在政治文章中使用"公理"的第二个例子是亚历山大·汉密尔顿在《联邦主义者》第31期发表的文章。这篇注明日期为1788年1月1日的短论，特别使人感兴趣的是他不仅比较了几何学和政治的（对汉密尔顿也意味着政治科学）"公理"或"准则"，还讨论了不证自明的真理的特性。这种真理几乎被汉密尔顿精确地指定为不证自明的并被分成两类。第一类是"某些主要的真理或第一原理""包含所有反思或内在的证据，因而得到心灵的同意"[135]。这类真理作为"规则"不仅在几何学中而且也在伦理学和政治学中出现。第二类是汉密尔顿在伦理学和政治学中找到的"其他真理"，即使"它们不能自命为公理之列，却是由公理直接推断而得，且其本身是显而易见的"。因此，"它们需要取得合理的公平的肯定，带有一点不可抗拒的压力和说服"才能成为正式的公理。

"几何学中的规则"是通过惯例来表述的，比如"整体大于局部"，等于同量的量彼此相等，所有的直角彼此相等。"伦理学和政治学中的规则"具有"同样的性质"，包括："没有原因就不会有结果，手段应与目的相称，每一种权力应与其目标相称，不要让没有能力突破限制的力量去完成既定的目标。"[136] 当这些几乎是"公理"的真理按照"公理"的要求去求得"认同"时，肯定会得到"头脑正常的人和没有受到巨大利益影响的人的赞同"。这导致汉密尔顿去讨论接受几何学公理为什么和接受伦理学及政治学的真理、公理、类公理不同的原因。

按汉密尔顿的说法："几何学探索的对象，完全是从研究中提取的抽象要素，它们激励人们心中不受拘束的热情并付诸行动。这就是为什么我们不仅能接受非常简单的科学法则，甚至是接受随我们头脑中对自然的概念而变化的似是而非的悖论。然而，在伦理学和政治学中，热情和偏见会干扰人们自己的见解和公正的态度。即使如此，比起我们单凭判定人们在特定情况下的行为来推测，这些原则已在这方面起了很大作用。在这种情况下，含糊往往存在于理性的激情和偏见中，而不是存在于主体中。当然，人们发现伦理学和政治学比几何学要难处理得多。这可是一个有用的特点，因为小心谨慎和调查研究提供了必要的防护，可以抵抗错误和欺骗。"汉密尔顿还警告：不要过分强调难处理，免得它更加顽固、邪恶或虚伪。[137]

就汉密尔顿的逻辑课而论，最使我们感兴趣的是他讨论了数学中不证自明的公理的特性和它在政治学中对应物的相似性。汉密尔顿认为在政治领域和在几何学、其他学科中一样有自己的公理。事实上，在1788年3月28日出版的《联邦主义者》第80期中，汉密尔顿提出了"政府的司法权与立法权并存的规矩"的公理。他大胆地断言，不可能通过任何论证或评论使这个原则比其本身更清楚。他还说，如果有了政治公理，司法权和立法权并存的规矩就会提上日程。更早的是在1787年12月18日出版的《联邦主义者》中，汉密尔顿宣布了另一个政治观点："这是这些真理中的一个，对一个端正的无偏见的思想来说，它有着自己的根据；即使稍有模糊，也不能通过争辩或推论使它更加明白。它建立在公理的基础之上，像它的通用性一样简单。"

很清楚，汉密尔顿不止一次地介绍过公理的概念或与公理密切相关的真理，对于那些没有智力或道德有缺陷的人来说是不证自明的。他在政治论争中引入"公理"和"不证自明"的概念来赢得公众对新宪法的支持。所以，杰斐逊把类似的不证自明的公理用于《独立宣言》也是很平常的事。事实上，有一次杰斐逊在有关经济而不是政治的文章中引进了公理的概念。在一篇讨论政治经济科学的复杂特性的文章中，他写道："没有一个公理可以预见和适用于所有的时代和环境。"[138]

9. 结 论

杰斐逊起草《独立宣言》的主要目的是申明主要原则并列出一系列的不满作为脱离不列颠、谋求国家独立的依据。哲理性的前言部分反映了他对哲学和政治理论的研究、对自然法则和自然权利的学习、在民事法方面受到的教育和经验，以及他丰富的科学知识。因为杰斐逊的知识非常渊博，使得后代的学者们花了很大的精力来注释《独立宣言》。

不管怎么说，当他写出"自然规律"这个词时，无论他的意识里有什么，这些词都必然具有科学的原理或规律的含义。这是他在《弗吉尼亚州备忘录》中使用这个词时赋予它的意义。这也是《独立宣言》发表前两年，即1774年在伦敦出版的托马斯·波纳尔关于殖民地管理的书中出现过的意思。波纳尔十分简单直率地主张"同样的自然规律"在科学和政治领域都可以应用。在杰斐逊学习过的书中，"自然规律"意味着牛顿的《原理》中的公理，即著名的运动定律。无论这个词表达的自然规律和包含着的自然权利的概念是什么，对于杰斐逊和《独立宣言》的广大读者来说，"自然规律"会立即引发他们对牛顿运动定律的一系列联想。

杰斐逊的"自然规律"的思路是直接的和确定的，然而"不证自明"的含义就不那么直接。确实，如果离开上下文来读"自然规律"，读者可能只会推断出公理的概念。此外，如在出现"不证自明"时没有前置的自然规律和不能像几何公理那样去证明的不证自明的真理，人们的联想只会趋向历史上最有名的欧几里德几何学公理。但"不证自明"是出现在"自然规律"的上下文中的。此外，三条特定的真理不能像几何学公理那样"不证自明"的。所以，不证自明的"真理"在上下文中是类似牛顿学说的"公理或运动定律"，而不像是欧几里德的公理。它们只是在特定方式下是不证自明的。

詹姆斯·威尔逊、詹姆斯·麦迪逊、约翰·亚当斯和其他《独立宣言》的读者或是学过牛顿的《原理》、学过那个时代的牛顿物理学课本的人，对他们来说公理的概念会启发他们从一般公理到特殊公理的联想，也就是他们所知道的"自然规律"，即牛顿运动定律。注意到《独立宣言》开头部分这个关键的词对于杰斐逊和同代人的科学内涵,我们要明白这是杰斐逊作为一个科学家对科学的实际驾驭能力,也是他给议员们留下深刻印象的三大品质之一。当然,对一个在自己的智慧中渗透了科学的人起草的文献,他们不会惊讶于发现其中强烈的科学思想的暗示。

笔者曾提到《独立宣言》中不证自明的真理和牛顿的公理的相似之处。对杰斐逊和任何从牛顿的《原理》中学习过自然哲学的人来说,还有一个相似之处是显而易见的。牛顿公理的真实性是由结果来保证的,凭它们在开普勒定律中的实际应用和解释行星的摄动、潮汐运动,还有地球的形状和物体重量随纬度变化而变化,以及彗星回归的周期,等等。1776年当杰斐逊起草《独立宣言》时,文献中提到的信仰的合法性是未经证实的,有待历史的进程来判断。牛顿的公理已被事实所证明,特别引人注意的是预言1758年哈雷彗星的返回得以证实。杰斐逊和他的同事们同样相信《独立宣言》中宣布的信仰会被未来历史的进程所证实。从这个观点看,新国家的建立事实上是一次伟大的试验。正如预言哈雷彗星的返回是自然领域的试验一样,这是政治领域的一次试验。[139]

第三章　本杰明·富兰克林：
从事公众事务的科学家

1.富兰克林政治思想的某些方面[1]

本杰明·富兰克林在许多方面不同于其他美国奠基人。首先，他是唯一一位在1775年因科学上的成就赢得国际声望的人。他比其他美国奠基人年龄大很多，不是同一代人。他生于1706年，比乔治·华盛顿大26岁，比约翰·亚当斯大29岁，比托马斯·杰斐逊大37岁，比詹姆斯·麦迪逊大45岁。他青年时代在伦敦时是有可能见到牛顿的，而且几乎就会得到这种荣誉了，这对他的年轻同事来说是不可能的事。他是《独立宣言》年纪最大的签署者，也是制宪会议年纪最大的代表。

不同于亚当斯、杰斐逊、麦迪逊，富兰克林没有受过高等教育。事实上，他10岁就辍学了，12岁就给哥哥詹姆斯（一个波士顿的印刷工人）当学徒。但从任何标准来说，富兰克林是有良好教养的人。无论是在科学、文学、哲学、经济，还是政治理论、历史等领域，他经常超越于他在美国、英国、法国的朋友和同事。富兰克林证实了不是只有通过正规教育才能具有很高的文化素养——18世纪的情况大抵如此，大学生能学到的东西甚少。

富兰克林不同于杰斐逊、亚当斯、麦迪逊，还在于他实际上是科学家。他的确是一位非常杰出的科学家，因他对人们认识大自然及其规律所做出的贡献而获得世界性的公认和荣誉。在革命时代，富兰克林是当时在世的最著名的科学家之一，不单是因为他那骇人听闻的捕捉雷电的实验，还因为他发现了许多重要的新现象和创作了第一部有关电学的理论著作。[2]他的同代人都承认电的学科诞生在富兰克林时代，承认他是这门学科的主要创始人。他的理论不只是能使科学家成功地预言实验室内操作的结果，他还通过介绍电学观念使电学用语标准化，其中许多基本术语我们今天还在使用：如"电池"和电荷的正或阳以及负或阴。20世纪挑剔的历史学家在写到电学的发展时，像当年富兰克林的同代人一样给予他很高的评价，并仍然把18世纪中叶称作富兰克林时代。[3]

在对美国奠基人的政治思想与科学的关系的调查中，显示富兰克林在基本方面的情况与其他人不同，这几乎引起每个研究富兰克林政治思想的人的注意。研究美国政治思想的最机敏的学者之一克林顿·罗西特曾简洁地说明了这个特点。他指出："富兰克林的政治理论模型既令人困惑又引人入胜，既非常隐晦又十分重要。"[4]他说出了对所有研究这个题目的人来说都是显而易见的事实："富兰克林关于政府和政治的严格的哲学性思考，充其量，印出来的总数只有两页。"

富兰克林的政治著作主要针对当时的争论、事件、疑问、特殊政策等问题。他没有对"政府的目的和本质"做哲理性思考。然而他的论点通过统计术语、情况说明、政策后果的讨论、直接的宣传而表现出来，没有"涉及基本原则"。杰拉德·斯托兹对富兰克林和他的策略做过全面的研究，发现富兰克林——不像其他的美国奠基人如杰斐逊、麦迪逊、亚当斯等——没有写关于权力分散的文章，也没有利用孟德斯鸠的权威。[5]他也没有像亚当斯那样被哈林顿的"魅力"镇住。[6]罗西特发现富兰克林是"唯一一位有影响地描写1763—1776年间发生的事件而没有引用自然规律、人权和社会约定的美国爱国者"。这并不意味着富兰克林没有指导原则。我们将看到，例如，他对于人口和不列颠帝国前途的看法极大地影响了他对美国和母国的关系的看法。但一般说来，这些原则可从他的文章而不是政治哲学专著的主题中推断出来。

富兰克林经常被看作实用主义政治家、实干家而不是政治宣言的作家。这方面既不像写了大量（事实上很啰唆）政府理论文章的亚当斯，也不像以哲学学究的派头发展理论观念的杰斐逊。富兰克林从未写过范围广泛的政治理论文章，也没有像麦迪逊和他的合作者那样在《联邦主义者》上发表对政府的结构和形式做理论分析的文章。

富兰克林的政治文献大部分是为当时的出版界写的文章或小册子，站在一定的立场论述政治上的利弊。例如，对英国和它的殖民地来说吞并加拿大比吞并拉丁美洲好处大。[7]还有他的读起来令人奋发的有关政治、政策、政治经济学的短论，再就是对一些实际争论的答复，如限制对美洲制造业的税收、殖民地联合的必要性、不列颠对北美洲领土的贪得无厌、阿巴拉契亚山西部殖民地的建立、国际贸易的协定、一院制和两院制议会的对比、在议会上的陈述，等等。事实上从题目上就可看出他的文字大都针对具体的争论，如《试论纸币的性质和必要性》(1729)、《在北美洲建立两个西方殖民地的计划》(1754)、《为大不列颠的利益考虑》(1760)、《伟大帝国没落的规律》(1773)、《关于宾夕法尼亚州宪法修改的疑问和意见》(1789)。

富兰克林有时也写点伦理学和人性方面的短论，他还为自己和周围的人拟定了行为守则。事实上，在他赢得自然哲学家的声誉之前，早就被公认为"伦理哲学家"了。1732年当他26岁时开始书写逐年出现在日历上的伦理哲学格言，即著名的《穷理查年鉴》[8]。富兰克林独立出版的第一本书是他19岁在伦敦当印刷工人时写的《论自由和必然、快乐和痛苦》(1725)，其中的哲学论点是，不可能有任何自由的意志或天生的美德和罪恶，一切都是全能的无所不在的上帝安排好的。[9]

富兰克林的经历包括，在费城和宾夕法尼亚州处理本地的事务，后几十年在伦敦报道美国新闻，紧接着是在美国革命的光荣岁月里，担任美国驻巴黎的首席代表。虽然富兰克林是某些重要政治文献的作者，如《奥尔巴尼联合计划》，他从未被看作政治体系的设计师。但他的名字会使人联想到一院制议会的原理，特别是宾夕法尼亚州宪法的范例，他始终是这个理想的热情捍卫者。[10]

2. 富兰克林的科学成就

最近半个世纪以来，历史学家认识到富兰克林是科学家而不只是小炉匠、小玩意儿制作者或机敏的发明者。他们弄清楚富兰克林做了大量的科学实验，他的科学成就不只是在雷电交加的暴风雨中放风筝，也不只是发明了避雷针。[11]某些历史学家甚至要鉴别富兰克林发现闪电的放电现象与发明避雷针之间的不同。但绝大多数历史学家和群众，很难像富兰克林的同事和助手约瑟夫·普里斯特利那样，明确地将富兰克林的科学成就与牛顿相提并论。

即使不具备科学或科学史知识的人，也不难发现富兰克林在科学院院士、为认识大自然及其运作做出重要贡献的人和扩大了科学范畴的人当中的崇高地位。按照不同的客观标准，富兰克林是同时代重要的科学家之一。在《关于电学的实验和观察》中，他陈述了他的实验并宣布了关于电的新理论。该书在卓越的科学著作中占据显著地位，可从它的出版记录看出其重要性。第一版在伦敦分成三部分出版（1751、1753、1754），后来分成多种版本（1754、1760、1762、1765），之后富兰克林做了修订并增加了与其他科学题目有关的附录。[12]新版本在1769年出版，1774年又做了修订和再版。这本关于一个活跃的科学分支的著作在20多年的时间里持续让科学界保持极大的兴趣，是对富兰克林著作的内容的重要性和呈现风格的最高赞扬。当《关于电学的实验和观察》一书不再处于科学研究的前沿时，不列颠化学家汉弗莱·戴维把它推荐给自己的学生，他说在这本书中"科学穿上了奇异的端庄的外衣，最好地显示了它与生俱来的美丽动人"。富兰克林关于电学著作的"文采和方式"，戴维写道，"几乎与它包含的内容具有同样的价值"。[13]当我们注意到戴维得名于将电学应用到化学上，因而发现了新的化学元素；他又是一位杰出的文学家，由于他的诗集而闻名，甚至被塞缪尔·泰勒·柯勒律治称为他所处时代的文学明星之一，柯勒律治对富兰克林的赞扬就更值得我们重视了。

这本电学著作不仅在英国读者中享有很高的声誉，1758年还出了德文版。1752年出了第一个法文版，前面加了电学发展简史，其中肯定了富兰克林个人的成就。1756年出了法文的修订和扩充版。在美国革命前的1773年出了全新的法文版，增加了富兰克林加在英文版上的附录材料。1774年出了意大利文版[14]，拉丁文版最后定下由富兰克林的朋友和同行英根豪斯接手，但始终没有完成。[15]很难想象18世纪、19世纪、20世纪其他的科学著作能有像富兰克林的著作这样以四种语言出到10个版本的纪录。[16]这本书的出版纪录中，值得注意的还有19世纪中叶在美国出版的由加里德·斯巴克斯编的《本杰明·富兰克林选集》第六卷——1941年在美国又出了学术评论版、1956年出了俄文版、1992年出了西班牙文版。

富兰克林对科学的贡献的重要性还有其他衡量标准。1756年4月，他被世界上历史最悠久、最有声望的英国皇家学会选为会员。通过选举富兰克林为会员，英国皇家学会确认了电学作为学科的真正分支而存在。而在更早的1753年，英国皇家学会曾为富兰克林的研究工作授予最高的荣誉——戈弗雷·柯普莱金质勋章，同年哈佛和耶鲁授予他荣誉学位。在其他国际性科学荣誉中，只有一个最高的荣誉有必要提一下，1772年他被巴黎皇家科学院选为外籍会员。为了弄清这个荣誉的重要性，说明一下，按规定巴黎皇家科学院在同一时期只容许有八名外籍会员。[17]

富兰克林的科学殊勋还有许多其他的标志。当德尼·狄德罗为沙俄凯瑟琳女皇筹建的大学拟定课程时，他推荐富兰克林的电学著作（最新法文版）作为全体学生必读的实验家技艺的最高典范。[18]在一本经常重版的电学史著作中，约瑟夫·普里斯特利描述了富兰克林如何成为他所处时代最著名的"电学家"（后来叫电气科学家）。他是全欧洲都知道和尊敬的人，普里斯特利写道，"他的电学著作是传给子孙后代的真正原理，恰如牛顿的哲学是自然界的真理一样"。[19]普里斯特利也欣赏富兰克林的文采，他写道："很难说，我们最喜欢的是他质朴和明晰的解决问题的方式，还是谦虚地提出他自己的每一个假设，或是直率地谈到自己的错误，虽然早已被随后的实验纠正了。"[20]

什么是富兰克林对科学的主要贡献呢？他的崇高声望是以什么样的科学进展为基础的呢？首先是，种种不同的实验导致富兰克林创造了电学的基本理论，这是他的科学声望的标志。[21]在这个理论中，所有电的效应都来自电"流"的作用。"流"的观念是牛顿在《光学》的附录部分陈述的，正如我们在第一章说过的，《光学》不同于《原理》，它用英国散文体写成，且不用数学工具，即使是用比例、比率、三角学、代数、微积分或无穷级数来展开自己的命题。而在陈述每一个命题之后，接着就是"实验证明"。[22]《光学》是富兰克林看得懂的书，不像《原理》有那么多的数学障碍，他始终未能读得下去。《光学》成了富兰克林和同代科学家真正的实验技术手册。

富兰克林假设的电流，用牛顿的术语来说是"灵活的"，即它会在任何导体中扩展和散布。富兰克林推测这种扩展的势能来自构成电流的粒子互相排斥的特性，这里他使用了牛顿在《光学》中提出的另一个联想。[23]他引进了牛顿的另一个概念，即物质是由粒子组成的，他假定所有物质都由两种成分构成。他叫其中的一种为"正常物质"粒子，另一种为电流的粒子。电流的粒子是互相排斥的，而同时它们又受到"正常物质"粒子的吸引。

富兰克林设想当一个物体包含"正常"数量的电的物质时，它是不带电的；但当它失去或得到电流后，它就带电了。带正电或阳电是由于它得到某些过量的电流，超过了正常的数量；同样，带负电或阴电是由于它失去了电流，低于正常的数量。在富兰克林时代的语言中，这些电流是看不见的，无臭、无味，但仍然是"敏感"的，它能够渗透并停留在物质和粒子的间隙中。

富兰克林理论的一个特别重要的结论是：起电是由于电流的重新分配。起电并不是在自然界或实验室的操作中创造的结果，例如，可用一块毛皮摩擦琥珀。换句话说，起电并不是由于实验者的操作产生了新的物质介入。这个理论的直接结论，正如富兰克林通过大量不同形式的实验所证实的，起电一定是正负电等量同时出现。同样，当电荷被中和时，它们会以相反的符号等量消失。这两个特性被归纳为电荷守恒定律或原理。这个原理的公式及其证明和应用是形成富兰克林声誉的重要依据。

因为在正常物质和电流之间有引力存在，富兰克林的理论很容易解释为什么一个带负电的物体（它失去了"正常"应有的一部分电流）会与带正电的物体（它带了"过量"的电流）互相吸引。这个理论还说明了静电感应的现象。[24]因为富兰克林的理论准确地预言了电气系统或实验室的操作结果，它立即得到广泛的赞扬。虽然这个理论最终需要的假定都被替换，但新的理论仍然包含了富兰克林原来理论的许多要素，他研究的电的现象仍然是静电学的基石。

经过某些修正，我们仍然将富兰克林的理论用于解决静电学问题。富兰克林的理论被 J. J. 汤姆森解释得非常清楚，他发现了电子，是电流中的基本粒子，也是最早被识别和确认其物理特性的大自然基本粒子之一。汤姆森说：

通过研究，人们对电流理论的评价并不高。我们中的大多数人在实验室中仍在应用这个理论。假如我们移动一个铜片并想知道我们观察的效应是增强了还是减弱了，不必动用高深的数学，只用电流理论的简单概念，几秒钟之内就会告诉我们要知道的一切。[25]

罗伯特·密立根测定了电子的电荷，也提供了电的粒子存在的直接证据。他把这归因于富兰克林对电子的信念，在这个基础上富兰克林宣布了电流的粒子性质，比他和汤姆森要早两个世纪。[26]

我曾提到过富兰克林引入的电学基本术语，包括正或负（阳或阴）电荷。其他重要的发现和发明有：关于绝缘体和导体的区分、接地在电学实验中的影响、尖端导体和无尖端导体的不同作用、莱顿瓶（即最早的电容器）的操作模式，等等。同代人为他讲解莱顿瓶的作用给他留下了深刻的印象。在富兰克林开始他的实验之前，莱顿瓶是18世纪中叶的神秘事物之一。奇怪的是握在实验者手中的装满了水的瓶子，居然能够明显地"储存"大量的电荷；当放电时，会显示出难以置信的力和能量。莱顿瓶的主要发明人彼德·冯·马斯欣勃洛克，对富兰克林发现莱顿瓶的作用留下深刻的印象，他给富兰克林写了一封信，说从来没有人像富兰克林那样发现了电的"这么多的奥妙和神秘"。

对雷电现象的科学研究是富兰克林首创的。他积累的类似证据证实了雷电是大规模的放电的假设。为了验证他的假设，他设计了岗亭实验，实验首先在法国取得成功，然后在其他国家也获得成功（见图6）。他后来又想出了一个替换的实验，即风筝实验，这个实验好像是他在得到法国实验者岗亭实验成功的消息之前设计和完成的。

刚才提到的富兰克林的两个雷电放电实验，特别是后一个实验，其重要性是难以估量的。它们不但显示了新的电学的重要意义，还揭示了大自然无比巨大的能量之一的特性。它们令人信服地说明了大自然中存在着自发的带电现象，甚至是大规模的带电现象。正如富兰克林的同代人、英国物理学家威廉·沃森说的："1752年夏季的发现将永远铭记在电学史中。雷电实验为以前在博物馆研究问题的哲学家们开拓了一个新的领域，并给了他们期望的空间，在说明他们至今从未研究过的雷电现象的作用与本质

图6：富兰克林电学的基础实验。富兰克林的《关于电学的实验和观察》的卷首插画。最高一行是某些莱顿瓶实验。最右端的图是用莱顿瓶说明电荷守恒原理。岗亭实验出现在图的中部

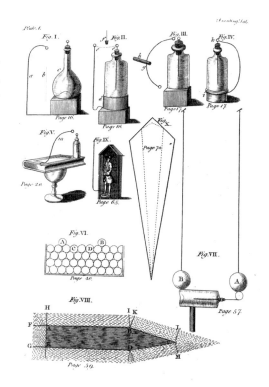

时，他们要运用比以前更多的知识。"[27]正如柯彼勒·梅德尔的引证所解释的：电学现在"显示了它在大自然中占有的惊人的发电份额"。[28]其重大意义是从那以后，如果不围绕电学并结合光学、机械学、热学和磁学，大自然的物理现象就不能得到完整的认识。富兰克林在实验物理学方面的成功还体现在令人信服地证明牛顿在《光学》中提出的"疑问"是实验科学创造的指引。

　　与所有独创的科学家们一样，富兰克林的好奇心和兴趣不限定在单一的学科上。他在电学之外的领域也有重要的发现和观察。例如，他发现东北暴风雨（即由东北吹来的风引起的暴风雨）是向东北方向移动的，也就是与风吹的方向相反。他设计了重要的热传导实验，包括了至今还在物理课中经常演示的一个实验，也就是许多蜡环按规定的距离套在不同材料的金属棒上。当棒的一端被同时加热后，不同金属的导热率就由蜡环熔化和滴落的速度表明了。富兰克林测量了海洋的温度并能在海图上标出墨西哥

湾暖洋流的途径。他对生物发光问题很感兴趣，并研究了海水发光的问题。他提出论点支持光的波动学说，比物理学家找到确定的证据早了半个多世纪，他通过油膜遏制水的波动效应的实验开拓了薄膜研究的新领域。

作为结论，可以说富兰克林的科学遗产有三个主要组成部分。他的实验引发了许多新的现象；他发明的理论把实验和观察到的看似毫无联系的事实和混乱个体理清了秩序；他证实了如果不包含电和磁的效应在内，任何自然哲学系统都不能得到完整的认识。此外，富兰克林表明了在实验室里做的"玩具物理学"水平的实验和大自然自发产生的巨大能量的现象仅只有规模上的差异。他发明避雷针的重大意义是它引人注目地证实了弗朗西斯·培根和勒内·笛卡尔学说中宣布的真理，即纯粹的、枯燥的基础科学研究最终会带来有益于人类的发明。富兰克林还在扩展牛顿的自然哲学领域方面做出了伟大的贡献。

3. 科学和富兰克林的政治生涯

通常人们只把富兰克林看成制作者和发明者，而不认为他是"正式"的科学家的原因之一是他没上过大学。然而，对富兰克林的科研工作进行的仔细调查，显示他深入地研究了所处时代的科学课本，其中有些是他作为书商能读到的，另一些是从他作为主要发起人的读书会借来的。此外，在一个小圈子，即富兰克林发起组织的青年商人和工匠互助协会的活动中，常包括科技实验的表演节目。富兰克林总是有充分的准备参与这项活动，因为他仔细地研究过实验科学的文献，而且熟悉如德萨居利耶等实验大师的工作和牛顿在《光学》中宣布的实验方法。

当然，历史学家强调富兰克林是制作者和发明者的另一个简单的原因是他们没有足够的物理知识来理解和评价富兰克林对基础理论的贡献。如有读者怀疑富兰克林对电学的理论贡献和他的实验室研究的重要意义，可以翻阅《电学发展史》。[29]

富兰克林重要的科学生涯被忽视的第三个原因是，他产生强烈影响的时期相对来说要短暂一些。富兰克林初次接触电学时是40岁左右的成功商人。他正准备退休，把印刷作坊交给他人管理。他很快发现电学研究是合乎自己心意的，并欣然献身于这一事业。在学问方面他一直以饱满的热情领先于他的同代人。然而令人费解的是，在深入细致的研究工作开展几年之后，他深深地陷入了公众事务，并不再全心全力地从事科研工作。尽管他还继续做实验和观察，并试图修订他的电学理论，以解释新发现的现象。即使科研已不再是他的主要工作了，但毫无疑问的是他对科学的强烈热情依然占据他生命的其余部分。我们应看到在他生命临近终结、梅纳西·卡特勒访问他时，他仍然表现出对科学的兴趣和热爱。

富兰克林在自传中说，他是由于外部事务的压力参与公众生活的。在他全力从事实验工作后不久，战争威胁到费城近郊。富兰克林发觉那里一点防备也没有，他自己成了积极抵抗敌军进攻的城防队员。1748年，当危机过去后，他写信给他的朋友和科学界同事、纽约州副州长卡德瓦拉德·科尔登，说他已经从积极的商业事务中退休，并准备在来年"享受巨大的幸福"，即"从容不迫地读书、研究、做实验，并搞出点对人类普遍有益的东西来"。[30]但现实把他引到了另一个方面，他最终在反对领主的斗争中成为宾夕法尼亚州派驻伦敦的代表，后来还是佐治亚州、新泽西州和马萨诸塞州的代表。1750年，在将要转入公众生活的时刻，富兰克林寄了一封辩解信给科尔登，他说："如果牛顿当过舵手，他的光辉成就也不足以使人原谅他在危险的时刻抛弃舵轮。不管怎么说，船上装着公众的生命和财物。"[31]

富兰克林从未放弃成为科学家，他放弃的只是以科研为主的、全职的科学家生涯。无论是在伦敦或是在巴黎他都参与科研活动。他继续在知识领域做出自己的贡献，除电学外还扩展到气象学、海洋学、热传导，甚至生命科学。在伦敦和巴黎他都被邀请参加科学机构的工作，并参加与科学有关的重要的公开辩论，例如1784年对催眠师弗朗茨·安东的调查报告[32]。从这方面看，富兰克林从未放弃对科学的追求。

当然，富兰克林放弃做一个热情、全职的科学家还有别的原因。或许他认为对电学的贡献已尽全力。毕竟，他提供了已被承认的理论，创建了电学的专门术语，发现了大量的新现象，设计了曾轰动一时的前人从未做过的实验。还有什么更高的成就可以超越这些呢？

必须强调的是：在生命的其余部分富兰克林始终是科学的热情皈依者。

卡尔·贝克曾意味深长地说:"科学是富兰克林由于内心的冲动而不是外部的激励去从事的活动,是他永远不愿停止并甘愿献出自己生命的活动。"[33]贝克提醒我们:科学是富兰克林在肩负重大责任和繁重的公务之余永远乐意利用每一天每一小时的空闲去做的事。贝克断定:科学是富兰克林既非出于责任也非出于任何实际目的而愿意毫无保留为其服务的一位女主人。

4. 富兰克林将科学的类比和隐喻用于政治论文

富兰克林的政治著作一般不引用物理学的原理或概念,甚至也不引用他最为精通的电学理念,也不常用生物医学的原理支持自己的论点。他在政治论文中引用科学理念或原理的情况和杰斐逊、亚当斯、麦迪逊、汉密尔顿或其他国家奠基人有所不同。不同的原因之一是富兰克林没有像18世纪美国和欧洲的其他人那样对政治做过哲理性的探讨,所以他在政治文章中使用科学概念的情况有别于同代人。但这里还有其他原因,在引用科学现象、概念或原理的时候,杰斐逊、亚当斯、麦迪逊会由于与理性时代受到最高尊重的人类思想领域联系而赋予自己的政治理念一种特殊的合法性。援引物理学、天文学、化学、生物医学不仅能证实他们理念的正确,还能建立起对他们作为启蒙时期科学思想引路人的信任。我们很容易理解为什么杰斐逊、亚当斯、麦迪逊和同代人会发现物理学、生物医学是类比和隐喻的丰富源泉,因为可以为自己政治散文理论的重要性添加吸引元素。

但对富兰克林来说情况就大不相同了。他的科学发现和同代人的认可,早已为他树立了科学界的崇高声望。他没有必要在主要著作之外来显示自己的科学知识。此外,正如他在自传中告诉我们的,他通过照搬和模仿在自己青年时代(即牛顿生前)享有盛名的散文作家,而形成了自身的文风。富兰克林的文风是要求在文章中不掺杂外来的成分或引证新兴科学。此外,富兰克林的文章是写给大众看的,多数是为了宣传一种政治观点或争取公众舆论的支持,引证深奥的内容反而会冲淡他的主题。所以,对于杰斐逊、亚当斯、麦迪逊来说,物理学和生物医学可提供隐喻的材料来改进他们的修辞,对富兰克林来说反而没有这个必要。当然,富兰克林也像18世纪50年代和18世纪60年代的其他作者一样,会情不自禁地介绍科学的最新消息，特别是在年鉴、杂志、报纸上报道的科学和对一般读者有用的内容。这种消息包括自然灾害、彗星或流星的出现、新的令人兴奋的发现，例如珊瑚虫的奇异特性。富兰克林也利用有关动物的寓言故事，他编写了一套会使人联想起《伊索寓言》的政治动物寓言集。但他实际上从不使用深奥的隐喻，例如牛顿的宇宙规律、天文学的细节、物理学的定律和现象、动物的新发现以及植物生理学，甚至也不使用电学理论或实验的细节。

当然，有时富兰克林会像那个时代任何其他有学问的人一样引用一些科学知识的例子。从《对当前局势的冷静思考》（1764）中可找到他使用生物医学类比以抨击领主制度的例子。他写道："宾夕法尼亚州'悲惨的'局势，并非由于'人性的堕落和自私'，根本原因是混杂在宪法中的专有政府的本质造成的。"[34] 这个结论把他引向一个生物学的类比。他写道："某些'医生'说'每一个动物带到这个世界上来的除充沛的体力之外还有疾病的种子，最终会使它走向死亡'。"同样，他论述道："专有政府的政体'包含着'这种骤发的动因，总有一天会自取灭亡。"

第一章曾提到18世纪中叶人们兴起对珊瑚虫的兴趣，彼得・柯林森和《绅士杂志》上一篇文章的介绍也引起了美国人的注意。富兰克林1751年在一篇对新生人口的统计学做出重要贡献的政治论文《关于人口繁殖的观察》中引用了珊瑚虫的特性。在这篇政治性的人口统计学专题论文中，富兰克林试图说明"除了拥挤和由此导致的彼此间生存手段的冲突外，无法限定动、植物的繁殖本能"。[35] 他用这个结论来论证不列颠应取得足够的领土来满足其人口增长的需要。然后，他做了生动的比喻。一个管理得很好的国家，他写道，像一条珊瑚虫。如果你拿掉它的一条腿，它很快又会长出一条来；把它切成两段，每一段都会很快地长出它被切去的部分。这种再生的现象给富兰克林留下很深的印象，在同一年出版的《穷理查年鉴》中又引用了它的细节。

《穷理查年鉴》中有一篇关于显微镜奇观的小品文讨论了珊瑚虫。文中把珊瑚虫说成是"所有生物中最不可思议的"。[36] 第一章已经提过珊瑚虫某些奇异的特性。这里我们只要注意富兰克林的描写是："奇妙，简直不能相信，即里外翻了个个儿，照样能吃、能活，甚至切成了许多段，每段都重新长成完整的珊瑚虫。"

富兰克林就珊瑚虫再生能力的类比，令他得出如下结论：如果你有足够的活动空间和生存条件，你可以通过分割一条珊瑚虫而生出10条来。所以，他写道，你可以把一个国家变成10个国家，同样的人口、同样的强大；或情愿发展一个10倍人口、10倍实力的国家。但正如珊瑚虫的繁殖那样，你必须要有充分的活动空间和生存条件。

富兰克林在著作《1760年的加拿大》[37]中使用了完全不同的生物医学隐喻，该书附录收录了他1751年创作的包含珊瑚虫比喻的所有小品文。第二个隐喻是建立在将政府类比为人体，并看成活的机体的基础上的。这个比喻已有很长的历史，通常叫作政体。[38]富兰克林不出所料地给这个类比做了新的改变。他写道："人体和政体，区别在于，前者的身高有一定的限度，长到一定的身高，就不会再长了；而后者通过改善管理和实施更慎重的政策、改变工作方法和其他条件、在长期稳定之后经常采用新的措施，可以把它原来限定了多少年的范围扩大到10倍。大自然决定了人体的尺寸，但没有限定政体，比如国家的范围。要不了多少年长大的女儿就会和母亲一样高。但母国和它的殖民地的情况是很不相同的。在这种情况下，孩子的生长速度会超越母亲的生长速度，所以差别和优势是长期存在的。"这个类比建议母国英格兰不需要害怕它的女儿殖民地美国的生长和扩展，因为其结果足以"弥补"母国生长相对不足的部分。富兰克林说："实际上，这个岛屿（英格兰）通过发展它的制造业，能够按比例地增长和繁殖以满足生活水平提高的需求，它才有可能承受10倍于现在的人口，如果他们能被雇用的话。"[39]

富兰克林使用生物医学类比政治论点的一个著名的例子出现在1754年5月9日的《宾夕法尼亚公报》上的一幅版画上。这可能是富兰克林画的美国的第一张漫画。[40]这张粗糙的画上有一条蜷曲的蛇，被切成八段，用缩写标上7个州名（纽约、新泽西、宾夕法尼亚、马里兰、弗吉尼亚、北卡罗来纳、南卡罗来纳）加上新英格兰（见图7）。标题是《联合，或死亡》。这幅画的意思是寓言故事中的一条组合蛇有这样的特性，分开就会死，组合起来就能继续存活。它传递的政治信息是很明显的。

富兰克林在政治文章中引用的另一条蛇有两个头。他很高兴1776年宾

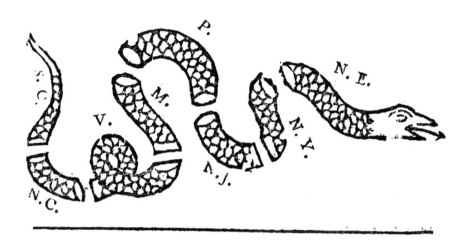

图7：富兰克林的组合蛇

夕法尼亚州通过的宪法规定立法机关实行一院制议会，议员由人民直选产生。他评论（后来写成文章）：两院制议会使他想起著名的蛇的政治寓言，一个身子却有两个头。有一天这条蛇要到小溪里去喝水。去小溪的路要通过一道篱笆，篱笆的枝条正对着它的去路。一个头想要从枝条的右边走，另一个头想从左边走。结果是时间都消耗在争论上，还没等做出决定，可怜的蛇已经渴死了。[41]

　　在1776年，双头蛇只是一个寓言故事的组成部分，而不是富兰克林真正从博物学中读过的内容。但十年之后，富兰克林真的有了一条双头蛇，用酒精泡在玻璃瓶里。他拿给一位来自马萨诸塞的客人看。客人名叫梅纳西·卡特勒，他描写了1787年7月13日星期五在费城市场街富兰克林寓所的一次访问。卡特勒报道说他发现富兰克林是"一个矮矮胖胖的拿着拐杖的老头，穿一套朴素的费城服，秃顶，有一圈短白的头发，不戴帽子坐在树下。他的声音是低沉的，性格开朗、坦率"。富兰克林把他介绍给"聚会中的其他绅士，绝大部分都是议会里的议员"。

　　在访问将要结束时，富兰克林给卡特勒展示他刚收到的很喜欢的稀奇东西，是一条保存在大玻璃瓶里的双头蛇。富兰克林告诉他：这条蛇是在离这里约6500米处的斯凯尔河和特拉华河汇流处捉到的，有25厘米长、各部比例匀称、两个头都完好、在咽喉以下约1厘米处与蛇身相连。这条蛇呈深褐色、接近黑色、背部漂亮地（如果漂亮可用于蛇的话）点缀着白色，腹部是淡红色和白色交错的条纹。富兰克林认为它已经发育成熟，是有可能出现这种动物的特殊品种的。富兰克林设想这条蛇不是大自然的离奇产品，而是一个不常有的变种。有的人认为这是蛇的完美形式，这种存在的偶然性已经有好多年了。最近一次战争中在尚普兰湖边找到了和这极为相似的蛇（富兰克林博士给我们看了一张图）。按卡特勒的说法，富兰克林提到这条蛇的处境，当它在丛林中行进时，一个头要从树茎的这边走，而另一个头要从那边走，谁也不让谁。富兰克林提出了他的看法，他把美国比作双头蛇，说我们的两院制议会正处在这种可笑的境地。富兰克林似乎忘记了议会中讨论的每一件事都是极机密的，但在场的某个与会者提醒他会议事务的保密性。卡特勒最后说："他（与会者）导致我无法听完这个故事。"[42]

最后一个例子是关于一条鲸鱼的幻想故事。说的是《圣经》上的鲸鱼而不是自然界的鲸鱼。7月份，在《独立宣言》签署后不久，富兰克林正忙于筹建独立后的殖民地的联邦政府。他曾长期提倡殖民地组成强大的联盟，而且他本人还是1754年《奥尔巴尼联合计划》的主要设计师。1775年，他为自己命名的"北美殖民地联邦"起草了《论邦联和永久的联合》。其中有些内容采用了他的计划，有些是按照杰斐逊的"相反的"意见。许多要点结合成1776年通过的一个新的计划，之后被收录在第一部联邦宪法中。[43]

1776年8月1日，在《独立宣言》签署约一个月后，在讨论组织形式时，富兰克林建议每个州按其人口总数依比例选出相应数量的代表进入议会。约翰·亚当斯建议富兰克林支持他的意图，应设法消除"大的殖民地会吞并小的殖民地"的顾虑。按照亚当斯的建议，富兰克林通过评论"苏格兰对联邦也说过同样的话"来消除这一类顾虑。[44]杰斐逊的两份报告书[45]要比亚当斯的简报完整得多，并给了我们一个富兰克林在辩论中特有的样例。正如杰斐逊在报告书中所写的，富兰克林说："当英格兰和苏格兰准备联合时，阿盖尔公爵特别激烈地反对那个方案，并通过其他的事指出，像鲸鱼吞掉约拿一样，苏格兰会被英格兰吞掉。然而，当巴特勋爵进入政府后，他的机关很快就填满了他的同乡，结果是约拿吞掉了鲸鱼。"杰斐逊在总结这件轶事时评论："这个小小的故事引起了广泛的嘲笑，恢复了愉快的气氛，而且困难也得以解决。"[46]

5. 人口统计学：用于决定政策的科学

虽然富兰克林倾向于把他的科学著作和政治著作分开，并且他的政治著作倾向于解决当前的实际问题，而不是理论或哲学上的争论，但至少在两本出版物上，他在谈到美国和不列颠帝国关系的前途时，将科学理念的重要发展和自己的政治思想发展结合在一起。这两本涉及特定政治问题的作品，有别于他的其他政治著作，是直接以人口理论为基础的。第一本阐述他自己的观点，第二本是这些观点的进一步发展和应用。

较早的作品是1751年创作的《关于人口繁殖的观察》，以手抄本流传到1755年，后来以不署名的方式作为威廉·克拉克的《对法兰西近期和当前管理的观察》的附录，依次在波士顿、伦敦出版。富兰克林的作品以不同的节选方式陆续出现在一系列出版物上。直到1755年在《绅士杂志》、1756年在《苏格兰杂志》上再版时才署名富兰克林。1760年作为附录出现在自己的著作《为大不列颠的利益考虑》和《伦敦编年史》中，还出现在伯克的《年度记录》中。1769年又作为附录出现在自己的著作《关于电学的实验和观察》的第四版中。后来又出现在1779年出版的、托马斯·马尔萨斯读过的、他自己的著作《政治、杂文和哲学的片段》中。在同代青年人中，富兰克林的思想是很具影响力的，亚当·斯密的图书馆中收藏了他的两种版本，杜尔哥读过1769年出版的法文版。

研究富兰克林的学者们曾经指出，他写的《关于人口繁殖的观察》是针对特定政治事件的，即1750年英国颁布的《钢铁法案》禁止在美洲殖民地生产钢铁。[47]但这篇作品的主要价值是为新生的人口统计学做出了重大的理论贡献。[48]

富兰克林的人口统计学阐述的特点以充实可靠的数字资料为依据。这时一个新的统计学科刚刚诞生，人们开始认识到有关政治问题的决定应以数字或数量为依据。富兰克林从他的老师威廉·彼得那里学习了劳动价值理论和相关的劳动分工原理。彼得的一本主要著作《政治的算术》充分强调数字、统计的考察对于政治的重要性。牛顿的同代人莱布尼茨甚至想象："两个哲学家之间的争论将不再需要，就像两个会计师之间的争论一样，这样的时代终将到来。这对他们来说已经足够了，只要手里拿着笔，坐在他们计算的数字跟前，然后说（如果愿意的话叫一个朋友参加）：'让我们来计算吧。'"[49]

数字分析这个词是富兰克林时代的现代植物生理学奠基人斯蒂芬·黑尔斯首先提出来的，他把植物生长和生理的许多方面都简化为数字描述。也是黑尔斯作为英国皇家学会的秘书，通知富兰克林雷电实验在法国取得了成功。在1727年黑尔斯出版的《植物静力学》中，他写道："全能的造物主研究了用数字、重量、尺寸在创造万物时的准确比例。"所以，他总结："通过我们的观察，从大自然得到的见识无论如何应该是数字、重量和尺寸。"类似杰斐逊、麦迪逊和其他同代人，富兰克林也迷恋于数字，虽然他没经受过杰斐逊狂热于八卦术的痛苦。他从纵横幻方图中得到了极大的乐趣，甚至发明了一种数字魔圈，后来还复制到他的电学著作上。由于确信数字论据的说服力，在游说中他也用数字来鼓励人们种牛痘以预防天花。

《关于人口繁殖的观察》最前面的一段文字清楚而直率地表明该文是以对统计资料的比较分析为基础的。富兰克林写道："婚姻数字和生育数字、死亡数字和生育数字、婚姻数字和居民总数等的比例表格，以及由观察得到的死亡率、信教率等数字，从人口稠密的城市得到的数字不适用于农村，从稳定古老的国家如欧洲得到的数字也不适用于新的国家，如美国。"[50]这些公开的陈述表明，富兰克林很熟悉欧洲中心不同的城市统计数字的内容。他在1728年前就读过威廉·彼得的《论捐税》，可能还读过彼得的其他著作。[51]他好像也读过埃德蒙德·哈雷以"布雷斯拉夫市出生率与死亡率对照表"为基础的优秀作品《人类死亡率的等级》。[52]另一个信息来源是1750年在伦敦出版的托马斯·肖特的作品。

富兰克林对人口统计学的重大贡献之一是他根据美国的情况估算，如不加以控制，每20—25年间人口总数会加倍。[53]因为100万殖民地居民人口每25年会翻一番，富兰克林指出到下一世纪大洋彼岸的英国人会比本土还要多。[54]让富兰克林自己来说出他的结论：

> 不列颠帝国的海外力量已接近它本土的力量！航海业和贸易增加得多么快啊！多么壮观的船队和海员队伍！我们到这儿才一百年多一点。我们在最近一次战争中的私掠船①由于联合而更加强大，枪炮和人员都超过了伊丽莎白女王时代的整个舰队。目前不列颠帝国通过谈判确定其美洲殖民地与法国殖民地的边界，确保因人口增长而呈现的发展空间需求是多么重要啊。[55]

所以我们能理解，为什么富兰克林会断定应在北美洲实行扩张主义政策和英属美洲殖民地注定会变成不列颠体系中人口最稠密和最重要的部分。杰拉德・斯托兹曾经指出自1751年后，"人口增长成为富兰克林时刻牵挂的事"。斯托兹发现对人口问题的研究是"富兰克林扩张主义的中心观点，也是他认为美国的势力必须不断增强的信仰的核心，不管是否在不列颠帝国的架构之内，或甚至反对它"。[56]这也更加清楚地说明富兰克林在人口统计学方面的理论工作，如何影响着他对实际政治问题的思考。

富兰克林对人口统计学的贡献，进一步为他赢得了现代人口研究科学主要奠基人之一的地位。他提出的人口周期性的成倍增长，比马尔萨斯所说的几何级数增长和我们今天所说的指数增长要早很多年。和马尔萨斯一样，富兰克林知道，任何人口增长都受到生存条件的制约。尽管人口在理论上是无限制地以指数增长，但富兰克林认识到，他们不能超越可能的食品供应的限制。富兰克林的原理是一般性的，并不局限于人类群体，正如他在《关于人口繁殖的观察》中引人注目的表述，他的理念是：

> 除了它们自己造成的拥挤和冲突，即所谓生存条件外，植物和动物的繁殖能力并没有一个限度。地球表面可能只为一种植物繁殖和覆盖，例如苘香，而没有其他植物生存的空间；可能在短暂的岁月

---

① 译注：战时特准掠捕敌方商船的武装民船。

里只为一个民族繁殖和覆盖，例如英国人，而没有其他民族生存的空间。[57]

此外，正如半个世纪以后的马尔萨斯一样，富兰克林知道有许多因素制约着人口无节制的增长。这些因素不仅包括生存空间的缩小和食物供应的限制，还有战争和疾病造成的各种后果如贸易的亏损、政府的腐败、买卖奴隶、特殊因素造成的晚婚，再比如追求"外国的奢侈品和不必要的工业品"或要求"勤勉教育"。[58]

马尔萨斯在1798年出版的《人口论》中阐明了人口以几何级数增长并趋于超出其可利用的食物资源的原理。他还增加了一个理念，即食物供应的增长只能是算术的。大家都知道达尔文曾利用马尔萨斯的两条规律论证物竞天择、适者生存。通过宣布他的进化论，达尔文在马尔萨斯《人口论》的基础上做了一次巨大的飞跃，将马尔萨斯关于人口的规律应用到所有的物种，植物、动物都包括在内。在1859年出版的《物种起源》中，他两次率直地阐明"生存竞争是把马尔萨斯的学说应用于整个动物和植物王国"。[59]事实上，马尔萨斯和在他之前的富兰克林都预言了达尔文的概念。当然，值得注意的区别在于结论中的着重点和趋向性。

马尔萨斯在写《人口论》时还没读过富兰克林的《关于人口繁殖的观察》，但在1803年出版的《人口论》第二版的前言中，他提到"富兰克林博士是人口增长问题"的探讨者之一。[60]在该版第一章接近开头部分，马尔萨斯抄录富兰克林的话来支持自己的论点：

> 富兰克林博士观察到，除了它们自己造成的拥挤和冲突，即所谓生存条件外，植物和动物的繁殖能力并没有一个限度。地球表面，他说，可能只为一种植物繁殖和覆盖，例如茴香，而没有其他植物生存的空间；可能在短暂的岁月里只为一个民族繁殖和覆盖，例如英国人，而没有其他民族生存的空间。[61]

我们知道这个评论出现在富兰克林的《关于人口繁殖的观察》中，而马尔萨斯是从富兰克林的《政治、杂文和哲学的片段》中读到的。[62]马尔萨斯把富兰克林包括在"我们自己的作家中"[63]并用富兰克林的措辞引出和支撑了他1798年已经表达得很清楚的一个论点。当时马尔萨斯还没读过他的作品，是对他的杰出见解和表达能力的赞赏。

虽然富兰克林和马尔萨斯都研究过人口增长问题，他们的理念的倾向性是不同的，因为富兰克林把人口增长主要当成好事，而马尔萨斯把它当成灾难。除了繁殖能力会受到生存条件制约的基本观点外，富兰克林的思想预言甚至在许多方面影响了马尔萨斯的思想。例如，在《人口论》的第一版中，马尔萨斯用贫穷和疾病两个原因来解释为什么在不加控制的情况下，人口并没有像预想的增加得那么快。在第二版中他又增加了第三个原因，即"伦理抑制"，涉及特殊的由于道德原因造成的晚婚。[64]在第六版中他通过简洁的定义来澄清这个理念："伦理抑制，我的理解是意味着来自婚姻、来自谨慎的动机的抑制，而在这种抑制时期遵守严格的伦理的操守。"[65]我们不太明确马尔萨斯在哪些地方受到富兰克林的影响，但富兰克林提出过类似的观点，关于"谨慎的……婚姻"。[66]在第二版的《人口论》中马尔萨斯批评富兰克林"为支持狩猎而扩大领土要求"和由于扩大奴隶制度而造成"非洲人口的大量流失"。[67]富兰克林肯定预言过马尔萨斯的陈述"人口如不加以控制，每25年会翻一番"。[68]虽然马尔萨斯在第一版《人口论》使用这个估算是在读到富兰克林的论述之前，他的来源似乎最终还是在富兰克林处。[69]

富兰克林阐述其人口理论的第二本重要的著作，是"加拿大小册子"，书名是《为大不列颠的利益考虑》。这本书1760年出版，当时富兰克林在伦敦担任殖民地的代表。当富兰克林1759年开始撰写这本小册子时，不列颠在北美大陆和西印度群岛都战胜了法国，使得不列颠的许多观察家都确信，那场美国人称为法兰西和印第安的战争（1754—1763）即将结束。但在欧洲被称为七年战争，因为1756年在那里发生了一场新的战争，融合在殖民地争夺战中，结束于1763年。所以，显而易见地，不列颠的战利品中包括在吞并加拿大或拉丁美洲中做一个选择。此外，这本著作把《关于人口繁殖的观察》作为附录收入书中，富兰克林在近10年前写的这篇论文中就以同样的观点主张吞并加拿大。他建议这样做的结果是得到了新的地区以使人口的自然增长得以扩散，不列颠的殖民地居民将散布在大湖以南和密西西比河以东地区，还有加拿大。从法国的敌人和他们的印第安同盟处收取的保护费，以及可利用的便宜的土地，保证了人口自然增长的需要。其重大意义还在于为不列颠的产品带来从未开发过的市场。因为"人口的增长必然成比例地带来对生活资料和设施的需求"，而不列颠"有支持10倍于现有人口的能力"（只要"他们能被雇用"），接着是"成比例……殖民地人口的增加造成对不列颠产品需求的增加，本土的人口也会增加，从而带来国家的富裕和强大"。[70]

至于当前，富兰克林认为，如果选择吞并拉丁美洲，将使不列颠的北美殖民地失去自然发展的空间。在这个情况下，殖民地居民将被"限制在山区"。[71]人口的自然增长将导致人口的稠密化，直至达到不列颠本土的程度，地价将上涨，而工资反而会下降。在这种环境下，某些行业——农业和狩猎——将无利可图，殖民地居民将被迫转向制造业。美国人将变成不列颠产品的竞争对手而不是消费者。由此，美国人将摆脱对其母国的任何从属关系而求得自由的发展。富兰克林雄辩的论点不言自明：

> 移民将在密西西比东部地区扩散，世代从事农业工作，并且有在我们自己掌控下的加拿大作为保证，使我们能有效地摆脱对美国制造业的困扰，安心地待在本土。没有偏见的人都知道，刑法或禁令从未考虑到，也不能有效地阻止一个人口超越了农业能养活的国家去发展制造业。美国将很快面临这种情况，如果我们的移民继续限制在山区，即使国家做出让步，也不能使他们安全地生活下去，知道政治和商业历史的人都不会怀疑这一点。工业来自贫穷国家，是那些穷人多又缺乏土地的国家才无可奈何地去发展工业。他们的人民要在低工资或饥饿的条件下工作，他们要承受足够低的价格来防止同类产品的进口和支持自己产品的出口。但没有人能有自己的一片土地，借以通过自己的劳动用种植来养活家人，穷得只能去做个小工匠或给老板打工。而在美洲有足够的土地可供我们的人民使用，那里将不再出现很多的或有价值的工业。[72]

富兰克林断定："人口的扩散将被证明是对大不列颠最有利的，将因为我们拥有加拿大的有力保证而获得最好的效益。"[73]

富兰克林的"加拿大小册子"有双重目的：一方面它是主张吞并加拿大，并把领土向西扩展到太平洋的政治论据；另一方面，它又是为从人口角度说明应选择吞并加拿大而不是拉丁美洲提供理论和科学的依据。在完成这个双重任务的过程中，富兰克林援引数字科学的权威来支持一个政治决策。此外，他再次强调，他在《关于人口繁殖的观察》中宣布了一个重要的人口统计学原理，即人口的稠密度决定了居民的主要职业。[74]当他在"加拿大小册子"中重述这个理念时，富兰克林甚至通过"一支笔的惊人描述"幽默地暗示他早期的著作，现在他又进一步阐述了自己的理念：

> 对于人口稀少的森林国家来说，自然的生计是狩猎；人口再多一点，畜牧；中等人口密度，农业；人口最密的，制造业；最后的那类国家，必须养活庞大的人口，甚至或者靠施舍，或者灭亡。[75]

总之，富兰克林不仅把他的《关于人口繁殖的观察》作为"加拿大小册子"的附录再次出版，还在其他文章中，包含了使他成为早期对人口统计学做出重要贡献的人之一的观点的应用、复述和发展。[76]

6. 富兰克林发明避雷针的政治含义

富兰克林发明避雷针在科技史上是件大事，因为他证明了旨在揭示大自然奥密的纯科学研究对人类实际生活是非常有用的。我们要注意富兰克林对放电现象的研究和避雷针的发明，曾被赞扬为理性反对迷信的战争的胜利。那时候由于公众的愚昧、迷信和对神的敬畏，出现了许多反对推广被称为"富兰克林棍子"的避雷针的情况。反对采取了多种方式。有些人担心，试图去抵触大自然的力量这一行为会招致不吉利的后果。又有人认为雷电暴风雨是神的愤怒和惩罚，人类不可能凭技术上的小聪明躲过它。

还有许多针对使用避雷针的迷信的例子。1754年，捷克天主教神父普罗科比斯·戴维竖起了他自己制作的一支避雷针，由此引发了一股迷信的谣传，说这个装置会带来干旱，终于在1760年该装置被该村农民拆毁。[77]

几十年后，孔特·德·圣亚姆又竖起一支避雷针，遇到了同样来自公众要把它拆掉的压力。他拒绝这样做，因此被告到法院。幸亏有从巴黎带来的巴黎皇家科学院的专家证书支持避雷针。在听完双方的证词后，法官裁决支持避雷针。孔特打赢了官司而高兴的不得了，印了大量的律师辩护书，到处散发。年轻的辩护律师罗伯斯庇尔由于此案成功走上政坛。[78]

有关避雷针的全部争论不只集中在反对使用它的偏见上。18世纪70年代在英格兰，富兰克林的发明成了一场集中在他自己科学发现上的政治辩论主题。分歧涉及避雷针装置的模式和外形问题。富兰克林曾论述，根据实验室的结果分析，避雷针尾部最佳外形应是尖的。富兰克林在实验中发现，如果一支带针尖的接地导体，由实验者抓在手中去接近一个绝缘的带电体，比方说一个放在玻璃座上的金属球（虽然两者并未接触），针尖将无声地取走带电体的电荷。[79]富兰克林发现：只有接近带电体的接地金属的端点是尖的而不是球形的，才有这种结果。据此，他初次想到避雷针时，就认为它的作用原理应该像实验室里的针端接地导体那样，无声地取走经过的云中所带的电荷，而避免了大规模的放电。为此，分析结果建议接地导体的顶部应该是尖的。富兰克林对雷电现象和实验室的放电现象的分析是非常肯定的。在1753年出版的《穷理查年鉴》里就写了一段有关避雷针的说明，比他用实验证明雷电是放电现象还要早。[80]在第一次雷电实验开始前印发的一封信里，富兰克林解释了避雷针的工作原理。下面是他自己的陈述：

> 对于尖端发送或吸取电火的实验的某些情况尚未得到充分解释，我准备留待下一次来补充。因为尖端的学说是非常奇妙的，而它的作用又是令人惊奇的。根据我在实验中观察到的情况，我认为房屋、船舶，甚至城镇和教堂都可以用这种方法免受雷电的袭击。如果把通常在风信鸡、风向标、教堂尖顶、尖塔、桅顶上的木制或金属圆球，换成2.5—3米长的逐段磨细为针状并镀金防锈的铁棍，或把顶部分成许多部分更好。我认为电火将在它未能形成打击前从云中无声地消失，只能看到顶端类似水手们的桅灯的一点闪光。[81]

当富兰克林的岗亭实验在法国和西伯利亚表演时（见图8、图9），它的成果不仅仅是巩固了雷电是一种放电现象的假说。法国的实验者另外发现接地的尖端金属棒会吸引将要发生的雷击，并把它安全地导入大地。富兰克林很快证实了这个发现，并马上意识到这种金属棒的主要功能是能够把雷击安全地导入大地。后来又产生了一些混乱，说装上避雷针更危险，是因为它会吸引雷电，而且永远有放电现象未被导入大地的可能性。所以，可能某些科学家会说，避雷针的上端最好是球形，没必要去吸引危险的雷击。

1772年当富兰克林在伦敦时，英国皇家学会指定了一个委员会，让他们写出有关保护设在珀弗利特的弹药库中避雷针的最佳形状报告。[82]富兰克林是委员之一，还有本杰明·威尔逊，是一位属于对立面的"电学家"，也是很出名的肖像画家。他画的富兰克林，被信徒们认为是富兰克林中年时期最好的肖像。威尔逊对报告持不同意见，公开的分歧只是他不赞成避雷针"端点应该是尖的"的推荐意见。[83]

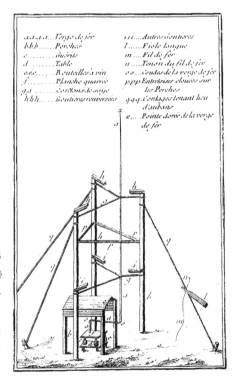

图8：在法国表演的岗亭实验。1756年出版的《关于电学的实验和观察》法文第二版包括这张版画。图中设备成功地证实了富兰克林的云是带电的、雷电是放电现象的结论和避雷针的应用原理。代替被保护的高大建筑物的是竖在旷野中的架子

图9：1761年在西伯利亚演示的富兰克林的岗亭实验。一支垂直的绝缘的金属棒竖立在旷野中，电荷被收集在棚屋里的莱顿瓶中。棚屋里的科学家正在观察和测量放电处的高度。围观的是一些惊恐的士兵和农民

　　威尔逊的论点如下："富兰克林博士设想雷电和电流是一回事，是同样的流体，考虑到怎样把雷电吸引下来、带下来或收集回来，才为此做了实验。"为此目的，金属棒做了出色的贡献。但是，威尔逊继续说："当好奇心（我理解是以尖端方式吸引雷电的第一动因）已经满足，而且实验已经教会了我们，我们有能力收集这种电流。它的作用原理也已经通过实验调查清楚，并已确定下来。我的意见是这种以尖端吸引雷电的方式应该终止了，因为我们尚未经历过的更大规模的雷电有可能会袭击我们。"威尔逊断定尖端是不安全的，因为它"太容易吸引雷电"，因此他推荐避雷针的上端应是球形的。但别的委员在看了他的意见后，回答，"没找到要改变我们的意见的根据"。

　　富兰克林认为威尔逊并未完全理解避雷针的作用，并写道："某些电学家推测尖端会吸引雷击，建议把避雷针上端做成球形。"[84]他又说："事实上针尖以逐渐的和无声的方式吸引远距离的电荷；而球形吸引远距离的电荷将形成雷击。"英国皇家学会完全同意富兰克林的结论，并建议采用尖

端的避雷针。但威尔逊继续抨击并印发文章和小册子。1812年，英国皇家学会的历史学家遗憾地记录了威尔逊"因为他的顽固和不正确的行为，给英国皇家学会带来很不幸的后果，即对科学和哲学事业来说很不光彩的分裂"。[85]的确，我们从富兰克林的著作中可看出这场论战是多么艰苦。富兰克林曾被迫要做出某些答复，但最后他没有这样做，因为他非常讨厌对哲学观点做公开的论战。

随着《独立宣言》的发表和革命的开始，一场纯科学的争论带上了政治色彩。赞成避雷针的上端是"尖的"还是"球形的"，甚至用作判别一个人在美洲殖民地反对国王的斗争中所持立场。乔治三世参与了此事，从纯政治而非科学的观点出发，下令在皇宫安装球形上端的避雷针。非但如此，乔治三世为了扩大他的影响还要求英国皇家学会会长约翰·皮林格尔推翻其对避雷针最佳形式的决议。皮林格尔在回答中提醒乔治三世，他的威严可更改这个国家的法律，却不能颠倒或变更大自然的规律。英国皇家学会对皮林格尔所持立场的反应是激烈的，他被赶出了办公室，约瑟夫·班克斯接替了他的职务。[86]

富兰克林完全清楚是政治左右着这次的科学争论。1777年他写信给一个朋友说，威尔逊"似乎特别热衷于这一点，正如詹森教徒和莫伦教徒热衷于这场争论一样"。他解释，他决不会为了坚持自己的哲学观点而进行任何辩论，他相信这些观点应该在世界上得到检验。如果它们是对的，真理和经验都会支持这些观点；如果错了，这些观点应该被驳倒和丢弃。[87]然而，富兰克林强调对于他的发明，从未考虑过个人的利益，过去没有，将来也不会谋取哪怕少许利益。然后，他转到避雷针问题上，以一个政治家而不是科学家的语气说：乔治三世把避雷针的尖端改为球形，对我个人来说无关紧要。富兰克林又说，他宁愿乔治三世把避雷针统统当作废物扔掉。他认为乔治三世只考虑自己和家庭可免受来自上帝的雷击，而竟敢以自己的雷击去摧残清白无辜的臣民。

围绕这场以富兰克林的发明为中心的政治争论，绝大多数观察家都相信智慧终将战胜愚昧。当时在英格兰流传的一首小诗比那些对富兰克林的攻击更加有说服力。

当你，了不起的乔治，为了安全去迫害，

并把避雷针尖端改成球形的时候，

导致了国家的分裂。

追随富兰克林的大智大勇，

你的雷击再也吓不倒我们，

只要把避雷针磨尖。

7. 作为外交家的科学家

历史学家一般都同意富兰克林在革命年代被派往法国，先是做特派专员，然后是公使或大使时，对自己的国家做出的贡献最大。[88] 1776年末，富兰克林、塞拉斯·迪恩、阿瑟·李被选为代表议会派驻法国的三位专员。1778年末，约翰·亚当斯替换了迪恩之后，富兰克林担任驻凡尔赛宫的唯一公使。他在这个位置上一直工作到1785年，他的成就是巨大的。

当时美国军队迫切需要一些熟练的军事技术人员的帮助。早在1775年大陆会议就决定，即

通信联络委员会要努力去找到，并以最好的条件雇请熟练的、服务于联合殖民地的工程技术人员，不超过四人。该委员会被授权向他们保证，他们所得到的报酬和职务将与以前的一样。[89]

富兰克林作为通信联络委员会成员之一，一周后，即1775年12月9日写信把这个意图告诉他的朋友夏尔-纪尧姆-弗雷德里克·迪马，他由于富兰克林的推荐而担任美国驻荷兰的特工。在提到美国"至今为止未向外国借力"之后，富兰克林提到某些迫切的需求，包括一项与最近的决议特别相关的需求：

我们急需优秀的军事技术人员，请你雇请并赶在下次战役之前输送两个能干的人员给我们。其中一人须熟悉野战作业和围攻等，而另一人须熟悉港口要塞作业。他们将受到热烈欢迎，除付给他们费用

外，还将让他们获得体面的职务……[90]

1776年富兰克林被任命为驻法国使节时，大陆会议给他的指令中就包含雇请"一些优秀的技术人员到美国来工作"。[91]

富兰克林非常幸运地请到了法国著名的"热尼军团"的成员之一、杰出的军事技术天才——杜波特，一位未经歌颂的革命英雄。他不仅在战争中担任华盛顿的军事技术顾问，还在战后起草了为美国建立一所培养未来军事技术人才的学校的计划。他的理念包含了后来成立的西点军校的观点。杜波特还负责组建国家学会，来促进将先进科技用于军事艺术与和平事业，例如农业、制造业、商业、通信，等等。[92]参加该学会的既有军人也有平民，起了一个堂皇的名字叫美国军事哲学学会。图10是一张铜版印刷的会员证书，反映了科学技术在战争与和平事业中的广泛应用。该学会虽然存在的时间不长，却是美国有史以来第一个真正的国家科学或技术学会。

图10：托马斯·杰斐逊的美国军事哲学学会会员证书。这个由法国军事专家杜波特组建的国家学会，包括了军事技术人员以及杰出的平民科学家和发明家，还有政府官员。标语"SCIENTIA IN BELLO PAX"结合了两个理念，科学用于"战争"与"和平"。请注意象征战争用途与和平用途的图标，其中有农业、渔业，等等

除技术人员外，革命军需要弹药、武器、军服和其他给养，[93]同时还要筹措资金来支付军费。今天我们很难想象当不列颠断绝了所有正常的供应渠道后，这个新国家的军需有多么重要。1776年议会指示（由法国供应）需要2.5万套军服和武器、100门野战炮，和"有助于争取美洲印第安人的货物"。[94]1777年初，增加到4万套军服（和足够做4万套军服的布匹）、8万条毛毯、10万双长筒袜、100万块打火石、200吨做子弹和炮弹的铅块。[95]做好的军服和2万支毛瑟枪一起运到了美国。大约300万里弗尔①的装备，外加安全运到美国的20万里弗尔[96]。这些项目的资金来自与法国政府签订的贷款协议。开始要求是200万英镑（6分息），相当于1000万旧美元或4700万里弗尔，后来又从法国政府处争取到追加的200万里弗尔，加上从法国税务官费米尔将军处借贷的100万里弗尔。这笔贷款的总数占当年法国政府年度预算的10%，由此可见其数目的巨大。

富兰克林和他的同事还得到指示，雇请一些军官到美国军队中服务，其中最著名的有拉斐德、冯·斯特宾、普拉斯基。此外，他们非常重要的任务是争取外国对美国作为主权国家的承认，并争取他们对美国独立战争的军事援助，包括派遣志愿军和法国舰队的海上支援。另一重要任务是通过谈判，与法国建立真正的联盟并签订商业贸易协定。

这里，我们没有谈到富兰克林怎样在同事的协助下完成了这些任务。乔纳森·达尔已经以他卓越的洞察力细致地描述了这些故事。我们的研究限于：分析富兰克林的科学知识在他卓越的、成功的外交生涯中起了什么作用。[97]我们将集中讨论他的科学知识和崇高的科学威望是否对这一成就具有重要意义的问题。

富兰克林为出使法国所做的准备，可上溯到革命发生前的20年中在不列颠的两项任务。第一项始于1757年，宾夕法尼亚州议会任命他去谈判解决议会与殖民地领主佩恩家族的纠纷。第二项始于1764年，结束于革命开始前。这次他被任命为殖民地代理人，不仅是宾夕法尼亚州的，还是佐治亚州的（1768年后）、新泽西州的（1769年后）、马萨诸塞州的（1770年后）。他的活动包括了为殖民地的利益四处奔波和提倡有利于美洲殖民地

---

① 译注：法国19世纪前货币名，相当于一磅银子，后为法郎所替代。

的法规。虽然这些早期的努力最终都失败了，却锻炼了富兰克林，使他得以在才能和成就方面胜出任何其他竞争者，在法国为自己的国家服务。

1807年8月8日在约翰·亚当斯致摩西·沃伦的信中简洁地概括了富兰克林出使法国的资格。他写道："不瞒你说，当时在全美洲，有谁能具备宫廷方面的知识呢？只有富兰克林在英格兰当过驻圣詹姆斯宫的代表，虽然遭到轻视和嘲笑，但从风度和教养方面来说，很少有美国人能胜过他。"亚当斯又说：在法国、荷兰，"我知道他儒雅的风度、广博的学问和良好的判断力，在与他交往过的人中是大家公认的"。此外，亚当斯解释："如果你理解风度是优美的姿势和高尚的举止及行为，他像这里的每个美国人一样受过良好的教育；如果你理解风度是文明有礼貌的谈吐，他至少相当于当时在欧洲的任何美国人。"[98]这段陈述更有意义的是，澄清了亚当斯和富兰克林在巴黎作为同事之间发生的一些问题。的确，亚当斯在更早的1779年9月20日写给托马斯·麦克恩的信中评述富兰克林是："一个机智和幽默的人，就我所知他可能是一个哲学家，但就他所从事的所有事务来说不算是一个有能力的政治家。"按亚当斯的说法，一方面，富兰克林"对美洲事务和欧洲政治都知道得太少，又不刻苦学习来做好自己所有的工作——大使、秘书、海军上将、代理领事，等等"。另一方面，亚当斯写道："由于他在两岸享有声望，或者最好把他调离那儿；另派一个秘书或领事去接替他的工作……"[99]当然，亚当斯早期的评述受到一系列事件压力的影响，他后来的看法改变了，并更加符合历史的记载。

富兰克林作为外交家在法国工作时，他具有灵活的头脑、卓越的谈判家的气质以及非常见多识广等特质。[100]乔纳森·达尔曾简洁地概括了保尔·康纳的话，说富兰克林的头脑灵活、为人精明，具有一种使自由思维有序化的素质，这个特点使人联想起他在印刷铅字架旁工作的岁月和他在18世纪的科学发现，还有在美国非常惬意的城市生活和成功的经验。[101]我们已经知道，当1754—1763年法国和印第安结束战争后，富兰克林如何发展了他的扩大英属美洲殖民地的想法，甚至提出他的人口理论，表明未来的不列颠帝国的中心将会在美洲。

富兰克林的外交风采已被许多传记和有关他在法国活动的书籍讨论过了。他发展了一种沉着的和表面上看起来是被动的策略，与亚当斯的方法相反，后者似乎急于求成，并因此提出专横的要求。亚当斯的这一点令人反感，以至于路易十六的外交大臣韦尔热纳一度拒绝与他进行任何交涉。[102]我们因此可以很好地理解为什么在战争结束后，议会决定不让亚当斯担任唯一的和谈代表，而代之以一个包括他和富兰克林在内的五人小组。[103]

在革命初期，虽然富兰克林和他的同事成功地通过谈判解决了装备、武器和弹药，以及其他多种给养问题，并参与解决为美国的武装民船寻找安全港口的问题，但他们最初并没有被正式承认为新的国家、没有签订同盟协定或贸易合同。然而，富兰克林和他的同事还是"为两项成功而高兴"。通过避免"提出绝对的要求"，他们防止了"与法国的决裂"。特别是通过"培养法国的公众舆论"，他们"为后来联盟的顺利运作创造了条件"。[104]

富兰克林赢得公众舆论支持的方法，不同于革命前驻英国使团的那种散发小册子、鼓动或给报界写信等失败了的办法。在法国，富兰克林似乎是选择了"传达自己信息的合适手段"，意识到"在法国要想影响舆论，共进晚餐比共进早餐要强得多"。[105]富兰克林不只是作为客人去参加数不清的宴请，而是成了传达公众舆论和被塑造成沙龙中引人注目的人物。所以当他表面上在法国社会享受欢乐时光时，正是他以最有效的方式为美国利益服务的时刻。

我们要小心，免得夸大了富兰克林的个人影响力。富兰克林在贵族和富裕的资产阶级中周旋，是因为认识到这些人是法国社会中唯一能在宫廷中产生影响的阶层。正如富兰克林的朋友、前财政大臣杜尔哥不无遗憾地说："这两个阶层的成员不参与制定政策，却能够迅速地反对它。"[106]

我们会同意"富兰克林是能够使法国特权阶层放心的完美的革命家"，即美国将不会威胁欧洲现已建立的秩序。他认为"差异足以使人发生兴趣，而熟悉又足以使人消除顾虑"。[107]当时有充足的理由使法国感到不安，路易十六自然讨厌介入他们反对自己的国王的讨论。殖民地反对国王的问题似乎特别令人伤脑筋，因为英国人以前曾两次不尊重国王神授和法定的权威：一次是1649年查理一世被斩首，另一次是1688年詹姆斯二世被迫放弃王位并为了安全逃亡到法国。他们疑虑在美洲的英国人反叛国王的事件是否是以前事件的周期性重复，是否会触发法国的类似革命？对个人来讲，富兰克林有能力减轻这些顾虑。对不列颠和许多美国人来说富兰克林是一个彻底的革命家。[108]但是，由于他的行为和方式以及他公开拥护的政策，在法国人看来他似乎并不是要威胁已建立的秩序，而是集中体现于重组和改革。虽然从血统和所受教育来看，富兰克林只是一个殖民地居民，但他在圣詹姆斯宫有多年的工作经验，知道怎样以自己的魅力去征服他的法国朋友和广泛的朋友圈。他在法国享有一种其他美国人得不到的延续至今的名望。他的威望促使法国转向和美国结盟而与英国开战，煽起了一股反英的火焰。他个人通过向法国保证，美国革命者一般不会暗中破坏君主政府，尤其不会威胁法国的君主政体，从而帮助了革命战争。

富兰克林很清楚，法国外交大臣韦尔热纳对外政策的核心是减轻不列颠的影响，但他显然并不真正理解"潜在的动机是允许由法国去制服东欧的力量"。[109]一方面，法国人仍然为早些年与英国的战争失败，因而失去加拿大和在新大陆的影响降低而感到屈辱和痛苦。报复英国是法国政策中的重要部分。另一方面，与英国打仗的军费开支几乎导致国家破产，而且又没有新的宽裕的税收来源。当然，他们希望和美国发展以前由英国独占的贸易关系。所以，韦尔热纳的政策首先是通过援助鼓励美国继续与英国的战争，却不允许法国参与军事行动。但到了1778年，已经出现许多实际介入。按照传统的说法，主要原因是法国不知道美国是否能赢得这场战争，直到英国将军伯戈因在萨拉托加战败投降，震动了法国上下，并担心美国会单独与不列颠签订和约。可是乔纳森·达尔指出，这种意见没有文献依据。法国决定给予美国公开援助，签订贸易协定、与美国结盟。与此同时，法国也在重建海军，如果法国要与英国开战，这一点至关重要。[110]总之，法国同意承认新的国家，与之结盟，并成为战争中积极合作的伙伴。在韦尔热纳派出法国的全权大使到美国后，议会认为应采取对等的外交措施。就在此时，富兰克林由特派员小组成员之一被提升为公使，相当于现代的大使。

富兰克林在法国的姿态曾被称为"谦让的策略"。[111]外交家在美国人眼里好比一个献殷勤的处女。富兰克林写道："当我们要求援助时，有必要以某种灵活的方式让对方满足所请求的人的欲望，因为我们的工作是为了实现目标。"但是，他坚持说："我从未改变我在国会发表的意见，处女国家应该维护处女的品格。这样的国家应该不是联盟中的求婚者，而是庄重地等待别人来求婚。"所以，带着尊严，富兰克林对韦尔热纳保持某些持久的压力，来获得对军队的各种物资供应和军饷；涉及美国武装民船的问题和其他直到时机成熟发生的重大事情时，即对韦尔热纳来说，缔结军事同盟和发展商贸是时机有利时才着手解决的事情。

当然，最后分析起来，法国的介入主要是为了自己的利益和使不列颠屈辱的国家愿望。此外，美国是一个合适的地点，法国应该给不列颠断然的打击，因为正是在美国（仅仅15年前），法国因战败被迫割让自己在新大陆的领土而遭到羞辱。但在支援美国的问题上，法国内部的意见是不一致的。杜尔哥虽然是富兰克林的朋友，却是反对主动介入的。他指出军事介入的费用会高到不可收拾，以致他们只能搁置任何必要的改革企图，甚至无限期搁置。他甚至危言耸听地说，君主政体的命运将取决于这个重大的决定。[112]从经济角度看，甚至还没搞清失去北美殖民地对不列颠经济是否造成有效的打击。虽然殖民地是不列颠的工业品市场和原料（主要是糖和烟叶）供应地，但从收支平衡来说，不列颠注入美洲殖民地的钱比他们拿走的还要多。

西蒙·沙玛是一位研究法国革命史的很机敏的历史学家，曾明智地描述了拉斐德将军扮演的角色。尽管沙玛承认法国的外交政策主要取决于其本国的政治和经济利益，我们也得认识到，在富兰克林卓越的人品和名望影响下的公众舆论对法国最后外交决策所发挥的作用。沙玛在研究法国革命的背景时发现富兰克林的名声流传如此广泛，可毫不夸张地称之为狂热。富兰克林走到哪儿都有群众向他欢呼，特别是，当他走出位于帕西的寓所时。的确，他很可能看起来比国王还出名，他的肖像被雕在玻璃杯上，画在瓷器上，印在棉布上、鼻烟盒上、墨水瓶上，还出现在巴黎圣雅克街道发行的公众刊物预告的许多产品上。[113]富兰克林也知道他的肖像在怎样流传，1779年6月3日他写信给女儿："你爸爸的脸像月亮一样众所周知了。"然后他俏皮地说："据那些有学问的语言学家说，小孩子玩的那种玩偶（Doll），是来自偶像（Idol）；现在按我的样子做了那么多玩偶，我真的会说，我在这个国家已经玩偶化了（I-doll-ized）。"[114]

在评价富兰克林在公众的狂热崇拜中的角色时，我们要特别注意，他不同于约翰·亚当斯、塞拉斯·迪恩或美国使团其他成员，他是国际著名的科学家和某些人眼中的圣贤。他带着巨大的科学威望来到法国。仅在两三年前他被选为巴黎皇家科学院的八名外籍会员之一，他的电学和自然哲学著作的法文两卷本豪华版又刚刚发行。

按约翰·亚当斯的说法，在法国，富兰克林的"威望比莱布尼茨、牛顿、弗雷德里克、伏尔泰还要高，他的品格被敬爱的程度超过上述任何人或他们的总和"。[115]带着同样的倾向，大威廉·皮特早就提到富兰克林是"一个学问和智慧受到全欧洲极大尊重，并把他和我们的玻意耳、牛顿并列的人；他不仅是英国的而且是全人类的光荣"。[116]我们要注意这两个人的评价，他们都把富兰克林和理性时代最杰出的偶像牛顿联系在一起。

富兰克林不仅因其科学成就而闻名世界，他还被尊为新大陆的圣贤之一。1778年发生了一件感人的广为传颂的事件，当富兰克林访问法国哲学家伏尔泰时，应富兰克林的要求，伏尔泰把自由的祝愿给予富兰克林的孙子。同年4月，据目击者说，伏尔泰和富兰克林在巴黎皇家科学院的公众会议上见了面，在热烈的欢呼声中他们拥抱了。在法国公众的心目中伏尔泰是伟大的诗人和圣贤，而富兰克林是伟大的科学家和圣贤。富兰克林的科学成了"他的独特魅力，它不仅是头脑的，而且是心灵的产物，也是智慧的结晶"。[117]1773年《穷理查年鉴》的法文版出版时起名为《科学的好朋友理查》，成为当年最畅销的书并多次再版，富兰克林由此而成为科学圣贤。那是一个热衷于科学的时代，主题通常都公布在报纸上，通过公开的演讲或说明而引起公众的关注。法国公众崇拜富兰克林，认为他是一位提倡自由和尊严的科学天才。

富兰克林以高尚品德和天才的化身而闻名于理性时代。他生长在美国，似乎是"新人"的象征。他的心灵、气质、习惯都是在新大陆的农村环境中形成的。在那里自然可以影响智力和道德的发展，而不受到旧大陆城市文明的人为环境的束缚。当然，富兰克林绝不是"大自然之子"。他在波士顿出生并度过童年，那是一个繁华的城市，青壮年时期他生活在费

城，那是18世纪60年代英国城市中仅次于伦敦的最大城市。[①] 118

事实上，富兰克林难得有时间在农村生活。但在法国，他着装朴素、皮帽子就带着乡巴佬的味道。他从不戴假发，而是骄傲地露出自己的秃顶和灰色的卷发。他的散文风采、自学成才、出身贫寒、艰苦创业、朴实的智慧、政治上的机敏、幽默感无不受到大家的赞赏。他还是一个熟练的印刷师傅，在巴黎帕西的私人寓所里还配了一台印刷机。这些都是他的科学成就之外所具备的优秀品质。

在法国政府做出与富兰克林的活动有关的某些决定时，很明显地考虑到了他的声望。在出使法国的初期，当法国政府采取表面上持中立态度而在暗中支援美洲殖民地反对英国时，富兰克林曾得到正式指示，叫他不要在公众集会上露面。那些参加1777年4月科学院的追星族，由于富兰克林的缺席而感到非常失望。这意味着富兰克林被从乔治三世特批的学者名录上取消了。[119]但在1778年，当法国的支持公开化后，富兰克林非但被允许甚至被鼓励在公众场合出现，比如在科学院或歌剧院，并接受在这种场合常常出现的狂热欢呼。他也善于利用这种机会和自己的声望为美洲殖民地的利益做公开演说。[120]在这种情况下他的特殊性就更有价值了。

作为一个科学家，富兰克林名声远扬的程度远远超过了同时代的科学家。原因是他所取得的成就。绝大多数未曾受过充分科学教育的人，都不能理解理论物理中的重大发现和细节。富兰克林时代的普通人，不了解他在科学界的声望和他的发明。但每一个人都知道雷电可怕的破坏能力。即使普通人不理解富兰克林对放电现象的分析，但他们还是很容易理解雷电的闪烁和轰鸣、实验室里的放电现象、我们在厚实的地毯上行走，或在干燥的冬天梳头时发出的火花声和噼啪声，只是规模大得多。

雷电实验特别受到大众欢迎还有其他原因。富兰克林不仅通过实验证实了雷电是普通的放电现象，更进一步利用自己的发现发明了避雷针，一种能有效制服可怕的自然力量的装置。伯尼博士、小说家范尼之父，在报告发生在巴伐利亚的一次通宵的、雷电交加的、真正危险的暴风雨时，反映了公众对富兰克林所做贡献的看法。他写道："我躺在床垫上，尽可能远

---

① 译注：当时美国还没有独立，所以把费城说成英国城市。

离我的剑、手枪、表链和其他任何导体。我以前从未如此害怕过雷电，但那个晚上，我渴望得到一张富兰克林博士的绝缘床，用丝做的绳子悬挂在房间中央。没有人能劝得动巴伐利亚人在他们的公共建筑上装上避雷针，尽管巴伐利亚的雷电非常疯狂，仅过去一年就摧毁了至少13间教堂。"[121]

富兰克林对雷电放电现象的研究，有一种特殊的因素使他的工作在理性时代产生了自然的魅力。那个时代的一条公理是理性的运用（科学是它的最高表现形式）将战胜迷信。富兰克林之前，雷电是一个恐怖的源泉。许多人相信打雷这一举动是愤怒的上帝从天堂里投掷下来惩罚地上的罪人的。还有人相信雷电是黑暗力量的显现。当时有这样的风俗，每当暴风雨来临时，为了驱邪，教堂就使劲敲钟。所以钟上经常刻有拉丁文的铭文：

> 我召唤生命，我哀悼死亡，
> 我赞美上帝，我驱散雷电。

富兰克林特别注意到雷电袭击的那些尖屋顶似乎是有选择的，往往是那些响着钟的屋顶。[122]伯尼博士这一夜惧怕雷电的经历引起他的评述："巴伐利亚人在哲学和实用知识方面，至少比欧洲其他地区要落后300年。"于是，他报告说："没有办法能纠正他们一有雷电就敲钟的愚蠢行为。当暴风雨来临时，镇上的钟整夜地鸣响，但这些钟声对我没起一点镇静作用，反而激发我对暴风雨的恐惧，提醒我正处于真正的危险之中。"[123]

富兰克林身兼雷电驯服者和反对暴政的战士的双重角色，这是他的朋友、曾任法国财政大臣的杜尔哥写的流行警句的主题。富兰克林"从天空攫取雷电并从暴君手中夺取权杖"。这个标语由于被用作各式各样的富兰克林的画像或雕像的标题而变得众所周知。[124]其中最有名的一幅是让－奥诺雷·弗拉戈纳尔绘制、玛格丽特·热拉尔制作的寓言版画，表现了老年的富兰克林坐在一个宝座上，密涅瓦守卫着他，手持盾牌抵抗雷电的袭击，象征英国的恶人被击倒在他脚下（见图11）。将富兰克林和雷电、政治结合在一起的联想有多种表现形式。约翰·亚当斯记载："法国、英国和整个欧洲都相信是他的电棍实现了所有的革命。"[125]某些历史学家坚持说富兰克林曾被称为"电的大使"，然而似乎没有什么证据。

图11：弗拉戈纳尔绘制的富兰克林画像。富兰克林坐在神圣的宝座上，用左手帮助密涅瓦支持住盾牌，抵挡他知道该怎样去征服的雷电，他的右手指挥马尔斯去征服贪婪和暴政。美国拿着一根"权杖"或棍子，象征共和政体，坐在他的左边。不列颠和所有的敌人衣冠不整地倒在脚下。版画底部是弗拉戈纳尔的标题："献给天才的富兰克林"，还有杜尔哥的标语："他从天空攫取雷电并从暴君手中夺取权杖。"版画的蚀刻者是艺术家的妻妹玛格丽特

　　各种各样的富兰克林肖像、浮雕和杜尔哥的流行警句一起被做成瓷像或印在布上流行于整个巴黎市场。对许多人来说自然和自由之间有着明显的联系，富兰克林同时征服了大自然的力量和君主的暴政。我们要知道路易十六不是没脑子的君主，他看出了这里边的含义，特别是到处出现的这条标语，尤其是富兰克林的肖像带着这条标语在凡尔赛宫展出销售时使他十分恼怒。坎贝夫人、玛丽·安托瓦妮特的首席宫廷女官在她的回忆录里写道："甚至在凡尔赛宫的塞夫勒①瓷器展览会上，他们在国王的眼皮底下出售富兰克林的肖像，还带着那样的标语：从天空攫取雷电并从暴君手中夺取权杖。"坎贝夫人还为我们记录了面对这种情况时路易十六的内心感受。路易十六向塞夫勒瓷器厂订购了一箱瓷器，把富兰克林的雕像放在盆盆碗碗的底下，当作新年礼物送给他的情妇普瓦捷的迪亚娜伯爵夫人，她

---

① 译注：法国著名瓷都。

也是富兰克林的一个崇拜者。[126]

如果需要的话，这里还有一个附加的证明，可表明富兰克林的科学成就和声望是他的公众形象的重要组成部分。坎贝夫人记述："富兰克林享有最能干的科学家之一的荣誉，他的爱国热情又使他成为一个高尚的自由使徒。"[127]富兰克林这种第一流的科学家和自然哲学家的地位，也出现在托马斯·杰斐逊的叙述中："富兰克林肩负革命的使命前往法国，他是著名的哲学家，德高望重的品德和得体的举止，以及他为之奋斗的事业，使他大得人心。"[128]请注意杰斐逊列出的富兰克林的第一品质是"著名的（自然）哲学家"或科学家。这可是意味深长的事情，在法国提到富兰克林总是叫他"富兰克林博士"而不会加上什么绅士之类的头衔。[129]

当法国政府决定禁止当时已在巴黎有了稳固的立足点，并可能对正统、权威的科学、医学、政治学形成破坏力量的催眠术时，富兰克林的多重角色（公众人物、科学家、圣贤和政治家）进一步得到官方的认可。巴黎皇家科学院指定了由最著名的科学家组成的委员会来调查催眠术的治疗效果和所谓"催眠流"的作用。委员会成员包括历史学家、天文学家和后来成为巴黎市市长的让－西尔万·巴伊，世界闻名的化学家、现代化学奠基人拉瓦锡，世界医学界的领导人物、"仁慈地"处决犯人的断头台发明人约瑟夫·伊尼亚斯·吉约坦医生，富兰克林。当调查报告公布出来、催眠术威信扫地时，艺术家画出了当时的盛况。其中之一（见图12），富兰克林大声地读出拿在手里的委员会否定催眠术的调查报告，催眠者（长着驴耳驴尾）和他的助手狼狈不堪地骑着扫把逃跑了。报告的权威性在于产生报告的委员会的发言人是一个著名的美国人。富兰克林是该委员会资格最老的成员，在最后的报告中他的排名在所有成员的前面。

如果说在富兰克林时代或其他时代，从来没有让科学家参与制定外交政策，那是准确无误的。作为科学家，无论是英国皇家学会会员还是巴黎皇家科学院的成员，都没有把决定英国或法国政府在美国独立战争中该做什么来当作自己的工作范围。但这也是真实的，法国人知道的富兰克林不仅是科学家，而且是能使自己在巴黎闻名的圣贤，是作品广为流传并得到最高赞赏的学者，是使法国相信支援美国是体面事业的高尚哲人，是向法国表明美国的目的是成为具有伟大而严肃意义的理性主义的大使。没有一

图12：富兰克林挫败催眠者。富兰克林在图的左下方，手里拿着由法国科学家和医生组成的委员会对催眠者弗朗茨·安东及其门徒的治疗效果的调查报告。报告断定不存在能治病的"催眠流"，催眠者是骗子。面对报告，催眠者在一片混乱中骑着扫把逃跑了。催眠者被画成长着驴耳驴尾

个人的名望能超得过他，这是他代表的事业能得到法国公众支持和使法国政府容易做出支持和介入行动的决定性因素。但这个名望的主要基础是他巨大的科学声望。此外，他有这么高的科学声望的原因，不仅是使电学成为一门科学（事实上是一门新的，甚至连牛顿都不知道的科学），还对雷电做出了科学的解释。他把人们从对雷电的迷信锁链中解放出来，他告诉人们怎样使建筑物、动物和人类免遭雷电的袭击。很难找到一个描写富兰克林在法国所获荣誉且不强调他是科学名人的故事。所以，毋庸置疑，他用在科学研究上的时间，在他对祖国的服务中起着非常重要的作用。

8. 宪法和奴隶解放

出于对富兰克林长期服务于自己的城市、州、国家的尊重，制宪会议召开时他已经是"老政治家"了。他当年81岁，比别的代表年龄大很多。他属于老式自由思想派别，其所坚持的政府组成的理念是宪法拟定者们所不能接受的。例如，他赞成一院制议会，只有宾夕法尼亚州的政府采用这种组织形式，也没能坚持下来。他提倡公共职务的轮换制度，甚至支持选两个行政长官而不是一个总统。他认为行政长官应该不领工资，无偿为人民服务。这些意见都没有顺利地被制宪会议的代表们所接受。

富兰克林不知道他衰弱的身体能否胜任代表一职，但事实上他正式参加会议有四个月时间。他不善于雄辩，而长于写作。他在委员会中起的作用比参加公众集会大。在制宪会议上他已虚弱到只能做很短的发言，稍长一点的发言都是别人替他念的。但在威廉·皮尔斯报道制宪会议代表的人物素描小品文中，富兰克林不仅"似乎懂得全部大自然的运作"，他"讲的故事有着特殊的风格，比我以往听过的任何故事更加吸引人"，他"已经81岁了，可气质像个25岁的小伙子"。[130]他尤其是在一些重要的争论中发挥达成共识的作用。当需要解决一些意见分歧时，富兰克林建议会议从祈祷开始。他的主要贡献是提出了"大妥协"计划，根据该计划，大、小州在参议院的代表权相等，而所有州在众议院的代表席位取决于该州的人口总数。这和他制订《奥尔巴尼联合计划》和作为十三州宪法主要起草人时的立场是截然相反的。他后来相信——并始终相信——建立在立法机关按比例选出代表的基础之上的直接民主。许多年前，在奥尔巴尼，他曾论证小州不必担心大州会"吞掉"它们。在当时，他曾引用英国历史上围绕约拿和鲸鱼的故事的掌故试图缓解小州的顾虑。但在制宪会议上，他认识到小州问题的现实性并成了协议的发起人，即保证每个州在参议院都有相同人数的代表。

在制宪会议的最后一天，即1787年9月17日，富兰克林做了一次后来被称为"富兰克林的最后演说"的致辞。[131]这是一篇具有政治智慧的杰作。他承认新宪法的某些方面他是不赞成的，又说他不能肯定是否会永远不赞成。他简洁地指出，对于一个按照理性和实验精神生活下来的人来说，老年会给他带来什么，"我经历过许多这样的情况，因为有更好的意见，或经过更充分的考虑，而不得不改变我自己，即使是在重大问题上"。而且，他认为"政府的好坏在于是否管理得好、是否能造福于人民，而不在于用什么形式"。根据这个意见和其他的反映，当时最重要的是要选出"一个全面的政府"，他宣布"赞成这部宪法，因为我没有更好的选择，而且我也不能确定它是不是最好的"。

虽然没有直接的证据，我认为富兰克林对宪法的重要作用之一是准备了它的修正草案。[132] 他是一个好的经验主义者、成功的科学实验家，他太清楚定得再好的计划都可能在实践中失败，正如最漂亮的理论总是有缺陷一样。1747年当他创建自己的电学理论时，深有感触地表述了这个观点。他在8月14日写道："在进一步实验之后，我发现了一两种用我以前书中写下的原理无法解释的现象。在实验过程中，有多少辛辛苦苦建立起来的漂亮的系统毁在我们自己手里啊！此外，这种由实践中得出的经验还产生了另一种结果——一种精神：即使电学找不到别的用途，它也是不可忽视的，它起码可以使自负的人变得谦虚。"[133] 制宪会议前15个月，1786年2月24日他写信给乔纳森·希普利，说出了他作为科学家和政治家的经验："你似乎想知道我们在这里改进政府的进度，我认为，我们正走在一条正确的改革之路上，因为我们在做实验。"[134]

富兰克林最后的公开活动是为了他的同胞，最后写的信是为了他的祖国，这就是他的品格。前者是他继续努力促成在美国废除奴隶制度和对非洲裔美国人进行教育。[135] 在18世纪30年代，早年的富兰克林像当时的其他人一样，接受奴隶制度而没有考虑道义上的后果。在他的"店铺"里他是那种范多伦说的"一个普通的商人"，不仅雇用男女合同工，也买卖男女奴隶。[136] 在他家里，仆人一般都是白人，但也有黑奴。[137]

在他1751年创作、1755年才出版的有关人口问题的短论中，富兰克林论证过贩奴不是一项合算的投资。1751年他还用这个观点论证美国无法用奴隶劳动来使自己的制造业与英国的制造业竞争。如果那样，英国就不必害怕和阻止美国制造业的发展。[138] 富兰克林指出奴隶制在经济上有很多弱点，不只是将奴隶当作工人而造成"生意上的失算"那么简单。他强调，使用奴隶的成本包括"第一次购买该奴隶的投资的利息、他的长期或一次性的寿命保险费、他的衣食费用、他的医疗费和由于生病失去的工作时间"，还要加上"看管他们工作的工头的工资"。在1755年的版本中他表述了这样的观念，说奴隶们将卷入"偷窃事件"，因为"几乎每一个奴隶天生就是贼"。[139]在1769年的修订版中他通过把"天生"改成"由于奴隶状态的性质"来澄清自己的态度。[140]1756—1762年，许多迹象表明富兰克林和他的妻子德博拉、儿子威廉都拥有奴隶。[141]

1757—1762年，富兰克林在英国居住时，为在美国建立教会图书馆和援助黑人建立学校的协会，他曾给了布雷博士许多赞助和忠告。[142]得益于这项合作，1758年11月20日为黑人儿童办的一所学校在费城建成。1759年8月9日德博拉写信给富兰克林，说她已决定把奴隶奥赛罗送到这所学校上学。[143]1760年富兰克林被选为该协会会员，后来又担任了协会主席，在这些位置上，他为在美国许多城市建立的黑人儿童学校给予了许多具体的建议和有用的帮助。[144]革命前和革命开始后这些学校全部关闭了。但后来，富兰克林的协助是费城黑人儿童学校复办的因素之一。[145]

尽管岁月流逝，富兰克林始终坚持对美籍非洲人进行教育的意见，并逐渐采纳了废除奴隶制度的意见。1761年春他又被选为布雷博士创办的援助黑人建立学校的协会主席。[146]他回到美国后关照了许多已经或将要建立的学校。[147]1763年12月17日他在从费城写给布雷博士的秘书约翰·瓦林的信中可看到关于他的态度和改变态度的能力中最令人感动的故事。在信里富兰克林坦诚地承认他以前的错误认识，并令人信服地论证了黑人的智慧和能力。他刚访问过一所黑人儿童学校，他说他处于全身心的愉快之中。据他所见，他对黑人的天赋能力有了比以往任何时候更高的认识。他发现他们的领悟能力强、记忆力强，而且他们的温顺体现在任何方面，与白人的孩子一样。因此，富兰克林说，他将不再为他的一切偏见辩护，也不谈偏见的起因。富兰克林的结论是值得注意的。正如他的论文所表述的，即使不是第一个，富兰克林也是早期卓越的美国人根据自己的观察表述的信念——黑人儿童的智力与白人儿童完全相同。[148]

在一篇1770年发表的关于奴隶制的谈话中，富兰克林呼吁成千上万的美国人憎恶买卖奴隶。他继续说，他们不仅真心实意地避免参与其事，还力所能及地去废除它。在提到英国商人带来奴隶，并引诱我们去购买他们之后，富兰克林认为我们不能为落入他们的诱惑而辩护。[149]这篇谈话读起来很像是在为美国的情况辩护，所以曾被贴上"美国奴隶主辩护书"的标签。[150]同年，富兰克林作为佐治亚州众议院代表在英国工作，去促成佐治亚州奴隶法规的通过。[151]

两年后的1772年，部分受到与反奴隶制的奎克·安东尼·贝内泽通信的影响[152]和为了回应释放英国奴隶逃犯詹姆斯·索默塞特，富兰克林在《伦敦纪事报》上第一次攻击了奴隶制本身。[153]他迈出了解放奴隶的第一步：

> 据说某些宽大仁慈的人士为争取通过解放黑奴的法律捐了款。希望具有同样爱心的人会越来越多，即使不能使我们殖民地遗留下来的黑奴获得解放，至少要通过废除非洲奴隶贸易的法令，并宣布现有奴隶的孩子在他们成年后将获得自由。

在这段平静的叙述和温和的建议之后，他增加了对黑奴痛苦遭遇的描述，然后愤怒地提出质问：

> 难道使我们的茶变甜的那一点儿糖真的绝对必要吗？难道为了我们味觉上的那么一点儿愉悦，就要我们同类的肉体和灵魂在瘟疫般可憎的奴隶买卖中遭受惨无人道的杀戮和折磨吗？[154]

差不多两年后，在1774年3月20日，富兰克林简明地表述了他对美籍非洲人在自由状态下生活能力的看法。在回答孔多塞在一篇科学文章中提出的有关美国殖民地情况的一系列问题的信中，富兰克林说，殖民地解放了的黑奴一般来说是目光短浅和贫穷的，但他们并不缺乏天生的理解能力。他们表面上的缺点和失败主要由于没有受到教育。[155]

美国革命期间，富兰克林出使法国，但在回到美国后，他再一次把注意力转到这个新生国度中还存在着的严重的奴隶制问题。1787年他担任了宾夕法尼亚州废奴协进会会长和拯救受到非法奴役的自由黑人协会会长。后者是新大陆建立起来的第一个此类组织，1775年由贵格派教友组成，但在美国革命中停止了活动。[156]现在在富兰克林领导下恢复和扩展了协进会的活动。此外，在他1788年留下的遗嘱中，富兰克林留了一笔特别的遗产给女婿理查·贝奇，免除他的一笔超过2000镑的债务，作为交换条件，他必须在富兰克林死后立即解放他的黑奴鲍勃。[157]此后两年，也是他生命中最后两年，他与四个废除奴隶制或至少劝阻奴隶制、促进已解放的非洲裔美国人的教育和就业的文件有密切关系。

第一份文件是1789年2月12日由富兰克林作为废奴协进会会长签署并提交给国会的备忘录。该备忘录的签署促使新政府尽一切可能阻止奴隶买卖。这几乎是他"最后的公众行为"了。[158]但随后还有两个有关的行动。

1789年11月9日，富兰克林再次以废奴协进会会长的身份，签署了可能也是由他撰写的《致大众的公开信》。[159]富兰克林呼吁支持一项"附加计划"，这项"附加计划"显然与其在1787—1789年间草拟的《改善黑人自由处境计划》相似。[160]内容包括：建立一个教育小组委员会，用两种可能的方法去管理黑人青年和儿童的教育事业。他们既可使该城市已建立的学校趋向正规化，又可依此观点去组建其他学校。[161]另一个小组委员会不仅负责提供职业培训，而且使已获得解放的黑奴得到稳定的工作。[162]

一方面，该计划基本上是以务实的干巴巴的文风写成的，因为目的只在说明：为实现该计划而建立的委员会和小组委员会应具有的功能。另一方面，公开信呼吁利用潜在的资助者的道德和同情来支持一项已超出废除奴隶计划的决定，即为已获得解放的黑奴提供教育和就业机会。富兰克林宣称："奴隶制是人性的残暴。"他提醒读者，要建立一个机构"来彻底根除它，如果不给予热情和关心，说不定什么时候会成为一系列罪恶的源泉"。[163]

富兰克林当然知道在他所处的社会里黑人显得比白人"低一档次"。但作为科学家，富兰克林懂得经验应该能用理性来解释。多年以前，他就确认了黑人不是"生来就笨的"。[164]所以，他们似乎看起来比白人低一档必有外在的原因。造成这种情况的发生不是由于种族的质量而是生活条件太差。他宣称："这些不幸的人长期被人当牲口对待，不断地沉沦在人类普通的生活水平之下。很明显，难堪的锁链不仅束缚了他们的肉体，也束缚了他们的才能，同时也损害了他们的社会感情。"[165]富兰克林也认识到，黑人由于失去教育上的优势而在白人社会感到痛苦。[166]正如他一贯坚持的："让实践来检验吧！"所以他提出了一个计划使他们不仅得到解放，而且准备好享受文明的自由。这项计划不仅提供适合于他们的年龄、性别、才能和其他条件的工作，而且使儿童获得适合于他们未来生活的教育。废奴协进会认为这个计划将从根本上促进公众的善行和至今为止被我们过分忽视的同类的幸福。[167]

去世前3个星期，富兰克林写下了他对奴隶制最后的嘲讽。他描述一个名叫塞提·穆罕默德·依布拉汗的阿尔及利亚人，捍卫拥有和出售基督徒奴隶的权利和义务。[168]富兰克林运用以其人之道还治其人之身的修辞手法，用虚拟的一个世纪前对欧洲人的奴役的辩护，来讽刺他那个时代拥护奴隶制的观点。读者在1790年3月的《联邦公报》看到了这篇讽刺小品文。

1790年4月8日，在他逝世前9天，他写了最后一封致托马斯·杰斐逊的信。杰斐逊问过他是否记得或有什么文件，能帮他确定美国缅因州和加拿大新斯舍省的和平协议所确定的边界，是在帕萨马科迪湾的东边或是西边。富兰克林找到了这部分边界走向的原始地图。富兰克林说他病了，所以没能立即回信。现在送去杰斐逊所需要的资料，还庄严地加了一句："我记得非常清楚。"[169]

在生命的最后时刻，他祝愿革命中的法国人民通过斗争赢得自由和一部好的宪法，祝福他们很快地完全克服眼前的困难。1789年12月4日他写信给大卫·哈特莱说："上帝赋予我们的不仅是对于自由的热爱，还有彻底的人权的知识，它将遍及地球上所有国家，所以将来哲学家可以到地球上的任何地方去，并宣称：'这是我的国家。'"[170]

第四章　科学和政治：约翰·亚当斯的思想和职业生涯的某些方面

1. 约翰·亚当斯职业生涯中的科学

约翰·亚当斯是美国第一任总统华盛顿的副总统，并担任了第二任总统。作为一个非科学主义者，他不像杰斐逊那样对科学怀着强烈的感情，而只是像启蒙时期那些受过教育、把物理和生物科学看作以理性和经验为基础的、人类知识的最高表现形式的人一样，对科学怀有兴趣。[1]然而亚当斯在促进科学发展方面做过重要贡献，他是设在波士顿的美国艺术与科学院的主要奠基人。自1776年他作为大陆会议的代表，在费城与富兰克林的美国哲学学会产生联系后，便努力建立以波士顿为基地的类似哲学学术团体。[2]亚当斯后来写过，当他1778—1779年和富兰克林博士、阿瑟·李先生一起被派到法国国王身边当使节时，就注意到费城的社会团体及出版物所受到的赞扬，便决心在波士顿建立一个类似的学术团体。他知道那里和费城或其他同等规模的城市一样，有许多热爱科学和有能力从事科学的人士。[3]

在许多重要的场合，亚当斯的政治思想援引了科学的概念和原理。例如，当与富兰克林为了议会采用两院制或一院制进行公开辩论时，亚当斯试图引用牛顿的权威和牛顿第三定律来制服自己的政治对手。他甚至以富兰克林发现电学为例子，来动摇富兰克林自己的政治立场。科学出现在亚当斯思想中，尽管不是他智力活动的主要焦点，这一事实却使他更加有效地证实了科学在国家奠基人世界观中的重要作用。

约翰·亚当斯受到了当时美国提供的可能是最好的科学教育。他的物理老师——哈佛教授约翰·温思罗普是英国皇家学会会员、天文学家，是有充分的资格在当时的欧洲或美国任何一所大学任教的科学家。他后来的学生康特·拉姆福德称他为"快乐的老师"。亚当斯15岁进入哈佛学院，作为1755级的毕业生，很幸运地得到像温思罗普这样有水平的教授的教导。自从能运用一流的科学仪器做演示实验起，温思罗普的授课就超出了书本的范围。[4]这些仪器是托马斯·霍利斯的礼物，也正是他授予温思罗普教授身份。在美国科学界有一种最老资格的称号，叫作霍利斯数学和自然哲学教授。这个教授职位是1727年设立的，实际上是霍利斯在哈佛授予的第二个教授职位，第一个是1721年授予的霍利斯神学教授职位。

1812年，在亚当斯毕业于哈佛半个多世纪之后，他后悔自己掌握的科学知识实在太有限了，把太多的时间和精力用在哲学（和政治哲学）上，而没用在更有用的科学上。这是由杰斐逊写给他的一封信引起的。杰斐逊在信中告诉亚当斯他已经放弃了政治，报纸也不看了，宁愿把他的智力奉献给塔西佗、修昔底德、牛顿和欧几里德。[5]亚当斯回信说他非常羡慕杰斐逊能把报纸换成牛顿！他说，他遗憾于未能像杰斐逊那样做到这一点，从愚蠢和虚伪的深渊上升到沉思的天堂。他后悔自己把时间浪费在柏拉图、亚里士多德、培根、阿切莱、博林布罗克、德·洛尔姆、哈林顿、西德尼、霍布斯、蒙特、尼达姆等人提出的人类肯定无法理解的问题上，而没有奉献给牛顿和他的门徒。他还情不自禁地补充说："那些所谓懂哲学的人却从不实践或支持实践。"[6]

2. 亚当斯所受的科学教育

在亚当斯进入哈佛时，按美国的标准这所学校可以说是非常古老的，它建校已一个多世纪了。几乎从一开始哈佛的课程就包含科学研究在内。1672年校长伦纳德·霍尔给当时科学界的领导人物、世界闻名的气体定律发现人玻意耳写信，谈论哈佛的科学需求。霍尔认为阅读和想象只是一些很粗糙的饲料，他宣布：要为那些凭感觉去构筑理念的哲学家建立一个力学实验室和一个化学实验室。[7]当霍利斯教授建立后，学校得到资金购买仪器设备。科学课程除自然哲学理论（物理学、天文学和某些化学的基本原理）外还包括了实验课。

霍利斯指定科学课程应包括气体、液体、机械、静电学、光学、物理学的其他部分以及代数、几何、平面和球面三角。此外，还要教给学生平面和立体测量的一般原理，以及天文学和地理学的原理。那里有根据托勒密、第谷·布拉赫和哥白尼不同的假说来研究天体运动的课程。[8]今天大学教育中对科学的要求，已被简化为一些水分很大的普及教育或核心课程。对比起来，当时为学生开设的这些课程已很接近我们为科学专业开设的高水平的绪论课。当然，当时的学生还得学习数学，而且已超出今天大学新生所达到的水平。

亚当斯1750年进入哈佛学院。他学习传统的大学课程：拉丁文、希腊文、逻辑学、形而上学、伦理学、自然哲学（或物理学）、地理学、天文学和数学。其中许多课程是由助教讲授的，好像要靠笔记和背诵。[9]在亚当斯进入哈佛学院前的1744年，一个学生写了一首名为《挽歌》的小诗，说到他学的这些课程。节录如下：

> 现在代数、几何，
> 算术、天文学，
> 光学、年代学和静电学，
> 加上更辛苦的其他二十来门课程，
> 搅乱了我的脑袋、打破了我的平静。

这个学生回忆：

> 我们被告知行星怎样在高处滚动，
> 它们的轨道有多大，又有多近。

带着一种开玩笑的心情，该生宣称：

> 如果我信心十足地写下来，
> 墨水是黑的，纸是白的，
> 他们会反驳，困惑我，

说什么运动、光线、反射，

还用眼睛的古怪结构，

去化解明显的谎言。[10]

　　虽然助教还不能算真正的学者，霍利斯教授可算是一流的科学家了。1739年1月，温思罗普从哈佛获得文学学士7年之后，被授予霍利斯教授职位，同时还获得了天文学家的称号，但他的研究范围还包括气象学、数学和几何学。他对于水星凌日和1740年月食的观察，使他终于在1766年成为英国皇家学会的正式会员。1768年他成为美国哲学学会会员，1771年爱丁堡大学授予他荣誉法学博士称号，1773年他的母校也授予他荣誉博士称号。1761年他率领大学考察队到纽芬兰观察金星凌日。通过他的研究可看出他是一个实践科学家，而不仅仅是老师。[11]他是亚当斯理想的老师，作为刚入学的新生，亚当斯最感兴趣的是科学和数学。

　　这里有一些资料可以让我们探讨亚当斯作为一个学自然哲学或科学的学生的经历。首先，我们可以了解到亚当斯所听的温思罗普的讲课和科学演示的内容，因为温思罗普的讲稿保存下来了。[12]我们还掌握了一份温思罗普在哈佛用来阐明抽象的科学原理所用的科学仪器清单，[13]其中一些仪器可能被亚当斯和他的同学使用过。还有一份材料是很晚才发现并被传记作者引用过的，是亚当斯1753年6月—1754年4月在哈佛上三年级时的日记[14]，其中包括了温思罗普的听课笔记。这使我们了解了温思罗普讲课的题目、内容和他用来阐明其主要论点的科学演示的性质。这些笔记还使我们能确定亚当斯对温思罗普讲授的物理课的理解程度。[15]温思罗普的学生还会学到当时标准的自然哲学课本的部分内容，例如，格雷夫桑德的两卷集。

　　温思罗普讲稿中的一些话题，后来曾出现在亚当斯的政治演讲中。其一是"机械的能力"，即简单机械，诸如天平、滑轮、杠杆，等等。其二是"牛顿制定的运动定律"，即能解释所有物体运动的三大定律。温思罗普逐条表述了三大定律，加以解释和举例说明，断定用"大自然或运动的三大定律"去观察，所有大自然的现象都会得到解答。温思罗普告诉学生："所有的机械不过是对这些定律的不同运用，别无他物。"其三是"引力"，温思罗普解释引力的定义是"所有物体彼此间的吸引力"。该章的结尾说："这里关于地球的内容也适用于所有行星。因此，一是这意味着引力作用于每一颗物质微粒。二是土星和木星的卫星也受到它的主星的吸引，正如月球（它是我们的卫星）受地球的吸引一样，也正如所有的行星和彗星受太阳的吸引一样。但引力是否无穷地向外延伸现在还不知道，通过某些彗星的反常轨道，已可知它的作用距离已五倍于土星的轨道长度。三是引力无例外地作用于所有物体而与其结构或成分无关。四是不管引力来自何方，它穿透所有的物体，直至其中心。"

温思罗普的课程在当时是非常现代化的。他的讲课内容包含了最新的科学研究主题，比如正在由富兰克林发展为一门学科的电学。温思罗普后来成为与富兰克林互有信件来往的朋友。正是通过富兰克林的推荐，爱丁堡大学才授予温思罗普荣誉学位。温思罗普只给亚当斯所在班级讲了八次课，因为他离开剑桥去费城旅行，在那里他第一次见到富兰克林。[16]

温思罗普告诉学生："电学自1743年以来引发了世界性的轰动。"1743年，世界上第一个电容器莱顿瓶的诞生极大地提高了电学实验的规模。温思罗普说："可以肯定，某些（现在还不清楚的）自然现象要靠电学来解决。"下面会看到亚当斯对这门新的学科产生了兴趣，并在日记上写下了新发明的避雷针的消息。我们知道亚当斯很熟悉富兰克林的某些著作，如《关于电学的实验和观察》，该书采用书信集和文集的形式。1775年亚当斯作为代表参加第二次大陆会议时回忆起富兰克林关于风暴、雷、电的理论，提到的这本书是《富兰克林关于电学的信件》。我未能找到依据来确定亚当斯是在大学时代还是以后开始熟悉富兰克林的著作的。

温思罗普的讲稿反映出他逐条仔细地解释牛顿运动定律。花在第三定律上的时间最多，因为他发现学生容易曲解它。这条定律，牛顿在《原理》中是这么说的："任何作用力都有对立的、等量的反作用力；换句话说，两个物体之间的作用力永远是相等的和方向相反的。"在解说中牛顿写道："不管拉或压一件物体，总是被该物体以同样大小的力拉或压。"他举了两个例子，其一是："如果一个人用指头压一块石头，石头也用同样大小的力压向指头。"其二是："如果一匹马用绳子往前拉一块石头，那么石头也（可以这么说）同样地把马往后拉；至于绳子，被其两端所拉伸，它既用力把石头拉向马，又把马拉向石头，以与往前拉石头的同样大的力阻碍马的前进运动。"

温思罗普在讲课中感到向学生讲清楚下述事实有点难度，即第三定律与平衡无关，因为"作用力"和"反作用力"不是作用在一个物体上。读者很容易通过一个例子来理解平衡的情况与第三定律的区别。假设两个力作用在同一物体上，为了达到平衡，这两个力必须大小相等、方向相反并作用在同一条直线上。例如一个10磅的球挂在一根弹簧上，两个相反的力作用在这个球上，其一是由地心引力所产生的重力把球往下拉，其二是弹簧被拉伸后的收缩力把球往上拉。这两个力大小相等，所以才彼此"平衡"。因此两个力作用在同一个物体即这个球上。

温思罗普的讲稿，也反映出他举了许多例子来说明作用力和反作用力不是作用在同一物体上，而是作用在不同的物体上。其一是一根拉紧的绳子，人用多大的力拉绳子，绳子就用多大的力拉人。他讨论了坐在一条小艇上的人，把另一条小艇拉向自己时，也同等地被那条小艇拉过去。其他的例子包括地心引力及磁石对铁片的吸引力。温思罗普记录了在后一情况下："实验证实了磁石吸引铁片和铁片吸引磁石的力是一样的。"即按照牛顿第三定律，铁片吸引磁石的力和磁石吸引铁片的力正好大小相等、方向相反、作用在一条直线上。但在这种情况下，这两个力不是作用在同一物体上，而是磁石作用在铁片上、铁片作用在磁石上。因为没有相等相反的力作用在同一物体上，这里没有平衡，而是磁石把铁片吸引过去了。这就解释了牛顿那个马拉石头的例子，马还是拉着石头往前跑了。这就很明确地表明牛顿第三定律并不意味着"静止"状态，那是所有的力作用在单一物体上并达至平衡的结果。

牛顿第三定律得出了"牛顿系统的世界处于万有引力之中"的重要结论。正如牛顿在《原理》中解释的，太阳凭对地球的引力保持地球在以太阳为中心的轨道上运行。但按照牛顿第三定律地球也一定以相等的引力将太阳引向地球。一个极端的例证是牛顿第三定律要求当地球吸引苹果下落时，苹果也在吸引地球向上。

我曾强调过牛顿第三定律的含义，因为亚当斯在与富兰克林的政治辩论中引用过这条定律。正如我们将会看到的，亚当斯引用牛顿定律的"作用力等于反作用力"去战胜富兰克林议会一院制比两院制好的观点。我们也有机会发现亚当斯在哈佛当学生时，温思罗普的那些清楚的解释是否始终保留在他心中。

1754年4月9日的日记中，亚当斯写下了"牛顿的三条运动定律可一起运用于行星，是由温思罗普教授讲授和证实的。老师说行星由于两种力的作用而保持在它们的轨道上，即引力和力求离开轨道中心并沿轨道切线飞走的离心力"。[17]在早几天的1754年4月1日的日记中，亚当斯记录了温思罗普对科学原理和自然法则的一般性的初步讨论。他提到温思罗普的讲述，"运动受支配于某些定律，他解释了，可我已记不得了"。但是"就这么多"他还是记住了："由引力而发生的运动，一般来说是直线的，由被吸引的物体趋向引力的中心，比方说地心或类似的东西。"很遗憾，亚当斯的日记没有包含任何他自己对牛顿第三定律的领悟。因为他是一个聪明的学生，对物理和数学又特别感兴趣，无论如何，我们可以——我确信——可靠地假设在温思罗普的有经验的教导下他一定学到了这些定律的正确表述及其应用。

3. 平衡：对力学的研究

既然平衡的概念在亚当斯的政治思想中占有极其重要的地位，我们要特别注意物理学的这一部分。这部分的主题一般叫静力学，在温思罗普的讲课中得到充分的发挥。在自然界和平常生活中很少发生仅有两个作用力的平衡。所以，我们要理解为什么温思罗普和同时代的其他老师都强调平衡是由三个或更多的力作用而形成的。确实，在只有两个力作用的情况下，它们往往不是确切相等的。即使力相等了，如果力的作用线不在一条直线上，方向不完全相反，还是不会平衡。

当然，在自然界确实存在两个力正好相等和相反的情况，即符合牛顿第三定律的作用力和反作用力。比如太阳吸引地球的引力正好和地球吸引太阳的引力大小相等方向相反。但正如我们已经知道的，这两个力是作用在不同的物体上（一个作用在太阳上，另一个作用在地球上）的，彼此不能抵消，也就不能产生平衡的情况。[18]

在自然界和日常生活中、在自然哲学或物理课中，学生们经常会遇到三个或更多的力作用在同一物体上而产生平衡的现象。很经典的例子是一个滑动的物体（比如雪橇）处在一个无摩擦的或光滑的表面上（比如结冰的斜坡），用平行于斜坡的一根绳子拉住。这就是著名的斜面问题，是自科学革命以来初等自然哲学或物理学一直在研习的主题。这个斜面上物体的受力分析可在约翰·基尔写的自然哲学课本上找到。这本书在18世纪上半叶一再重版（包括拉丁文译本和英文译本）。基尔的著作是以在牛津大学上课的讲稿为基础的，他在那里任职教授。这本书有很高的权威性，因为基尔曾是牛顿的亲密助手。

基尔分析作用在小车、小球或其他物体上的力，物体被绳子在斜面上拉住，绳子的一端在实验者手中。基尔解释这里有三个力处于平衡状态。第一个力是地心引力，也就是重力，它永远是笔直向下的或垂直的。第二个力是实验者通过绳子施加在物体上的力。第三个力是斜面对物体的支撑力（或反作用力）。基尔告诉学生怎样应用受力分析图来分析绳子的拉力、已知质量的物体重量和斜面的支撑力。如果物体重量是已知的，根据斜面角度学生就可以算出斜面的支撑力和绳子的拉力。

这种实验的一个变种是绳子通过斜面顶部的一个滑轮，不同重量的物体可挂在绳子的尾端。实验者用这个方法可检验计算出来的施加在绳子上的拉力的正确程度。还有一种装置，斜面的角度是可以调整的。上述的演示可以提供给学生令人信服的证明：三个不在一条直线上的力的平衡原理的正确性。[19]

另一个三力平衡的例子，是使用一种叫作"力学台"的灵巧的实验装置。18世纪中叶的许多自然哲学教科书讨论了这种装置。例如，格雷夫桑德的非常流行、一再重版的，名叫《经实验证实的自然哲学的数学要素》，副标题为"牛顿哲学简介"的书就描述了这种装置。这个装置包括放在基座上的水平台板。沿着木制台板的边缘刻有一长槽，这样滑轮就可以调整到桌板圆周的任意位置。每个装在槽里的滑轮都垂直地吊着一个铜盘。用这台装置曾做过这样一个实验：三个滑轮可构成任意角度，把三条绳子扎在一起，另三个自由端通过三个滑轮，下面都吊着铜盘。其中两个铜盘放上已知重量的物体，第三个铜盘由实验者试加不同重量的物体，直至达到平衡为止。另一个实验是三个自由端吊三个已知重量的物体，而滑轮之间的相对位置可以调整到达到平衡为止。平衡发生时，三条绳子的节点应自由地处于中心位置而不是被拉向某一边。为解释这种结果而画出来的受力分析图和斜面上的三力平衡是一样的。受力分析图上，力的作用线之间的夹角就是绳子（从节点到滑轮）在力学台上的夹角，力线的长短就反映所悬挂的物体重量的大小。为了达到平衡，力线的角度和长度必定构成一个封闭的三角形。这个实验可以有许多变化，而且学生们很容易地从三力平衡问题进入四力或更多的力的平衡问题。

在斜面上或力学台上研究的这些例子，主题都是静力学，即作用于一个静止物体上的若干个力的平衡问题。而牛顿在《原理》中叙述的物理学，涉及一个完全不同的主题叫作动力学，是专门研究由于不平衡的力的作用而改变物体的静止或运动状态并产生加速度的这种现象。《原理》的目标已在书中阐明得很清楚，是研究力和运动，即在不平衡的力的作用下物体的运动轨迹。牛顿论述过静力学（几个静态力的分解、合成和简单机械的作用），但都非常简略，只是在运动定律之后做一点注释。静力学不是《原理》的主要部分，也不是他准备进一步探讨的问题。

我们要注意到历史学家特别强调物理学中，由牛顿单独发展和在《原理》中做出详细论述的部分，即牛顿运动定律及其在研究各种情况的力的作用下物体产生加速度中的应用和在万有引力定律支配下的牛顿世界体系的详尽阐述。但在亚当斯时代，静力学是自然哲学的重要部分，提供了对自然现象运用的理性推理和在物理领域使用数学方法的一个范例。对斜面上物体的受力分析这种逻辑推理不仅对18世纪，而且对19世纪、20世纪的学生的头脑进行了印象深刻的锻炼。笔者仍然清楚地记得在大学物理课上做斜面上物体受力分析时的那份激动。

三力平衡问题的分析肯定给青年亚当斯留下了深刻的印象，使他对逻辑推理产生强烈的兴趣。后来，正如笔者已经提过的，亚当斯围绕各派政治力量平衡的概念发展了他的政治理论，强调稳定的平衡需要两个以上的力量。他把他的"政府的科学"建立在力学原理的基础之上，但不是牛顿《原理》中的那种力学，也不是动力学或天体力学，而是静力学中力的平衡的科学。他论述，如果只有两种力量，肯定会出现一方强过另一方、压倒另一方的情况，除非第三种力量出现来阻止这种情况的发生。[20]在物理学里，两种力量的斗争会永远持续下去，直到其中之一被耗尽或被消灭，而另一种力量成为绝对的主宰。[21]同样，如果有两个立法机关，其中之一会变得非常强大，并将继续争夺直至得到完全控制的权力。[22]所以，永远需要第三种力量，通过把重量加在最轻的盘里保持或重建平衡。[23]总之，按照事物的本性，没有三个力就不会有平衡。[24]因此，通过与物理学的类比，一个稳定的社会需要三种体系，用第三方援助较弱的一方，以达成三个不同体系之间的平衡，或三个体系构成相互平衡，产生出唯一正常的和完美的，即三位一体或分成三部分的平衡。[25]同样，政府本身、统治权力需要分成三个势力相等且独立的分支。因为，只有用这个方法，而没有任何其他方法能够形成平衡。[26]在阅读亚当斯的《为美国宪法辩护》和其他著作中有关政治力量和权力的陈述时，有时很难弄清楚他是在讲社会政治问题，还是在讲静力学。毫无疑问的是，温思罗普教给他的力的平衡原理给他留下了深刻印象，而且他很好地运用了学生时代学到的用静力学分析的例子。

4. 亚当斯和富兰克林的科学

在革命的年代里，作为美国派往巴黎的使团成员，亚当斯经常看到富兰克林的著作用法文出版，法国的商店里到处在卖富兰克林的肖像。亚当斯认为，他们都是因为新大陆发生的伟大事件被派到欧洲来的，而当他在努力工作时，富兰克林却把太多的精力放在社会活动上，为自己赢得过多的荣誉和威望。

约1790年，亚当斯又一次涉及关于富兰克林电学的政治打油诗。亚当斯在写给费城医生、精神病治疗先驱本杰明·拉什的信里表述了他的失望，说他的国家没有重视他对它的服务。这件事爆发的原因是亚当斯的《达维拉论》印发后引起公众强烈的不满，在文章中他试图证实他的同胞犯了错误，并说把美国革命的原则和法国革命的原则类比是误入歧途。正如亚当斯的传记作者写到的："论文引起的争论使亚当斯如此沮丧。"

亚当斯感到他对于自己国家的服务从来没有得到正确的评价，正如他在给拉什的信中所说的："我国革命的历史将是从头到尾延续不断的谎言。整个事件的实质是富兰克林博士的电棍击中了地球，并凌驾于华盛顿将军之上。富兰克林用电棍给华盛顿带了电，从此这两人主宰着所有的政策、谈判、立法和战争。"今天的读者看到这几行字时一定会同意亚当斯在信里提到的立场，他说："如果这封信能保存到百年之后，并被读者看到，他们会说什么呢？"[27]

亚当斯第一次接触富兰克林应该是1753年。那年哈佛学院授予富兰克林荣誉文科硕士学位，也是他第一次被美国的一所大学授予荣誉学位。亚当斯肯定也在富兰克林的科学界同人温思罗普的讲授和演示中知道了富兰克林在电学方面的重要研究。[28]尤其是他一定听到过富兰克林那证实了云是带电的、雷电是放电现象的惊人的实验。约40年之后，正如我们下面会看到的，亚当斯利用富兰克林科学发现的某些方面来驳倒他的议会只设众议院不设参议院的一院制计划。

亚当斯毕业后不久，富兰克林发明的避雷针成为大波士顿地区争论的主题，有关争论的一本文学小册子引起了亚当斯的注意。争论的是一个神学上的问题，即是否应该使用避雷针。富兰克林的发明受到普遍的欢迎，因为它可以使人们能保护自己的建筑物（住宅、仓库、教堂和其他公共建筑）免受雷电的破坏。当波士顿老南方教堂的牧师——托马斯·普林斯——在布道中攻击使用避雷针这一行为后，富兰克林的发明就成为神学争论的主题。[29]就在亚当斯刚从哈佛毕业几个月之后的1755年11月18日，波士顿发生了一次地震，这次地震激发了普林斯反对使用避雷针。这个事件发生在造成巨大破坏的里斯本大地震仅17天之后，也正是伏尔泰发表其狂热的讽刺文学《康迪德》的时刻。当时里斯本大地震的消息还没传到波士顿，但是，正如上面提到的，新英格兰地区的人民已经受够了地震的恐怖威胁。

我们能从亚当斯的日记中了解到这次地震的猛烈程度，日记里写下了他当时慌张到什么程度。他写道："我们受到了持续近四分钟的地震的猛烈震撼。"他当时在布伦特里的住宅里被震醒了。他写道："房子摇动起来并发出毕剥的声音，好像要塌倒在我们身上。离住宅1600米左右的烟囱也被震塌了。"[30]

一周后，普林斯印发了《地震学说的改进》，声言地震是神的旨意、是对世俗罪人的警告。11月26日，温思罗普教授在哈佛小礼堂做了地震物理学的演讲，解释最近发生的地震是一种自然现象。为了破除迷信，温思罗普决定把他的解释尽可能广泛地传播出去。他把讲稿送去印刷，使他的解释能传播到哈佛校园之外。正当温思罗普的讲稿在印刷商的店里准备发行时，普林斯把他1727年地震时印发过的一份布道材料拿来付印。这份材料的题目就揭示了它的本质:《地震是上帝的行为》。在写明日期是1755年12月5日的附言里，富兰克林把电学的内容引入地震理论中。他试图超越地震是上帝对地球居民的罪行的警告、是号召他们忏悔和改过的征兆的简单声言。他现在采纳了这样一种理论，说上帝是用一种叫作电的物质来制造地震的。他声言最近发生的地震应直接归咎于采用了几年前"聪明的富兰克林先生"发明的避雷针。[31]

在责备普林斯荒唐的理论之前，我们要注意到当时有一些公认的科学团体的领导成员认为电流会造成地震。富兰克林的电学发现，包括引起激烈争论的放电的实验给这种理论提供了借口。居然有这样的科学权威相信地震是由于电流在地球上的积累而引发的概念，其中包括植物生理学奠基人、英国皇家学会外务大臣斯蒂芬·黑尔斯。[32]

普林斯的论点是简单直接的。他写道:避雷针竖立得越多，地球上带电的物质也越多。地球上充满了这种可怕物质的任何地区，都会频繁地爆发出更加厉害的地震。总之，通过把雷电安全地引入地球，富兰克林的避雷针起到了躲避上帝愤怒的惩罚的作用。但是，谁也逃不出全能上帝的手心！如果我们在空中躲过了上帝的惩罚，就会在地上得到更严厉的惩罚。

温思罗普读了这份附言后，马上赶到印刷商那里，在他的讲稿上加印了七页附录。这里没有亚当斯曾经读过普林斯的布道书的记载，但他得到了他的老师温思罗普教授的反驳书，并在页边加了一些评注。温思罗普用与电无关的解说来反击普林斯的地震理论。他特别指出，普林斯的布道书将使许多人的心中充满不必要的恐惧，而且更重要的是用虚构的、祈祷上帝防止我们经常见到雷击惨剧发生的方法，来阻止使用避雷针。[33]

温思罗普写的小册子和亚当斯所加的评注，可在亚当斯图书馆读到他们收藏的副本，现存于波士顿公共图书馆。从这些手写的评注中我们知道有许多人同意普林斯的论点，认为雷电、地震都是上帝的判决和警告，等等，并且同意没有任何人在大自然中可以有所作为的观念。亚当斯曾听到一些最高层次的人说，他们认为竖立指向天空的铁尖是对上帝的不敬，是企图夺取他手中万能的雷击和复仇的闪电。[34]

在最后的空页上亚当斯写下了对改革的某些想法。他写道："用磨尖的铁防止雷击的危险发明遭到了反对声音，正如用接种疫苗来防止瘟疫在世界各地受到反对一样。"早年的亚当斯是支持富兰克林的，没有任何反感的迹象。

1777年夏天，亚当斯作为马萨诸塞州的代表到费城参加国会时，注意到富兰克林的科学研究。当年8月的气温超出了20年来的最高纪录。热得睡不着，他给妻子阿比盖尔写信说感到虚弱和恼火，抱怨"可怕的炎热把我的骨髓都熔化了，我几乎都要热昏过去了"。站在100多华氏度高温的树荫下，由于想到海军上将豪和他的英国舰队正在闷热的海上受罪而稍有快意。这场闷热终于爆发为猛烈的雷电交加的暴风雨。他写下了当时壮观的情景，"整个世界都被闪电照亮了，雷声隆隆"，连他住的房间都震动起来，"窗户震动起来，百叶窗发出哗啦的声音，地板在颤抖"。看到了这么壮观的大自然巨大能量的释放场面，他回忆起自己读过的有关这种现象的书籍，并注意到《富兰克林关于电学的信件》，即《关于电学的实验和观察》曾"解释了它的基本原理（即物理过程）"。或许正是由于记住了富兰克林的科学解释，亚当斯一点也不怕雷电，而只是欣喜于清凉的大雨非常欢快地落到炎热的城市里。

5. 亚当斯和政治平衡的观念

和美国建国初期的其他政治思想家一样，亚当斯似乎也热衷于政治平衡的观念。关于美国政府系统的平衡论点亚当斯援引了宪法的一个要点，一般称为权力分散或直接叫作"制衡"学说。每一个美国学童都要学习美国政府在行政、立法、司法三权之间的制衡。早期在《联邦主义者》上的一些文章中关于这个问题的讨论将在后文予以研究。当时的论述主要是关于国会分众议院、参议院两院的权力制衡问题，而较少涉及三权分立问题。政治平衡的观念经常和机械装置的物理动作联系在一起，甚至可以说是以来自物理学的类比为基础的，特别是牛顿的物理学体系。后一见解的两位支持者是时任普林斯顿大学校长伍德罗·威尔逊和英国科普作家、历史学家克劳瑟，后者曾写过"宪法中引入了……牛顿的机械平衡、力的平衡的观念"。[35]在后文将会谈到这些所谓牛顿主义的阐述，我们会看到有关宪法的争论经常援引科学的原理，但一般来说都不属于牛顿的学说。

力的平衡问题属于物理学中的静力学，是研究静止状态下力的作用的科学。而牛顿的物理学，正如已指出的，是属于不同的学科——动力学，是研究力和加速度的物理学，而不是静力学。在《原理》中研究的主题都是在不平衡的力的作用下产生加速度运动的例子。正如笔者在前文中提到的，如若干力处于平衡状态，按照牛顿第一定律，各物体皆处于静止或不变的运动，即没有加速度，并因此没有引力，也没有牛顿动力学（根据牛顿在《原理》中阐述的动力学原理，见附录2）。

政治上的"平衡"和著名的"势力均衡"概念在牛顿的科学著作发表前就出现了。按照《牛津英语词典》的说法，这个词最早出现在1579年杰弗里·芬顿爵士翻译成英文的弗朗切斯科·圭恰迪尼在1540年前写的《圭恰迪尼的历史：意大利的战争史》上，比牛顿的《原理》早出版约100年。被亚当斯上溯到16世纪尼科洛·马基雅维利的著作中出现的"势力均衡"的概念，在18世纪已经很流行，直至今天我们还在使用这个概念。正如亚当斯指出的，势力均衡的概念在17世纪中叶就已经很突出了。但它不是出现在与机械或静力学平衡有关的物理学著作中，而是因为詹姆斯·哈林顿的政治著作，主要是《大洋国》而流行起来的。这本描写乌托邦政府体系的书出版于1656年，比牛顿的《原理》早了30多年。哈林顿的《大洋国》不仅在年代上早于牛顿的著作，并且在观念上认为物理学不可能为政治论文提供有用的类比。哈林顿嘲笑过托马斯·霍布斯在构思自己的政治体系时引用了物理学和天文学。

前面已经提过哈林顿借用威廉·哈维理论中的概念，他的政治著作中充满了来自哈维生理学的类比。他的政治体系几乎是以新的生物科学的原理为基础的。那些在制宪会议上讨论和运用了他的理念的人，不可能不知道势力均衡的观念最先是在哈维的生理学而不是牛顿的物理学中提出来的。

哈林顿是一位值得关注的思想家，曾被公认为从经济角度解释历史学的创始人。[36]读者可能还记得，英国和美国的历史学家长期以来都认为哈林顿对美国政府系统的设计者们有着非常重要的影响。这个主题于1887年在西奥多·德怀特的学术论文中得到了发展，1914年拉塞尔·史密斯又做了进一步发挥。1993年出版的塞缪尔·比尔的学术专著的特点之一是讨论哈林顿的理念对美国宪法的影响。[37]

虽然哈林顿的政治理念是用哈维生理学的一般架构来说明的，甚至被称为"政治解剖学"。但在《大洋国》中特别提出的势力均衡的观念并非来自生理学的类比，而是哈林顿用经济术语提出来的。作为总的信念的一部分，他认为经济力量必定影响政治；政治力量也不可能脱离自己的经济基础。这个表述不仅是哈林顿《大洋国》开头部分的显著特点，并且被约翰·托兰撰写的传记性前言所一再强调。《大洋国》一书应18世纪读者的需求于1700年、1737年、1747年、1771年在伦敦一再重版，亚当斯私人图书馆收藏了1747年和1771年两个版本。[38]

托兰对哈林顿原理的解释更加简单和直截了当，即"帝政是与财富均衡的，无论是由个人、少数人或许多人来掌管"。[39]拿哈林顿自己举的例子来说："如果一个国王拥有或控制了3/4的国土，就会出现与其财产相均衡的君主势力。但如果国王的财产只占1/4，就不会再有均衡，专制的君主政体也将不再稳定。同样，如果少数人，或是拥有神职人员的贵族成为地主，或将人民也平衡到相同的比例，结果是哥特式的均衡，帝国也将变成一个混合的君主国。最后，还有一种情况，全体人民都成了地主，各占着自己分到的土地，再没有一个人或一批人，包括少数贵族在内，能使他们失去均衡。在这种情况下，帝国（没有武力干预）就变成共和国了。"[40]

美国革命年代和制宪会议期间的许多政治家都知道，社会政治文章中的"均衡"概念来自哈林顿的《大洋国》。例如，亚当斯在《为美国宪法辩护》中就指出这个政治概念是哈林顿的发现，应归功于哈林顿，就像发现血液循环应归功于哈维一样。[41]在这种情况下，他响应了传记作家托兰对哈林顿的赞誉。顺便说一句，我们要注意亚当斯在这里是把哈林顿的名字和哈维及其在科学革命时期生命科学的最伟大发现——血液循环——联系起来了。毫无疑问，亚当斯知道政治思想中流行的均衡概念是来自生理学而不是物理学，并且是在牛顿科学诞生之前。

6. 亚当斯和平衡的物理学原理

平衡的理念与一种称重装置联系在一起。这种装置是一根水平的秤杆两头各挂一秤盘，靠移动中间的支点来取得平衡。最老的方式是支点在中间、两边是臂长相等的天平。当两边放上相同重量的物体时，天平的臂保持水平位置，处于平衡状态。但如果有一头重一点，天平的臂会向重的一端倾斜。这种称重装置适用于化学家、金银匠和其他需要称小重量的场所。为了精确地称重，天平的砝码、臂、秤盘、支点等都要做得非常精确。事实上完全精确是不可能的，所以常在臂上装一个很轻的可滑动的附件来进行微调。

我们经常遇到的是臂长不等的秤，比如医生用来称体重和商店用来称货物的秤（虽然后来都改成弹簧秤了）。所有这些秤，重物一边的臂短，秤砣一边的臂长，遵循重物重量乘重物边臂长等于秤砣重量乘秤砣边臂长的规律。

拉丁文"libra"有许多含义，包括称重装置、砝码、拉丁磅。在后期的拉丁文中，用组合形容词bilanx、bilancis来描述两个盘的天平（bi是两个，lanx是盘，合起来就是两个盘的天平）。它来自拉丁文libra、bilanx（或两个盘的称重装置）的第二部分。英文balance是由这里派生的。联合词equilibrium意指相等的重量，来自acquus（或equal）和libra的联合。很明显，平衡、均衡这两个词都可以很容易地用于比喻物理对象之外的名词。

亚当斯接触平衡或均衡的物理学原理是在哈佛听温思罗普讲授物理课时。温思罗普自然哲学课的讲稿反映了他讨论平衡的某些细节问题，并用哈佛购置的装置向学生演示了不同类型的平衡。1754年4月3日，亚当斯的物理课笔记中大部分是平衡问题，还讨论了重心、杠杆、滑轮和叫作"绞车轴"的装置。后者是亚当斯时代常用的包括轮和轴的一种装置。轴水平地装在两端的轴承座上，轴的两端都可装上轮子，轮子上有径向圆孔，这样可以用棍子插入圆孔来扳动轮子，把绳子绕在轴上，就可以拉动很重的东西。[42]杰斐逊留给我们一份使用这种装置的记录，在他1788年旅行经过荷兰和莱茵河流域的笔记中描述了一种用来把空的小艇拉过阿姆斯特丹水坝的机器。他写道："这个装置包括一根水平地固定在水坝上的轴，水坝的两边是斜坡。轴上的绳子拉紧小艇，把它一点一点拉上来。坝两边的水位差大约1.2米。"[43]

根据亚当斯的说法，在温思罗普的课堂上，平衡是主要强调的内容。它的作用原理和称重的方法得到了充分说明。换句话说，物体距移动中心的距离必须精确地与其重量成反比。温思罗普还补充，这种关系是理论上的，实际上我们还得考虑一些其他因素，如悬挂重物的绳重、摩擦力，假设地心至实验地点的半径都是平行所引起的误差，等等。[44]两天后，根据亚当斯的日记，温思罗普要求更深入地研究平衡理论——天平、秤和三种杠杆。温思罗普概括地讲了杠杆原理，亚当斯说："他提到了生活中使用的几乎所有工具，并把它们抽象化了。"

亚当斯在日记中写下了温思罗普对所有这些装置提出的普遍规律。他写道："要想达到平衡，重量乘以重臂长度的结果必须等于力乘以力臂长度的结果。"正如我们看到的，这正是杠杆定律或任何平衡的确切表达形式。

从1758年，即亚当斯从哈佛毕业三年后所写的一封信里，反映出青年亚当斯是多么着迷于机械的相互作用。毫无疑问，温思罗普用来向学生阐明物理学原理的在哈佛购置的那些科学仪器尤其是它们的连接部分和操作原理极大地激发了亚当斯对于机械的兴趣。亚当斯问自己这样的问题："天才的证据和特征是什么呢？"他的回答是："发明新的体系或组合已有的理念。"第一批，也是最伟大的天才的证据是新的车轮、文字、实验、规律、定律的发明或发现。机械在他心目中是放在第一位的，而且他认为最伟大的天才是有才华的机械匠人。让我们来看亚当斯自己是怎么说的：

> 一个为了完成某种任务而能将轮子、杠杆、滑轮、绳子和其他物件创造性地组合成一部机器的人具有伟大的机械学才能。他的才能被证实的程度（除非仅仅是偶然发生的）取决于他创造的机器的品种和数量、机器连接的精密性以及完成任务的情况。最后，我现在认为，应该去辨认（评价）任何天才。因为天才虽然可以表现为他能够发明

复杂的机器，但对于我们要完成的任务来说可能是没用的或太贵，而且最难的一点是按要求来设计机器，即小巧、简易、便宜、容易制造，等等。为了这样的目的他可能要强制自己在心中盘算上百种机器。要能用又不要太笨重、太贵，最后选出一种用于规定目标的机器。[45]

7. 约翰·泰勒在反驳亚当斯的观点时使用过的科学隐喻

后来，亚当斯运用物理学平衡的概念和一个庞大的机器的理念来发展对美国政府系统的制衡体系。历史学家经常引用他和泰勒之间的论战，在论战中亚当斯论述了与宪法有关的平衡概念。泰勒是弗吉尼亚州的种植园主[46]、《对美国政府的原则和政策的质询》（1814年在里士满出版）的作者[47]。这本书猛烈攻击亚当斯的社会政治哲学，特别是他为美国宪法"辩护"的某些理念[48]。泰勒特别反感亚当斯支持"天生的贵族"的论调，亚当斯认为"贵族是天生的，所以是不能废除的"。泰勒集中火力在"天生的"这个词上，并指出亚当斯又说过贵族是"人封的，因而是可以废除的"的自相矛盾。[49]他引述亚当斯的观点，即"世界上只有三种政府——君主制、贵族制、民主制，所有其他方式的政府不过是上述的混合；每一种社会都会自然地产生人的等级，是不可能限于权力均等的"。[50]美国政府会和哪一种政府类似，泰勒评论："取决于总统或统治者与国王、美国参议院与世袭的团体、众议院与立法机关的类似程度。"[51]泰勒断言亚当斯利用这三方面的相似性，是为了"把美国的政治体系引入英国的制衡体系中"。他将"我们临时选出的负责的统治者变为君主，我们的参议院变为贵族团体，我们的众议院变为亲自行使政府职能的国家"。[52]

在研究亚当斯的政治思想时，我们不必跟踪泰勒的反对意见的细节。但我们要注意，泰勒为了击败他的政治对手而使用了生物学类比。经他观察："首先，术语'君主制、贵族制和民主制'，或'个人、少数人、众人'，可能只不过是权力核心的数字名称。或者，引用一点植物学，假如这三种形式的政府是国家组织的特征，犹如花萼、花瓣、花蕊是植物的特征。"这里我们看到了一个例子，说明在美国奠基人生活的时代，使用生物学类比或隐喻是很平常的事。但在这种情况下，亚当斯很辛辣地回答他：

"林奈是比我强，我们还挺熟，但我不会向他请教有关花萼、花瓣和花蕊的问题，因为我们现在要讨论的不是园艺学、农学或博物学，而是政治学。"

泰勒也谈到政治平衡的概念。他指出，上面提到的三个术语——君主制、贵族制、民主制——可能与平衡的概念相融合。尽管如此，但他认为这些术语"还从未被单独或一起被用来描述一个源于良好道德原则的政府"。

在考虑亚当斯的回答之前，我们要注意泰勒引用科学的一个补充资料。例如，他比较了政治学史和天文学史。泰勒认为美国方式的政府没有任何特征类似于传统定义上的君主制、贵族制和民主制政府，而且我们政府的形式肯定立足于其他的某些政治因素。他认为亚当斯和持类似意见的人由于使用数学分类而不是立足于道德原则基础，从而犯了错误。这个错误限制了政治意志，只把注意力放在考虑三种政府形式上，而没有给"人类为政治进步的道德而努力"以一定的地位。泰勒认为，政府的这三种一般原理或其混合制度，已被普遍允许构成政治意志的全部范围。而过去的情况是当其他学科由于享受到自由而产生一系列成果时，政治学却局限于一般的意见，恰如几百年来的天文学；因而政治学对于美国革命来说，仍然停滞在最早的年代。[53]稍后，泰勒构思："在英国的民主人士和贵族之间可能会爆发伦理学或物理学方面的一场冲突。"他比拟这场冲突是宇宙和一个原子之间的争斗。[54]

在使用类比时，泰勒甚至将神话和数学混合在一起。他讲了一个虚构的九头蛇的例子（不是富兰克林用在关于人口问题论文中的珊瑚虫）来说明如何战胜了敌人却败给了朋友。他描述："一个敌人被砍倒了，原来是条九头蛇，它会在砍掉的地方又长出两个头来。"[55]然后，又从神话转到数学，泰勒确信："贵族只能在世袭制度或阶级社会下存在。正如几何学只能用四方形或三角形来说明一样。"[56]

在另一篇文章，他引用一个医学的类比，用"医生的平衡"来嘲弄平衡的理念。他说：政治医生们可能认为各自查看的孤立的四肢或器官都很健康，以致他们"集中的"意见可能是没病的，而病人却正在死去。泰勒抱怨："人类正在被一伙儿政治医生搞得心烦意乱。有这么一个论点，英国的政策正由于根深蒂固的疾病而苦恼，但每个医生都坚持他喜欢的那部分肢体是健全的。因为，集中一个人的意见则是在死亡的挣扎中；而同样地去集中许多人的意见可宣称他完全健康。"如下：

> 筹集资金、开办银行、赞助、发放凭照、雇用军队和局部的恩
> 惠，被某些人看成万应灵丹；甚至腐化都被当作管理众议院的巧妙的
> 权宜之计保护起来。而可敬的带着古风的"平衡"医生，以一种毫不
> 动摇的严肃态度宣称，即一个被授予大量财产的、具有美德和才干的
> 贵族，只希望（为了）彻底改革它，这引起了全世界的惊讶。[57]

当他又补充说"这样的一些医生正在努力为美国调整政策，不用一样
的肢干，却用动物的肢干，眼看着它躺在眼皮底下做'垂死的'挣扎"时，
泰勒可能是在评论亚当斯和他的平衡理念。

8. 亚当斯对泰勒的反驳：权力分散和亚当斯有关政治平衡的理念

亚当斯对泰勒的反驳，是采用从泰勒的书上逐条摘引其论点予以反驳
的系列书信体文章的形式。[58]这些信中值得注意的是，亚当斯对泰勒著作
的中心主题持不同意见，即美国宪法已经建立（泰勒用"演绎"）在可靠
的道德基础之上。[59]亚当斯还讲到泰勒的一个论点，即美国宪法是否"由
于平衡的理念而复杂化了"。[60]

亚当斯问道："还会有一部有案可查的宪法在平衡方面比我们的更复杂
吗?"他的回答具体表达了八种不同的平衡方案。第一，18个州和某些领
地与中央政府之间的平衡；第二，当参议院与众议院对峙时，二者持平衡
状态；第三，某种程度上，行政机关与立法机关之间的平衡；第四，司法
权力与众议院、参议院、行政权力、州政府之间的平衡；第五，参议院与
总统在全部官员的任命和全部条约谈判方面的平衡，即那些亚当斯认为不
仅是无用的，而且是非常有害的平衡；第六，选民掌握在自己手中的、原
来我希望是每年一次、现在是两年一次的选举权与他们选出的议员之间的
平衡；第七，各州立法机关与每六年选举一次的参议院之间的平衡；第八，
选举人与人民在选择总统上的平衡，即亚当斯所说的："在我所能回忆起的
任何事情中我们自己创造的、特有的复杂而细致的平衡。"[61]

还有，亚当斯继续说："这部机器的运转从来没有让人民充分满意过。所以，他们才在干部会议上创造出局部平衡理念。结果是，现在有国会、州、郡、城市、区、镇、教区的干部会议。就是在这些贵族式的干部会议上，选举才会被决定。"

亚当斯担心另一种对于所有道德解放和对于每一种超越道德原则和感情的平衡理念，会很快创造出来并介绍给大家。他已经想到了对于腐败的平衡理念。亚当斯看到腐败影响着党派的风气、派系的风气，甚至影响银行业的风气，他认为在美国已发展到比其他国家更加严重的程度。并且这导致他得出与泰勒论文中的其他论点相同的结论，[62]即没有任何贵族机构，在将多数人的财富变为少数人的利润方面，能赶得上银行。这是来自像亚当斯这类的政治保守主义者的严厉言辞。

从这些摘引的片段，我们可以看出亚当斯使用的平衡理念，不是直接从哈林顿的《大洋国》上找到的、从经济角度考虑的平衡。他使用的是机械平衡理念。但在引入这一套物理学类比时，亚当斯没有像经常推测的那样，为美国政府系统引入一套牛顿学说做基础。我们一再重申过，牛顿的动力学和宇宙的牛顿体系中没有平衡，只有在不平衡的力的作用下产生的加速度。然而，亚当斯在一个完全不同的场合，援引牛顿学说的原理为他首选的政府形式辩护。这是我们要谈的下一个话题。

9. 牛顿运动定律和议会的结构

亚当斯的某些政治信念，对于20世纪末的读者来说会觉得奇怪。我已经提过，他确信三股互相竞争的政治力量通常能达成稳定的系统，但两股力量一般就不行。他坚定地相信有一种天生的贵族，尽管不是像欧洲那种根据出生情况授予特权的世袭贵族。[63]

作为一个政治上的保守主义者，亚当斯很担心将立法权授予直选出来的立法机关，而没有任何制约的团体监督它可能出格的局面。在这一点上，他与来自宾夕法尼亚的政治伙伴富兰克林产生了分歧。亚当斯在读了富兰克林的朋友和同事、著名的经济学家、曾任路易十六财政大臣的杜尔哥对美国政府架构的评论后为这问题进行了公开辩论。[64] 1778年杜尔哥在给伦敦的理查德·普赖斯的信中写出了自己对这些架构的意见。普赖斯把杜尔哥的信分别译为法文、英文，作为他本人的著作《对美国革命的重要性的观察》(1784、1785)的附录出版。[65]杜尔哥的批评之一，是美国政府的架构。一般来说是仿照英国模式建立不同的统治管理机构（一个立法机关、一个参议院和一个政府）来取代自己创造一个新的政府体系，并集中全部权力于一个中心，即国家。亚当斯不完善地、过分狭隘地解释杜尔哥的观点是集中全部权力到一个中心，意味着人民的代表只有一个议会，没有政府，也没有参议院。此外，亚当斯假定杜尔哥的意思是每年选一次代表。[66]亚当斯完全不顾杜尔哥在这封信里强调的有必要把立法机关从总的行政机关和地方行政机关分离出来，并强调建立地方议会的重要性。亚当斯显然没能理解杜尔哥建议的中央集权制政府和一院制政府的区别，即在这种政府形式中，只有一个国会或立法机关。亚当斯反对任何赞成直接民主的言论，并坚信这样的概念：当公众的直接要求被选举产生的众议院投票通过时，参议院能起到刹车的作用。一个多世纪以前，按照宪法参议员不是由公民直接选出的，而是由各州的立法机关挑选的。

亚当斯认为杜尔哥的信是对个人的冒犯。毕竟，亚当斯不仅是马萨诸塞州宪法的主要起草人；他还声言他的理念在1776年和1777年影响着北卡罗来纳州和纽约州的宪法制定。他还认为在后来南卡罗来纳州、佐治亚州，甚至宾夕法尼亚州的宪法修改中都可看到他的影响。曾有评论说他的这些说法是符合事实的，正如他认为的那样，通过这些州的宪法，他的理念甚至影响到联邦政府的结构。他对杜尔哥的答复最后长到三大卷，其中最后一卷在1788年以《为美国宪法辩护》的书名出版。这些大部头文集今天读起来是困难一点的，特别是因为作者旁征博引了各个历史时期的事件和文章。[67]读者很快会发现亚当斯的政治原理和通常公认的任何政府理念是截然不同的。在当前的研究中我们不必涉及他的全部著作，只要研究有关他和富兰克林辩论的问题，即一个健全的政府应有一个或两个立法机关的少量篇幅就可以了。

亚当斯和政敌的不同意见出现在该书第一卷的中部，在那里亚当斯感到他被迫去考虑别的哲学家的意见，他指的是富兰克林博士。[68]按亚当斯的说法，就在杜尔哥发出他的信之前不久，富兰克林博士带着美国各州的宪法到了巴黎，这些州的宪法中只有宾夕法尼亚州规定设一个议会。有报道说，在制宪过程中是富兰克林博士主持会议并使它得到通过的。杜尔哥读了这些宪法，赞许宾夕法尼亚州的宪法并责难不同于它的其他各州的宪法。然后亚当斯讲了一件众所周知的逸事。

按亚当斯的说法，在1776年，宾夕法尼亚州的议会为了组成只有一个议会的政府而开会讨论，有人建议增加一个议会叫参议院或委员会。在争论中，他们征求州长富兰克林的意见。富兰克林是一位辩论机智的熟练的政治老手，当时他讲了一个荒谬的故事使两院制议会的建议看起来是愚蠢的。

据报道，富兰克林是这样说的："两院制可类比他在某个地方见过的一件事，有一个车夫赶着一辆载重牛车下坡。如果他有四头牛，他会把两头牛卸下来拴到后面叫它们往上坡拉；这样前面的两头牛和车的重量超过了后面两头牛往上的拉力，牛车就慢慢地、稳当地下了坡。"

亚当斯援引物理学论点来回击费城的贤者和科学家富兰克林讲述的荒谬故事。亚当斯用一种使我们回想起他离开哈佛后的第一份职业教师的口吻回答说："宾夕法尼亚州的州长在这种情况下想起了牛顿的一条运动定律，即'反作用力必定永远与作用力大小相等、方向相反'，否则，永远不会有任何静止状态。"

亚当斯对富兰克林的答复，引起了研究科学和政治思想的关系的学者很大兴趣，因为亚当斯提出这个论点的前提，是科学在政治辩论中可以提供特殊的权威。他引用牛顿《原理》中的物理学来反驳富兰克林，使他没话可说。据我所知，没有别的例子能如此戏剧性地显示出亚当斯对一般科学，特别是牛顿科学的巨大尊敬。这里我们要注意，18世纪理性时代对科学的尊重和现在是截然不同的。谁能想象得出我们今天有关政府基本原则的辩论会以物理学定律做基础！

当牛顿写关于作用力和反作用力时，他指的是如物体A作用于物体B，那么物体B也会等量地反作用于物体A。比如马拉石头（作用），同时会产生等量的反作用，即石头拉马，而方向正好相反。而在亚当斯的心中却是另一幅图像——平衡状态，即通过两种对等的相反的力量处于平衡状态，因为他说过如果不是这样就永远不会有安宁。然而，正如我们已看到的，由两个力作用而产生平衡的情况，这两个力必须相等且方向相反，还必须作用在同一物体上。因此，第三定律与平衡状态是毫不相干的两回事。无论如何得注意，在亚当斯的辩护中，牛顿第三定律的含义是被完全曲解了。亚当斯在阐述和应用第三定律中的谬误在当时是平常的事，是基于从1687年牛顿宣布这条定律后广为流传的一种误解。所以这件事重要的地方不是亚当斯对物理学定律记忆的准确程度，而是他在有关政府组织形式的辩论中引用牛顿《原理》中的基本定律来作为可能的最高权威。

现在，再来看亚当斯与牛顿学说的第二段故事。现在他转向宇宙哲学的原理，提出正是由于引力和斥力的作用，大自然的平衡才得以保持。他的例证是由于离心力和向心力的作用，天体才能保持在它的运行轨道上，而不是冲向太阳或由于不同大小、不同方向的力的推拉，在恒星和彗星之间沿轨道切线方向飞出。那种认为行星能保持在轨道上运行，是向太阳的向心力和离开太阳的离心力平衡的学说，不是牛顿的，而是笛卡尔的。亚当斯时代，还有许多作者使用笛卡尔的平衡语言，似乎牛顿所说的沿切线的惯性运动会被看成是一种力，并会被想成应该做离心运动而不是切线运动。[69]

10. 为两院制辩护的电学理论

亚当斯并不满足于用当时最伟大的科学家的权威来攻击富兰克林，他甚至试图用富兰克林自己的科学研究来攻击富兰克林。他说："富兰克林先生想必提起过来自天堂的愤怒的议会[①]，那是经常会在费城上空蔓延的。它威胁着要烧毁世界，使市民们满怀恐惧和不安，仅因为这股可怕的力量没有得到充分的平衡。这时，富兰克林先生该想起他的避雷针了，那是和车夫、帝王、州长一样简单的装置，能在任何时候充分地、安静地、无害地缓解这些议会带来的恐惧，只需平衡这股可怕的力量，就可以防止经常发生的对人民生命财产造成的危害。"

在这种情况下，亚当斯希望用富兰克林自己的发现来为他的政治观点

---

① 译者注：指雷电。

辩护。不幸的是，他没记全温思罗普教给他的电学理论。富兰克林曾表述过，一片充足了电的云，经过足够近的地面时，才会发生雷电——放电现象。对这种现象，他首先想到的是过度带电的云有向地面放电的倾向，并且想出用磨尖的、充分接地的金属棒安静地引走云中过量的电荷，并安全地导入大地来到达云中电荷的中和，从而防止雷击的发生。有一次在避雷针装好后，富兰克林很快就发现即使雷击发生了，它也能保护大厦。在这次事件中避雷针吸引了雷击并再次把电流安全地导入地下。

在富兰克林的理论中，正如我们在第三章所见到的，一片带正电的云（或任何带电体）有了过量的电流，[70]即比富兰克林称为"正常"数量所带的电流多。在放电情况下这样的云会失去全部（或大部分）多余的电流并恢复到"正常"数量的带电情况。然而，亚当斯提到云好比是内部力量没有得到充分平衡的议会。

亚当斯欣赏的不是避雷针能把雷电安全地导入地下。他认为其意义仅在于恢复它们之间（即议会之间，或云之间）力量的平衡。据此推想，亚当斯的意思是防止带电的云与另一片云之间的雷击现象。正如富兰克林完全清楚的那样，某些雷击发生在云与云之间的放电现象，但危害人类生命财产的那种雷击不是这一类的，而是发生在云对地之间的放电现象。或如富兰克林后来发现的，地对云也会发生放电现象。

亚当斯用一种居高临下的方式总结，来自田园诗和农村生活的典故或例证从未令人不悦，并暗示如果富兰克林对自己的故事有较好的领会，那么这个来自乡村的类比和那些来自科学和天空的类比是一样合适的。他继续说道，这里对这些典故毫无异议，不管它是简单的或是卓越的，只要它能引发想象和阐明论点。他只是惊讶于富兰克林误解了他引入直喻的真正力量，他认为，如果其中有任何相似之处或任何论点的话，那很明显是支持两院制的。亚当斯没有意识到富兰克林在取笑他和所有持他的信念的人，以开玩笑代替对他的尊重的方式。而亚当斯作为一个有自己信念的人，他试图将富兰克林描述的用牛从反方向拉车的故事解释成对实际实践的描述。

亚当斯继续说：如果把牲口都放在前面拉，不把力量分散并达到平衡，下坡的时候牛车的载重就会使牛车压向牲口，一场惨剧就会发生。然而只要调整好彼此的拉力，全都可以安全地下坡，避免危险发生。由于不知道终点在哪儿，还应该记住，只有在下比较陡的坡时，这种拉力的分配才是必要的。[71]

11. 亚当斯对其他学科的态度

在总统任期结束之后，亚当斯回到马萨诸塞州昆西的农场，从日复一日的繁重的农活中寻找精神上的慰藉。正如他写给塞缪尔·德克斯特的信所说："他已将荣誉和美德换成了肥料。"[72]他预言长老会的教友们将找出一种数学上的证明，即我在农业上的爱好只不过是我的任性气质和专制本能的必然后果。[73]中风瘫痪之后，他无论在心理上还是身体上都尽量保持活动。在退出政治舞台的最初几年里他纵情于科学的沉思，其中两项可能会引起我们的注意。一项涉及海洋动物的繁殖，另一项涉及磁石的性能。1801年在给纽约的朋友弗朗西斯·阿德林的信中，亚当斯谈到僧帽水母被水手们叫作"葡萄牙战士"，他认为不过是胚胎期的贝壳类动物。他设想那些卵子浮在水面，靠太阳的热量来把它们孵化；他请求朋友传达给他有关的任何信息，他好像迷上这个题目了。[74]当我们注意到亚当斯对博物学的兴趣时，会震惊于他对"葡萄牙战士"致命叮咬的无知。毕竟，在当时，海水浴和在海里游泳不像今天这么普及。

亚当斯对磁石性能的思索，是他在法国当富兰克林的助手时产生的。他认为磁石吸引铁片的原理是一件神秘的事，是大自然的奥秘之一。这导致他得出这样的见解，即大自然本身充满了奥秘。他认为它将始终是这样，即人类别指望凭着强烈的热情就可以知道得更多，因为若没有一种更明确的、更有权威的道德识别能力，更多的知识只会使他们变得太冒进和厚颜无耻。[75]

在临终前，他构思生命本身是一个化学过程。他说："人类从出生到死亡都是化学家。此外，整个物质世界是一个化学实验室。"这些意见是1817年他在写给哈佛化学教授约翰·戈勒姆的信里表述的。亚当斯的关于生命和化学的理念，反映了随拉瓦锡开创的化学革命而来的对科学兴趣的转换。这场化学革命，把化学转变为像今天那样的现代化学。亚当斯的传记作者从来没有注意到他的化学观点，主要因为历史学家都聚焦在亚当斯青年时代知识界的中心话题，即牛顿的自然哲学上了。但在19世纪初，化学已成为一门新世纪的开拓性学科，学科的名称也从"化学哲学"变为"化学"。

由于对化学这门新学科所知内容有限，亚当斯感到他的想法也许太不正常了。所以他在信里对戈勒姆说："请把我的看法保密。"他担心在信里表述的意见会传出去，在那种情况下，他会"被人们想成该去住院治病了"。好奇怪的信念，读者肯定会惊奇，难道亚当斯认为他是在反对那个时代科学家们掌握的普遍信念，所以才怕被他们知道吗？

在给戈勒姆的信中，亚当斯建议化学家们以不屈不挠的热情和耐心做实验。这样，他们就会提供给我们可能是最好的面包、黄油、乳酪、葡萄酒、啤酒、苹果汁、住宅、船舶和汽艇、花园、果园、田野，更不用说裁缝和厨师了。这些研究会导致任何深度的意外发现，会让化学家们欣喜并高呼：找到了！换句话说，亚当斯把化学局限为专门为我们提供好产品的学科。到目前为止，没有发生任何奇怪的事，要把他关进精神病院。但在那个观点上，亚当斯插入了一个威胁性的句子，暴露了他的信念的非正统性。他不相信原子！他回忆起在早些时候，当他一涉猎古典文学，虽然只是皮毛，就被卢克莱修的诗迷住了，但亚当斯不能理解他的原子理论。在晚些时候，亚当斯回忆，当他喜欢上布丰的口才时，却不能不嘲笑他的分子理论。他还警告戈勒姆和他的化学家同事永远不要带着一种观点或希望组织实验，企图发现最初的和最小的物质粒子。[76]

上述情况足以说明亚当斯反对物质构造的原子说、分子说和微粒子说的立场。我们要注意所有现代物理学原理的奠基人，从伽利略到牛顿都是不同程度上的原子论者。富兰克林的电学理论就直接建立在电流是由互相排斥的粒子组成的概念的基础上。在1704年第一版和1717年、1718年再版的《光学》中，牛顿清楚精确地阐述了原子论者的信条。在《光学》的结论中牛顿写道："所有这些都经过仔细考虑，在我看来似乎是这样，上帝在创世时是用固体的、有重量的、坚硬的、不可穿透的、可移动的粒子，按一定的尺寸、形状、其他特性和成比例的空间位置构成万物的。"他也表明了这样的立场，即"光线是由发光物质发射的非常小的物体"。由于反对原子论和粒子论，亚当斯站到威廉·布莱克和其他憎恨现代科学及与科学有关的所有理论的人那一边。布莱克嘲笑德谟克利特的原子理论和牛顿的光的粒子理论。亚当斯不但抵制原子论，还警告化学家不要做那些会揭露物质的基本粒子构造的实验。对今天的读者来说，更可笑的是亚当斯居然认为化学家的研究只是难得地、偶然地导致任何深奥的发现。对化学作为一门学科的这种局限性的意见是莫名其妙的。他在法国时，正是拉瓦锡和其他人推动了后来被叫作化学革命的运动，并使化学成为一门真正的现代化的科学。难道他对化学的局限观点和对原子论的不信任，是他该进精神病院的根据吗？他没告诉我们。

12. 科学对国家前途的重要性

回忆亚当斯对科学的层次观念是对本章的合理总结。考虑到1780年的美国在当时和将来的需要，亚当斯十分正确地评论过，即"我们国家不需要不实际的华美艺术，但却需要非常实用的，比如机械技术"，意思是指道路和运河建设、船舶和工厂建设、桥梁建设、工程学、商业以及财经知识。对他自己来说，正如他写信给妻子阿比盖尔所说，我"有责任更多地学习政府的科学……远胜过其他科学"。在历史上的这一时刻，他认为"立法、行政、谈判的艺术应被取代，甚至在某种程度上排斥所有其他的艺术"。

然后，用一种引人注意的贵族的感情表达方式，他写道："我必须学习政治和战争，为了我的儿子们能自由地学习数学和哲学，即自然哲学或物理科学。我的儿子们，应该学习数学、哲学、地理学、博物学以及造船、航海、商业和农业，为了使他们的孩子能有权学习绘画、诗歌、音乐、建筑、雕塑、编织、陶瓷。"[77]在亚当斯的表述中可看出，他希望将来的美国人民都有空闲从事创造性的艺术，他也提到过类似培根派哲学的科学作用。跟杰斐逊和富兰克林一样，他期望抽象科学和数学在为国家谋取物质利益中做出实际贡献。

第五章　科学和宪法

1. 宪法中的科学

　　尽管在我们研究过的美国奠基人中只有少数人出席了1787年在费城召开的制宪会议，但宪法却以不同的方式与科学的主题和奠基人的思想直接相关。首先，在宪法的章节中明确地提到过科学。宪法的起草人都是理性时代的公民，并在他们的讨论和辩论中引用了来自科学的隐喻。此外，历史学家和政治科学家们曾讨论过麦迪逊和其他参加制宪会议的代表在评议中是否受到了科学知识的影响。半个多世纪以来，某些杰出的美国历史学家和政治科学家曾论述过宪法属于一份牛顿学说的文献。在建国初期，许多志士仁人探索过立宪政府与科学原理之间的联系。我们在第四章中看到的亚当斯引用牛顿第三定律来探讨议会的结构就是一个例子。

　　杰斐逊和亚当斯既不是代表又不是观察员，所以没有直接参与制宪会议。但是亚当斯的理念通过他的著作《为美国宪法辩护》影响着与会代表。富兰克林虽是会议的正式代表，但没起很大作用，他极力提倡的一院制议会方案，也没有得到会议的支持。他的主要贡献在于提出了著名的妥协方案，即在众议院中，按人口比例分配代表席位，而在参议院中各州代表数相等。富兰克林还在制宪会议的闭幕式上做总结发言，支持新诞生的宪法。

　　宪法中唯一直接提到科学的，是在第一条第八节第八段中陈述国会权力。[1]在这里赋予国会的权力写明是"通过确保作者和发明者在限定期内对其著作和发现享有专利权来促进科学和实用艺术的发展"。这个句子是一个大杂烩。首先它说有必要"促进科学和实用艺术的发展"，但它接着说要完成这两重目标的手段是确保一定期限内发明者对其发明的专利权和作者对其作品的版权。通过给发明者专利权来促进"实用艺术的发展"大概是不错的，但很难理解专利权如何能同样地促进"科学的发展"。最伟大的科学成就——如牛顿的理论力学、万有引力宇宙论、微积分和林奈的植物分类学——没有哪一方面可以专利化，所以赋予专利权并不能刺激科学的发展。同样也很难理解授予作者版权如何能推动"科学的发展"或"实用艺术的发展"。也就是说虽然宪法第一条的一部分内容应专门用于促进科学和实用艺术的发展，但专利权、版权这样的用词只能引起混淆。对今天的读者来说，出现的另一个困难是对我们来说不加定语的"科学"是指物理学、化学或生物学之类的学科，而对18世纪阅读宪法的人来说，不加定语的"科学"可包含知识的总体，甚至可延伸至散文或任何文学形式中所传播的知识。

一段历史上的叙述，将有助于我们了解这令人迷惑的句子的形成过程。在1787年8月18日的制宪会议上，麦迪逊建议"赋予美国立法机关一定的附加权力"。其中有些是与最终成文的科学条款有关的。首先：

> 制定联合宪章，以便在面对大众的利益需要而单独一个州不能胜任的情况时，可以执行。

在这些特别指定的权力中，有三种是与我们在这里讨论的问题有关的：

> 保证文学作者在一定期限内享有其作品的版权，
> 建立一所大学，
> 通过合适的奖励和后勤供应来鼓励发展。[2]

麦迪逊记述："这些提议都提交给准备宪法报告的起草委员会，并一致通过。"同时来自南卡罗来纳州的代表平克尼也提出了"几种附加权力"。[3]其中有：

> 建立一些学院来促进文学、艺术和科学的发展，
> 制定联合宪章，

对有用的发明赋予专利权，

在一定期限内保证作者享有版权，

通过建立公共机构、奖励、税务减免来促进农业、商业、贸易和制造业。

在麦迪逊的手稿中，其所建议的附加权力中，有一项没有出现在印好的议事记录中。按照马克斯·法兰德的说法是：

确保实用机器和工具的发明者在一定期限内的收益。

平克尼是授予发明者专利权的热心提倡者。尽管到1787年除了一个州外，所有的州都通过了版权法，还有许多州实行了专利法，但在当时南卡罗来纳州在专利立法中是处于领先地位的。我们有理由认为平克尼也曾提倡过授予作者版权、建立一些学院来促进艺术和科学的发展，以及为了推进农业、商业、贸易和制造业而设立基金奖励。

最后，指定了一个委员会来完善宪法未完成的章节。委员会的成员是：尼古拉斯·吉尔曼、鲁弗斯·金、罗杰·谢尔曼、大卫·布雷尔莱、古弗尼尔·莫里斯、约翰·迪金森、丹尼尔·卡洛尔、詹姆斯·麦迪逊、休·威廉森、皮尔斯·巴特勒和亚伯拉罕·鲍德温。[4]1787年9月布雷尔莱向大会报告了委员会一致同意的建议。建立大学、学院以及奖励基金这几条都删掉了。为了节省篇幅和措辞，原来的陈述"保证文学作者在一定期限内享有其作品的版权"和"通过合适的奖励和后勤供应来鼓励发展"，合并为"授予实用的发明以专利"和"确保实用机器和工具的发明者在一定期限内享有其发明所带来的利益"。但在最后定稿时又把"专利"和"实用的发明"删去了，代之以"授予发明者对其发现享有特有的权利"。同时，鼓励"实用知识和发现的进步"的有力功能被降减为仅仅推动"科学和实用艺术的进步"。结果有了如下的版本（正如麦迪逊引用过的）：

通过确保作者和发明者在一定期限内对其著作和发明享有特有的权利来推动科学和实用艺术的发展。[5]

这一陈述被一致通过，然后送交修辞委员会，他们只改了几个标点符号、用"和"取代"&"、将某些名词的第一个字母改为大写。虽然这个委员会的成员有威廉·约翰逊、亚历山大·汉密尔顿、古弗尼尔·莫里斯、詹姆斯·麦迪逊、鲁弗斯·金，但没有任何人对陈述表示过疑虑，即通过授予文学作者对其作品享有特有的权利是如何推动科学和实用艺术发展的。

尽管陈述的开头部分听起来是广泛推动"科学的发展"，但其余部分毫无疑问地表明，这种推动仅限于授予"特有的权利"。这些"特有的权利"又进一步限定为授予"作者或发明者"的相关的"著作或发明"。从上下文我们可以推断出这个"发明"，不是我们今天所理解的一般的科学发现，而是指可以申请专利的发明。这个含义在形成该陈述的几个初稿里都很明确。

但是不要忘记，这些宪法的起草人大都精通拉丁文，在拉丁文中来自动词"发明"的"发明者"意指"找到者、发明者、作者、发现者"，而不是仅指机械工匠。例如，在《原理》中牛顿经常用这个动词表达找到或发现。所以对这些美国奠基人来说"发明"和"发现"是可以交替使用的。

最后，让我们来看一下，在这个宪法中有关科学的两个很不相同的理念都被加以陈述。首先，它指出国会（或立法机关）有权（责任或义务）推动科学和实用艺术的发展。其次，第二个权力是提供专利权和版权。直到第二次世界大战以后，联邦政府才承担起提供真正财政上的支持来推动科学进步的责任。这些宪法起草人肯定没有想到，联邦政府会成为科学研究经费的主要来源。这意味着联邦政府已拥有远远超出宪法制定者赋予它的权力。虽然，宪法制定者也曾考虑过给予政府一定的权力"建立一所大学"、"建立一些学院来促进文学、艺术和科学的发展"，甚至"通过合适的奖励和后勤供应来鼓励发展"，但很快就放弃了。

无论谁读了制宪会议的记录，都会猜测撰写第一条第八节的麦迪逊、平克尼和他们的合作者在心中是否有特定类型的发明。或者，他们是否只是反映了源自培根和笛卡尔的17世纪人们的一般看法，即真正的科学终将被证明是实用的。但至少有两大类发明对这些代表来说应该是熟悉的。第一类是所谓机械类发明：将已知零件组合在一起来装配成一种新的装置或更好的机器。有时这个过程只需有机械方面的技巧和创新的天赋。例如，当时富兰克林发明了双光眼镜、可以从很高的书架上取放书的机械长臂、摇椅。不久，这类发明就以麦科马克的收割机和缝纫机为代表了。

在制宪会议召开的年代里，蒸汽船算是复杂的机器了。这个发明以引人注目的方式进入了会议的审议过程。1787年8月22日，当麦迪逊和平克尼提交他们的议案时，代表们有机会目睹约翰·菲奇发明的汽船的首次试航。某些代表甚至作为乘客参加了这艘汽船在特拉华河上的处女航。[6]

第二类发明，是原本只是为了了解自然现象而获得的科学知识的具体应用。这个过程在今天来讲，就是将纯科学应用到工作中，或找出基础研究的实用价值。虽然培根和笛卡尔都指出过，基础科学知识最终会在实际生活中造福各地人民，但到1787年为止，只有一项公开展示的例证说明客观的或基础科学的研究可以带来重要的发明。我这里指的是避雷针，是与会代表、令人敬佩的宾夕法尼亚州州长富兰克林的发明。他的这项发明，就是以他在基础科学方面的发现为基础的，即接地和绝缘、利用尖端使带电体放电，以及证明雷电是放电现象的著名的岗亭实验。当他开始研究时，电学被设想过的唯一用途，是用电击使麻痹症患者的肢体恢复运动功能。事实上富兰克林自己并不相信电击会有这种功能。他从事的研究只是为了了解大自然的运作，他也不知道这项研究会有怎样的结果。进入19世纪后，避雷针成为基础科学的进步可带来实用性发明的重要例证。[7]

这个有关版权和专利权的句子在1787年9月5日通过，为宪法第一条第八节的第八段。[8]在第一届国会第一次会议上，代表们认为有必要制定一部总的专利法。因此，在1789年6月23日，一个有关的议案被提了出来，但直到会议结束并未做出任何决议。当第二次会议在1790年1月召开时，华盛顿总统阐述了鼓励发明的必要性。虽然注意到国会已对发展农业、商业和制造业做出决定，华盛顿仍然阐述了他对于给予"引进国外新的实用的发明"和"发挥本国的天才和技术以便在国内生产这些产品的有效的鼓励"。他同时提出并阐述了建设邮局和邮路以便"加强与我国边远地区的交流"的特殊需要。他最后总结："我坚信再没有比推进科学和文学的发展更值得我们去做的事了。"[9]

2. 牛顿的科学和宪法的结构

许多美国历史作者都提出过，宪法中的一些基本概念、原理，甚至总体结构的构思都与科学有关。关于这一论点的讨论，不是指一般意义上的科学，而是专指牛顿的科学。我们没必要从宪法，或有关宪法的演说、文章中查找引用牛顿的地方。毕竟，许多与会代表本身是律师，都受过探索以及引证权威的训练，因而在与会期间及以后建立起了一种广为流行的文风。例如1781年3月5日小汤姆斯·道斯在波士顿为纪念波士顿大屠杀而做的一个爱国演说中就提到了牛顿。仔细读过这篇演讲稿后就会发现牛顿只是他引用的诸多权威之一，其他被引用的权威还有马库斯·奥里留斯、《观察报》、奥维德、教皇、塞尼加、布莱尔、杰文尼尔、艾迪生的《加图》、布莱克斯东，甚至还有《圣经》。[10]

另一种更为严谨的牛顿学说的考证是探索美国立宪政府体系的结构和概念中来自《原理》的类比。那些声称找到了牛顿学说对宪法影响的证据的人大都集中在三到四个论点上。这些论点包括，第一也是最重要的是权力分散以及与之相关的通过复杂的制衡手段而达到均衡的概念。第二是立宪政府类似于牛顿学说的机器，尤其是其中一种经常被称作牛顿学说的世界机器的东西。立宪政府中的平衡和均衡，都被看作是对牛顿学说的物理学和牛顿学说的世界体系模仿而来的。此外，作为理性政治启示的牛顿力学或牛顿的世界体系具有一种神秘的魅力。例如，互相抵消的势力能产生出一种和谐。

对牛顿哲学影响的讨论必将把我们引入几种不同的考证。我们必须确切地找出那些认为宪法具有牛顿学说性质的人所持的立场。我们也必须仔细审阅制宪会议的记录，以便找出美国奠基人在多大程度上、以什么方式在酝酿宪法时运用了科学的概念、定律、理论。必须对这些材料加以分析，以便指明哪种科学被采用了。然后，还有必要弄清楚哪些不是牛顿学说的引证。这样我们才能肯定（或在什么意义上）宪法是牛顿学说的。最后我们要转向最根本的问题：科学类比和隐喻在政治思想中的作用，与美国奠基人运用的科学类比和隐喻的重要意义。

3.伍德罗·威尔逊论述宪法是一个牛顿学说的文献

据笔者查证，第一个公开提出宪法是一个牛顿学说的文献或应理解为表述牛顿学说原理的人是伍德罗·威尔逊。1907年他在哥伦比亚大学做了一系列讲座，讲稿于1908年以《美国立宪政府》为书名出版。[11]威尔逊当时是普林斯顿大学校长。后来，在1912年，威尔逊明确地表明，宪法和牛顿科学之间的对应关系的概念是他个人的创见。[12]他同样表明他的对应理念，即在达尔文科学对当时社会的影响正如牛顿科学对18世纪的影响的那些年里，说宪法体现了达尔文学派的观点是更为合适的。我们将在本章后半部分讨论这一问题。

威尔逊对宪法的牛顿学说的解释是基于这样的概念，即"美国政府是构筑在辉格党（共和党前身）的政治动力学的理论之上的"，而这一理论"是对牛顿宇宙论的一种无意识的复制"。威尔逊曾对他这一看法做过详细的解释。按照他对于牛顿宇宙论的理解：

> 某些单一的定律，比如万有引力定律，影响着思维的每一个系统，并赋予其统一的原则。每一个太阳、每一颗行星、天空中的每一个自由物体、世界本身，都在天体的吸引下保持和约束在自己的位置和轨道上，这些天体以同样有序和精确的方式围绕着它们旋转。正是由于各种力量的精密的平衡，才有了宇宙系统本身的对称，以及完美的调整。

威尔逊指出，辉格党曾计划"包围和削弱"国王的权力，代之以"制衡系统"来管制他的武断专制路线，或至少可预测其趋势，而"试图为英国制定一部类似的宪法"。然而，针对辉格党的政治家，威尔逊评论："并未对他们的思想做过清晰的分析。其实，英国的政治家和大洋彼岸讲英文的政治家，都没养成做一个明白的理论家的习惯。事实上，很有必要邀请一个法国人——孟德斯鸠——指出辉格党都做了些什么。孟德斯鸠认为，这些政治家试图以一系列的制约平衡行政、立法、司法之间的权力，对此，牛顿很容易会认为是来自其宇宙机理的暗示。"

在他热心地为孟德斯鸠的阐释评注时，威尔逊断言："我们联邦宪法的制定者们，遵循了他们找到的由孟德斯鸠详细说明了的方案"，并断言："他们这样做是出于对科学的纯真热情。"特别是孟德斯鸠被说成是《联邦主义者》杂志上所积极推崇的一系列制衡理念的来源。威尔逊在他的评论中写道："没有一个人能像孟德斯鸠那样频繁地被早期的政治家们引证，并在引证时把他看成政治领域内的科学标准。政治在孟德斯鸠的触摸下变成了力学，所以，万有引力定律就是至高无上的了。"

由上述情况，我们可以看出，威尔逊的论点是怎样通过修辞和任意的假设而逐步形成的。他没有引证事实、文献或提供有说服力的证据来支持自己的宪法是受到科学影响的理念，更不要说宪法中的牛顿学说的痕迹了。他从某些他认为是牛顿体系的陈述出发，说引力的堆积经过仔细的平衡产生出某些完美的调整，很像宪法中的制衡系统，它的功能是调节、管理。他要我们相信：这样的制衡会被认为是天体力学引起的联想。在假设了牛顿力学与政治中的制衡系统之间的类比之后，威尔逊接着宣称这种系统（正如孟德斯鸠详细说明的）被以科学的热情遵循，尽管他这里的"科学的"一词指代不明。然后威尔逊陶醉于自己的修辞中，他提出孟德斯鸠是美国奠基人心目中的科学标准。他以将政治转换为力学和宣称"万有引力定律是至高无上的"来总结他的狂想曲。他以断言"我们的宪法是在牛顿学说的精神中和牛顿学说的原理之上构思而成的"为自己的论文涂上一层光辉。当然，这种修辞没有对其所用词"牛顿学说的精神"和"牛顿学说的原理"究竟指什么做出任何解释。

在评估这些陈述时，我们必须注意到，不管孟德斯鸠对宪法起草者们的思想起着多么重要的作用，他并不懂牛顿科学的含义。他的著作《论法的精神》肯定不是以"牛顿学说原理"为基础。而且，就像我们已经看到的，制衡，或"均衡和平衡"，或"牵制和均衡"这些理念并非牛顿动力学的特征，反而是《原理》要取而代之的牛顿之前的系统的特征。[13]威尔逊的政治类比"受力学的自动平衡管理的机器"也不是牛顿学说的观念。机器的印象、"完美的调整"的理念和受到控制的概念，都暗示着钟表的形象，而牛顿自己从未使用过这一隐喻。此外，牛顿宇宙论在重要的方面不能满足一部真正的机器所必备的条件，并且为此受到严厉的批评。

我们知道，威尔逊对美国式立宪政府的分析，在很大程度上受到沃尔特·白哲特著作的影响。早在他的第一本著作《国会政体：美国政治研究》中，威尔逊清楚地表明，他想对美国宪法做出像白哲特在论文中对英国宪法已做出的分析。[14]在《英国宪法》一书中，白哲特在英美两国的制度之间做了许多对照和比较，并经常贬低自己并不完全了解美国式的立宪政府。[15]特别是白哲特将美国政府最大限度的制衡系统与英国政府拥有的较大主动权做了不适宜的对比。威尔逊似乎对白哲特的广泛分析留下了很深的印象。但白哲特对威尔逊信奉的、可能是他虚构的牛顿学说的话题，并未进行过发挥。

对于宪法是来自牛顿学说和达尔文学说这一概念的来源，威尔逊自己在1912年5月23日对纽约经济俱乐部所做的演讲中做了解释。当时他是新泽西州州长，并在一个月前被民主党全国代表大会推举为总统候选人。[16]威尔逊解释，在他担任普林斯顿大学校长时，曾有幸与一个献身于17世纪哲学思想研究的非常有趣的苏格兰学者交谈。这位学者认为，每一代人的所有推想和思维，总是在其前一代中占支配地位的思想影响下形成的。这位学者举的例子，是在思维活动和思想表述中，从使用牛顿学说的类比到使用达尔文学说类比的转变。当时威尔逊正在寻找一种方法来把他的某些政治理念结合起来。他发现这些学者的意见正是他期待的。威尔逊声称："我脑子里出现了一个想法，美国宪法是在牛顿学说支配下制定的。"事实上《联邦主义者》的每一页上都反映了这种影响：

> 他们提到宪法的"制衡"，并用宇宙，特别是太阳系的结构的明喻来表述他们的理念：如何通过不同部分之间的万有引力各自保持在自己的轨道上，正像国会、司法和总统形成一种类似太阳系的系统。[17]

接着威尔逊提出了当时流行的、更合适的达尔文学说的类比。[18]他清楚地表明，牛顿学说和达尔文学说在宪法中的体现是他自己的创见。但这个启发了威尔逊的"非常有趣的苏格兰学者"究竟是谁呢？他很可能是那个1906年的夏天，在爱丁堡接受威尔逊访问后，从苏格兰来到普林斯顿的诺曼·肯普·史密斯。他从1906到1913年在普林斯顿大学担任心理学斯图尔特荣誉教授，然后担任哲学麦科什荣誉教授至1919年。但在1916—1919年他在英国休学术假，因为他想在战时为自己的祖国服务。1919年，正当他准备回普林斯顿时，收到了成为美国总统的威尔逊的推荐信，从而在爱丁堡大学担任逻辑学和形而上学教授。[19]

史密斯可能就是那个在1912年被威尔逊称为"一个献身于17世纪哲学思想研究的非常有趣的苏格兰学者"，并且是威尔逊任普林斯顿大学校长时"有幸接待过的来自世界各地的思想家"中的一位。[20]1902年这个苏格兰人以诺曼·史密斯[21]的署名出版了他的重要著作《笛卡尔哲学研究》。[22]1906年9月威尔逊在爱丁堡会见史密斯之后不久，他在给一个朋友的信里写道："我们的心理学教授诺曼·史密斯，我敢说每个人都会喜欢他的。"[23]同年12月，在其1905—1906年的年度报告中，威尔逊进一步写道：

> 在来我们这里之前的十年间，史密斯先生逐步地增长了自信，不仅在格拉斯哥大学的同事中，更在那些注视着英国哲学思想发展的人中赢得了声誉。通过他，我们又一次从苏格兰引进了对我们的思维极有影响力的思想。[24]

与史密斯的学生和助手乔治·戴维的讨论，以及与他的女儿珍妮特·路德拉姆的通信更加强了威尔逊在普林斯顿与史密斯谈过如下内容的可靠性：

> 在牛顿宇宙论发展之后，几乎所有的思维都倾向于通过与牛顿学说的类比来阐述自己。而自从达尔文学说占统治地位后，每个人又都试图以进化和适应环境等术语来表述自己的愿望。[25]

我们几乎可以肯定地说，与史密斯的谈话使得威尔逊发现和发展了他的理念，即美国政府原本是要体现"牛顿学说"的，但现在必须被认为是体现"达尔文学说"的。

4. 后人论述宪法是体现牛顿主义的文献

虽然威尔逊对于牛顿学说和达尔文学说在宪法中的对比，仅仅是总论点的一个小部分，但他对牛顿学说的强调一直是学者们讨论和评论的一个起点。20多年后的1922年，卡尔·贝克大胆地提出牛顿学说对18世纪美国政治思想的重要性，是作为一种文化背景反映在《独立宣言》中的。但是贝克，主要是在关于18世纪的自然观念方面应用牛顿的科学。除此之外，他没有引用牛顿科学的任何概念、定律或原理（这会超出他的理解能力），也没有特别地提到科学对宪法的影响。事实上，贝克的书中甚至没有提到联邦宪法，只是在《论〈独立宣言〉》中哲学对某几个州的宪法的影响方面做了一些探讨。

威尔逊创立的科学和宪法，尤其是牛顿科学和宪法的论点，在20世纪20年代和随后的几十年中相当流行。[26]这一论点被克劳瑟在其《著名的美国科学家》（1937）一书中大力宣传，并为一些非常著名的美国历史学家所接受。[27]许多关于科学和宪法的作者，大量地引用了贝克的《论〈独立宣言〉》这部专著，并将其提出的科学是《独立宣言》的文化背景的论点应用到宪法上。贝克的著作很权威，因为他是美国思想史领域中的学术带头人。同行赞赏他华丽的散文文风，还赞赏他用清晰的术语将"牛顿的自然哲学创造了一个对政治思维十分有益的理性环境"这一主题强有力地表述出来。克劳瑟就在表述他本人对宪法及由其产生的政府系统的科学解释时，大量地引用贝克的论点。

克劳瑟不是科学史家或受过训练的史学家，而是一位公开声称倾向于马克思主义的英国科学杂志的记者。在1936—1937学年中，受哈佛大学校长詹姆斯·科南特的特别邀请，克劳瑟在该校做了一系列讲座，他有关科学和宪法的理念的初步形式，就是在这些讲座中提出的。笔者与乔治·萨顿科学史研究生研讨会的其他成员一起听过这个讲座，对克劳瑟的演讲仍有生动的回忆。笔者惊讶地听着他高谈阔论，却提不出过硬的证据来支持他的关于牛顿科学和宪法的论点，或证实他对牛顿科学的马克思主义的解释。正像被他所认同的美国盟友贝克一样，克劳瑟很少谈到批评家们可以提出问题的具体细节，而偶尔谈到具体细节的地方又显然是错误的。作为一个专业记者，他的讲座多以第二手材料为基础，而很少对主要的原著做研究。出版的书和原来讲座的内容没有什么出入。[28]他的论点中与我们有关的部分只是"宪法的形成在一定程度上受到某种科学思想的影响"。

克劳瑟研究的题目是"科学和美国宪法"。他以我们在本书读过的约翰·泰勒和约翰·亚当斯在1814年的对话为开头。除了谈到威尔逊和W.A.鲁宾逊曾以此途径表明"制衡"的理念进入宪法结构外，他不加评论地大段引用有关制衡的文字。克劳瑟声称追随威尔逊的论点。设想"在牛顿学说影响下的任何系统，包括政府系统在内，是作为一个遵循动力学和万有引力定律运动的物体系统构思出来的。在这种系统中作用力和反作用力是相等且相反的，所有物体都因作用在其上的力的平衡而处于完美的均衡状态"。这种对于牛顿宇宙论的完全错误的概念是克劳瑟说出来的，却仍然声称是来自威尔逊，并作为"一个平衡的宪法"的对照物。

从威尔逊和辉格党的政治理论出发，克劳瑟转入"清教徒心理学中的精神冲突或'制衡'"，并声称是与"美国宪法的'制衡'相类似"的内容。这导致克劳瑟得出一个相当奇怪的看法："亚当斯的精神挫折是与宪法的原理有关的。"也不对读者做任何解释。克劳瑟然后发现："这暗示着富兰克林不受情绪和挫折的困扰是因为他在哲学上是反对宪法的。"荒唐！

对于牛顿科学对宪法的影响，克劳瑟倒没有给他的读者留下任何疑问。他明确地阐明，被引入宪法的制衡以及力学均衡的理念是牛顿学说的。[29]他声言这些概念是被贤明的政治家和律师们引入宪法，然后克劳瑟利用这一事件，声称作为那些不完全懂得科学的政治家，这是一个有误用科学思想的危险例子。

在发展他的科学（特别是牛顿科学）与宪法的关系这一主题的过程中，克劳瑟同时引用了麦迪逊的"宪法就像一部机器"的概念。他以这样的评论为他的演讲做总结。即亚当斯对宪法主题的讨论受了孟德斯鸠《论法的精神》一书的影响，并声言："孟德斯鸠的书中包含着牛顿思维模式的例子。"克劳瑟全文引用了书中唯一一段似乎是牛顿学说的内容，即孟德斯鸠对荣誉以及引力和斥力之间的均衡的讨论。[30]克劳瑟没有注意到他所引的例子说明孟德斯鸠不太理解牛顿科学最基本的概念之一。

在这个总结中，克劳瑟又一次断言牛顿发展的力学平衡概念对宪法和《独立宣言》的哲学都起了重要的作用。[31]他认为富兰克林与宪法起草者们之间的分歧，是因为后者的哲学中含有已经过时的科学理念。克劳瑟试图让我们相信，富兰克林对美国宪法的制定没起多大作用，因为宪法的起草者们以为，他们已将所谓不朽的牛顿力学理论引进了宪法。他们不相信富兰克林的部分原因，是因为他不属于牛顿学派。克劳瑟认为，富兰克林作为现代实验科学的先驱，不能同意律师们对已经过时的科学观点的偏爱。

最后对历史的观点，与我们知道的富兰克林及其科学是如此不同，以至有鉴别能力的读者不能不对此感到惊讶。富兰克林当然对牛顿怀有至高的敬仰。他本身是一位信奉牛顿学说的科学家。《光学》已成为18世纪通过探索自然和实验创建新科学的科学家们的必备手册。这批科学家包括植物生理学奠基人斯蒂芬·黑尔斯、建立热学基本概念的约瑟夫·布莱克，以及为化学建立了全新基础的拉瓦锡和其他科学家。所有这些科学家都信奉牛顿学说、遵循牛顿《光学》中的告诫和例证，而不是遵循《原理》。

克劳瑟的分析是建立在常见的错误认识上的，即认为牛顿物理学是以平衡了的力、机器等概念为基础的。然而只要我们仔细读过《原理》和有关该书的一流评论，就会发现这三个概念都不是《原理》的主题。《原理》是专门研究在力的作用下的不平衡状态、在不平衡的力的作用下物体产生的加速度和对这些力的阻力。[32]具体应用这些力的原理于行星及其卫星的运动、彗星的运动的牛顿宇宙系统，绝非一台机器或像一台机器。在牛顿所处的时代，他曾多次被批评为放弃了力学的原理，而创造了一个肯定是非力学的宇宙系统。最后，正如我们在前文已经看到的，孟德斯鸠不是一个牛顿学说者，而为克劳瑟援引的那段文字，恰恰反映了孟德斯鸠未理解牛顿科学最简单、最基本的原理。

距现在最近的有关"牛顿的定律塑造了宪法"的主题，于1987年发表在一篇题为《科学和美国的实验》的文章中。[33]此文认为，美国奠基人排斥了"过去的政治理论"，转向"以大自然本身的模型组建政府，并把自然界的定律看成是社会定律的模板。而牛顿对大自然的解释是正确的"。作者没有论及牛顿对美国奠基人的直接影响，而是把注意力集中在大卫·休谟身上："休谟把牛顿的经验主义作为自己的榜样，坚信没有任何知识可以超越经验。"作者总结道，因为休谟的影响，像亚当斯发表在《捍卫宪法》和《联邦主义者》等杂志的文章中"点缀着自然科学的语言，决非偶然"。通过论证休谟和亚当斯的相似观点，作者得出结论称，亚当斯政治平衡理念的证据来自牛顿的经典力学（每一个作用力都有一个反作用力）。除了错误地陈述牛顿第三定律（反作用力必与作用力大小相等而方向相反）之外，亚当斯虽然用这一原理反驳富兰克林，但没有（至今未有证据表明）用来支持自己两院制议会的主张。此外，正如我们已看到的，这一定律没有支持平衡或均衡的理念。

该文中唯一的、在另一处提到牛顿或牛顿科学的地方，是关于"宪法的两个关键特征"。其一是"联邦政府中行政、立法、司法之间的三权分立"，其二是"联邦政府和州政府之间的分权"。尽管亚当斯大胆地声称，"这些特征与牛顿的力和运动的理论有密切联系"，但这些特征没有任何牛顿学说的色彩。事实上，作者恰恰把他认为的这些概念是如何与牛顿物理学的原理有关给绕开了。

在结论中，亚当斯试图让我们相信，牛顿的宇宙哲学以某种方式给了宪法起草者们应按大自然的方式来制定宪法的信心。声称政府的设计是以物理学和几何学的原理为基础的，甚至总结为美国政府是一个机械的而不是人的政府。作为证据他引用了美国19世纪诗人詹姆斯·拉塞尔·洛维尔的诗句："一部自动运转的机器。"撇开宪政系统是否是一部机器的问题不谈，牛顿在《原理》里提出的宇宙系统（如上所述），绝对不是机器这个词在任何公认意义上的通常用法。作者在陈述中最不寻常的方面是完全没有提到过《原理》。他没有引用过任何牛顿的原理、定律或定理，只是引用了被错误解释的第三定律作为对亚当斯而不是宪法起草者们的附带评述。作者强调了并非《原理》特征的经验主义因素，却未提到这本科学著作的基本方面，如运用数学的证明、比率或比例、几何学和三角学、代数和无穷级数，甚至微积分的推理。作者甚至没有提到被广泛应用的牛顿万有引力定律这一至高的成就，也没有提到牛顿数学演绎的结果可以准确地验证过去和预测未来地球和天体上的现象。

5. 对科学和宪法关系的不同看法

我们没有必要对所有表述过宪法与牛顿科学有关的史学家进行分析评论。[34]但是对克林顿·罗西特做一番探讨是很有益处的，他是二战后研究美国政府最杰出的学者。他53岁英年早逝，是美国史学界的重大损失。像罗西特这样有敏锐分析头脑的人，绝不会满足于克劳瑟粗略的概述。然而，他总结的美国政治哲学的基本原理，是"政治和社会世界也是受到那些支配着物理世界的普遍规律支配的"。这种像物理科学和生物科学那样也存在着一种政治科学的看法，被18世纪末期的人们广泛接受，并在19世纪的许多著作中突出地表现出来。对这一科学的信仰体现在人们对"管理科学""政治科学""联邦政府的科学"等词的广泛引用。

但是罗西特没有仅限于讨论他在18世纪和19世纪的政治文献中所找到的一般理念。他还提出了他认为是"牛顿科学促进自由政府的发展"的三种途径。第一种是战胜迷信和无知，以及同时出现的对人类理性的过度吹捧。这一特征作为科学的后果，是很容易用例证来说明的。这当然不是以任何特殊的方式来描述牛顿的科学，除了程度上的差异，它在任何要素上有别于那个时代的其他科学。我们在第三章已看到，对富兰克林的雷电是大自然日常有规律的放电现象的解释和随之而来的避雷针被发明的科学战胜迷信的例子。类似牛顿学说的例子是《原理》第三册分析了彗星在椭圆形轨道上运行，周期性地自远离太阳系的外空间返回。很明确，如果彗星是在确定的轨道上运行的，它的出现是有规律的，因而是可以预测的事件，那么彗星就不是神的手势，也不能理解为来自愤怒的上帝的警告或信息。

按罗西特的观点，牛顿科学促进自由政府发展的第二种途径是科学方法与民主程序有一种"血缘关系"，因此"科学的进步使得实现民主必不可少的前提和方法通俗化了"。这个主题无疑是很有价值的，虽然它不是那么容易被证明适用于所有时代的，甚至是美国奠基人时代的科学。毫无疑问，我们在自己所处的时代，曾经目睹苏联共产党和纳粹德国专制制度下科学的衰退。而一个世纪前，在德意志帝国普鲁士政府的领导下，科学却得到繁荣的发展。在18世纪，伏尔泰（就像同代的法国思想家）曾将相对自由的英国和比较专制的法国的情况做比较。他的论点强调言论、出版自由这样的内容。虽然牛顿出生在平民家中，是一个农民的儿子，但在他的葬礼上最高级的贵族都来向他致敬，这件事给伏尔泰留下了深刻的印象。但在后半个世纪，专制的法国（不顾审查制度的限制）赢得了优势，变成了世界上一个主要的科学发达的国家，成为达朗贝尔、布丰、雷奥米尔、拉格朗日、拉普拉斯和拉瓦锡的祖国。

第三种途径，按罗西特的说法，"新的科学直接影响着美国政治和宪政思想的发展"。按他的说法：

> 牛顿世界体系的基础，是对由不变的大自然规律所支配，并由此支配而产生的和谐宇宙的伟大概括。它首先对大自然规律的学说予以新的肯定；其次又大大推进了辉格主义的政治平衡原理的推广普及。[35]

当然，没有有力的根据可以否定罗西特说的牛顿世界体系对大自然规律的支持，但他说的"推进了辉格主义的政治平衡原理的普及"，未免过于牵强。然而，可以看出，罗西特并未说制衡概念或政治平衡与牛顿科学原理或某些定律直接相关。

6. 科学在制宪会议讨论中的作用

宪法起草者们主要考虑的是实际问题而不是哲学问题。特别是会出现一些指定给联邦政府的特殊权力和指定给州政府权力的激烈言辞，还经常出现在大州和小州之间的平衡问题上。所以，在有关宪法的辩论和批准过程中，当发生上述问题时，科学所起的作用是不大的。然而我们应该看到，一般的科学，尤其是牛顿科学在讨论和争论中提供了可为人们接受的隐喻。这和科学成为宪法制定者们的基本思想或指导性的概念、原理、方法完全是两回事。对我来说，有无可辩驳的证据可以证实，宪法没有任何地方是按照牛顿科学的法则、概念、定律、学说的直接政治类比或物理学、生物学、数学的直接政治类比来制定的。

物理学家奥本海默曾经用非常直接的方法调查了这一问题，他注意到《原理》是一个体现数学推理的具体系统。奥本海默断言，无论在欧洲政治或美国政治中都没有牛顿学说的痕迹。他写道："那些所谓化学、心理学和政治学直接借用牛顿物理学的说法是粗率的。此外，所谓18世纪的政治和经济理论源自牛顿学说的方法论的说法，认真的读者是找不到根据的。"他总结道："没有实验，又不适用于牛顿的数学分析方法，得出这样的结论是必然的。物理科学对启蒙运动的意义不是指这些。"[36]

然而正如我们看到的，在制宪会议的讨论与辩论中和在《联邦主义者》杂志上有关宪法的文章中，有不少引用科学的情况。毫无疑问的是宪法的起草者们，试图在他们的政治原则、提出的实践计划，以及当时的科学所理解和阐述的自然宇宙之间建立起一种和谐。正如我们已看到的亚当斯反驳富兰克林的情况，求助于科学（尤其是牛顿的《原理》和他的定律），是援引最高的权威并构成可想象到的最有力的论据。

然而，仔细阅读麦迪逊的制宪会议记录，没有揭示出一个哪怕是很简单的例子，可以说明在制定新政府的原理时，使用了物理学或生物学提供的重要概念、模式、权力或限制。正如我们想象的理性时代那样，这些会议记录显示许多地方提到了科学。

在提到科学的地方，讲得最多的是涉及在力的作用下保持稳定的行星系统。比如麦迪逊认为联邦政府的权力是作为"消极的"法规被各州政府通过的。这个权力"是绝对必要的"。他写道，有如"万有引力定律中要在我们的太阳系中保持（可能会有约束）向心力"，否则，"行星就会从它们的轨道上飞走"。在这里麦迪逊引用的不是向心力和离心力之间的静态的平衡，平衡的状态绝对不是牛顿学说的；他写的是一种平衡或由中央指导的一种引力去影响抗衡的力量，而不是保持行星在它的轨道上运行的原理。

麦迪逊十分正确地应用了他在普林斯顿大学上学时学到的牛顿天体力学。正如我们已经知道的，在牛顿科学的通用语言中，圆周运动中沿着轨道切线方向的惯性分量，经常涉及离心力。如果没有恒定作用在行星上的限制的力（如太阳的引力）把它引向太阳，行星的"惯性力"会使它们（正如麦迪逊所说）沿着切线方向"飞出轨道"，似乎有一种向外的力或"离心力"在起作用。[37]因为这两个力（所谓离心力和产生向心加速度的引力）是不同类的和作用在不同方向上的，在它们之间不存在平衡的问题，这里绝没有平衡。

有些类似的引用科学的情况，出现在制宪会议讨论参议员应该是选出的或是指定的时候。约翰·迪金森"把建议中的国家系统比作太阳系，各州就好比行星，应让它们在各自合适的轨道上自由地运动"。他声称詹姆斯·威尔逊试图"消灭这些行星"。在反驳中，威尔逊声称他"不是像迪金森先生假设的那样要消灭行星"，但"也不相信他说的另一方面，即这些行星会温暖和照耀太阳"。他关心的只是让它们保持在"它们合适的轨道上"。[38]在另一份报告中，迪金森提到"英国的上议院和下议院，他们的权力有不同的来源"。通过"彼此制约"，他说，国家立法机关的两个不同的分支能够"促进国家的安全和真正的幸福"。这使他引出以下天文学的例子：

> 一个这样建立起来的政府将实现整体的和谐，有如太阳系，中央政府就像太阳，照亮整个系统——所有的行星按照完美的次序围绕它运转；或者像许多小溪的汇合，最后形成一条巨大的河流，缓慢地流向大海。[39]

在这里，迪金森把他的隐喻混合起来了，他的"和谐"既是被太阳照亮的围绕它运转的行星系统，又是逐渐由小溪汇成大河的一个河系。

迪金森使用科学类比还有另一个特征，即对哥白尼的"太阳位于中心，周围被沿轨道运行的小天体和小行星环绕"的这一一般概念的讨论，转变到对作用在这个系统上的力的考虑。在一份报告中他写过"中央政府是太阳，各州是既排斥又被吸引的行星"。[40]另一个更详细的说法是这样的：

> 中央政府的特权是最重要的普遍的原则，它必须能够控制住各州的离心倾向；如果不是这样，这些州会飞离它们合适的轨道并破坏整个政治体系的和谐与次序。[41]

在这里迪金森援引了牛顿学说的"离心倾向",为了防止围绕运转的物体飞离"它们合适的轨道",必须加以控制或约束。但这样的修辞同样也暗示着非牛顿学说的观点,即两个对抗的力之间、引力和斥力之间的平衡或制衡。这还是早先引用过的那个观点。在第二个说法中,虽然他讲到如果这些行星没有受到向心力或万有引力的"控制",就会"飞离它们合适的轨道"。但他没有说明,这些行星是按牛顿学说原理沿切线方向飞离,或是按非牛顿学说的方式沿轨道半径方向飞离太阳。

迪金森对太阳系动力学的理解程度,可从他使用其他隐喻的例子中考察。在论述各州的权力时,我们已看到迪金森"把建议中的国家系统比作太阳系,各州就好比行星,应让它们在各自合适的轨道上自由地运动"。但如果这些行星只是简单地"自由地运动",也就是没有任何外力作用在它们身上,按照牛顿物理学的原理,它们将不再留在"合适的轨道上",而是会沿切线方向飞走。他也提到"国会"好比"我们政治世界中的太阳",它的作用是"制约各州想要脱离它们共同的中央或国家的离心力"。从这个句子看出,迪金森的观念中有一股离心力,如果不去平衡它的话,就会促使行星沿直线方向飞离中心点,飞离其"共同的中央"的太阳。在这种情况下,这个隐喻完全是非牛顿学说的。不管怎样,这说明了迪金森没有引用"平衡"或"均衡"的术语,那不过是非牛顿学说的、被误解了的天体运动物理学的观念。

在前面所引的一个例子中,迪金森提到一个行星系统,然后跳到小溪汇流形成大河的一个想象。这种奇特的将河流和太阳系并列,是浪漫主义的雄辩家修辞的典型。迪金森论点的立场既非以政治情况与科学原理的类比为基础,其结论也不是以科学定律或法则为基础。更确切地说,是科学提供了修辞权威支持已被采用的立场或结论,正如律师们引用先例或伟大权威的名字来强化自己的论点一样。这是众所周知的政治争论或雄辩的一个方面。例如,在对州的权力进行纯政治分析时,一位发言者把中央政府比作"太阳,行星系的中心"。[42]在这里引用天体物理学,并不是为了发展自己的论点。引用科学或大自然本身的权威,只是为了支持已被采用的政治立场或使其合法化。

会议讨论中的其他科学隐喻来自物质科学,甚至来自医学和动植物的生命现象。威尔逊写过，"代表制度的缺点，就像配方药出了错，必然导致疾病、惊厥和最后的死亡"。[43]威尔逊使用的"配方药"是当时医学用于早期病症服用药物的一个术语。在18世纪的治疗学中，人们认为配方药可以通过"成熟化以准备排出"来分离"病态"物质。我们已知道威尔逊在他的关于法律的演讲中经常引用牛顿的自然哲学。

这些来自科学的例子、说明和隐喻——不仅来自生命科学而且来自物理学，特别是牛顿的自然哲学——给我们留下深刻的印象。很难想象，我们今天的政治雄辩和修辞会以这种方式引用科学。在这段文字中要牢记两个因素。首先是许多美国宪法起草人都受过良好的科学教育，所以才能在他们的政治修辞中熟练地使用科学隐喻。同样重要的是，与会代表一般也熟悉这些科学原理，所以才能理解这些隐喻。作为知识分子所赋予科学的双重特征，是理性时代科学受到高度尊重的显著标志。

7. 詹姆斯·麦迪逊所受的科学教育

麦迪逊受到的早期教育，包括学习拉丁文、希腊文、历史学、修辞学以及数学。[44]他没有按弗吉尼亚青年传统的途径进入威廉-玛丽学院，而是在18岁时进入普林斯顿的新泽西学院，现该校早已发展为普林斯顿大学。该校建于麦迪逊入学23年前的1746年。麦迪逊入学前一年的1768年，来自苏格兰的约翰·威瑟斯庞担任校长。威瑟斯庞曾受到苏格兰启蒙运动先驱人物的思想的极大影响。在普林斯顿除完成其应尽职务外，他还潜心于发展科学教学。[45]正是在他执掌校政期间，该校购置了著名的里滕豪斯太阳系仪，用来向学生展示行星及其卫星的运动模式。麦迪逊集中精力只用两年时间学完了四年的课程，毕业后仍留在普林斯顿好几个月，为了追随威瑟斯庞学习额外的历史学、伦理学和神学。

普林斯顿一年级的学生要读包括贺拉斯、西塞罗、卢西恩、色诺芬等学者的拉丁文和希腊文作品。二年级开始学习科学、地理学、修辞学、逻辑学和数学。三年级读附加的拉丁文和希腊文著作并继续学习数学和自然哲学（物理学和天文学），还有伦理学。四年级用来复习和写作，涉及"古典拉丁文和希腊文作品最先进的部分、希伯来文《圣经》的一部分和所有的艺术和科学"。[46]

　　麦迪逊学习数学和科学的笔记没有保留下来。有一个涵盖文学和哲学内容的手抄笔记本，未涉及科学内容，有一些图形（主要是数学方面）但没有附带文字。有一张是简化了的哥白尼宇宙系统（见图13），另一张反映了麦迪逊利用学到的三角学做日晷计算以求出他在弗吉尼亚住处的纬度，还有一张显示一个几何实体的投影，是一个结果不能使人十分信服的几何练习。这些图要是与威廉-玛丽、哈佛、耶鲁的学生的画作相比水平较低，以至很长时间里，他们认为当时麦迪逊是在读中学而不是读大学。

　　有证据显示在麦迪逊就学时代，普林斯顿的科学教学苦于缺乏一系列的演示和实验仪器。学生只是从老师的口头教学中学到数学、物理学的基本原理（包括牛顿科学）和天文学的知识。麦迪逊入学前的1769年，校董会认识到有必要加强数学和科学的教学。就在那一年，杰里迈亚·哈尔赛先生被"一致通过选为数学和自然哲学教授"。[47]然而，他没有接受聘请，

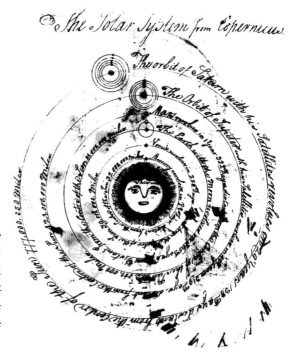

图13：麦迪逊画的哥白尼宇宙系统。这幅没有标明日期的画经常被认为是麦迪逊中学时代的习作，但今天已被确认为他在新泽西学院（普林斯顿）上学时课堂笔记的一部分

这个位置一直空缺到1771年威廉·丘吉尔·豪斯顿由该校的高级助教被提升为科学教授为止。同年，即1771年，指定了一个委员会，拟定了他们认为向学生提供良好的科学教育最必要、最急需的科学仪器清单。[48] 这些措施对麦迪逊来说来得太晚，这方面他没有亚当斯那么幸运，后者能在大师温思罗普教授名下学习，又能使用哈佛丰富的科学仪器设备。他也不如杰斐逊那样，有幸在威廉斯堡的威廉－玛丽学院学习，那里也有各式各样适用的科学仪器。

从塞缪尔院长1760年编的《新泽西学院图书馆总目录》中可看出麦迪逊入学前该校科学教育的贫乏情况。他抱怨："图书馆书架上很难找到现代作家的书籍。"尤其是，他评论："在研究数学和牛顿学说时这个缺点就更加明显了，学生无论从书本或仪器方面所得到的帮助都极其有限。"[49] 普林斯顿官方的历史学家不无遗憾地评论："新泽西学院科学仪器的短缺似乎到了可怜的程度。"[50] 事实上校董会一再呼吁赠送科学仪器支援天文学、物理学和地理学的教学。1760年的报告说该学院有了"少量的仪器和自然标本"。[51] 1764年，即麦迪逊入学前五年，校董会再一次感叹学院"太不关心添置数学工具和自然哲学的实验仪器"。[52] 我们要很好地理解校长威瑟斯庞为添置里滕豪斯太阳系仪所做的努力，这部仪器于1771年4月及时地安装在纳索堂。当时这部复杂的仪器是能工巧匠的精美作品，它不在为加强牛顿自然哲学教育如物理学、化学等的演示和实验所必需的仪器之列。

1772年该学院的招生广告宣称该校的仪器设备"已订了货并正在运来"，当它们到达普林斯顿时，该校的"自然哲学和数学仪器，即使不是胜过也至少相当于大陆上任何一所大学所拥有的数量"。在接下来的几年里，他们向公众宣称，"学校最近从伦敦买来了成套的科学仪器，每一部分都经过自然科学、数学和天文学专家的检验和认可，此外还有宾夕法尼亚州里滕豪斯先生制作的太阳系仪"。[53]

尽管在18世纪70年代做了这样的吹嘘，但直至1790年科学仪器的短缺依然很严重，沃尔特·明托教授筹资购买科学仪器的呼吁终告徒然。1796年詹姆斯·麦迪逊、艾伦·伯尔和其他校友捐献了一笔122美元的资金购买"演示最主要的化学实验所必不可少的仪器和材料"。[54]

在他的整个后半生，麦迪逊作为理性时代一个有教养的公民和热心的业余爱好者培养了自己对科学的兴趣。他在1784年的一封信中提到"哲学方面的书籍我已列为附带读物"。[55]麦迪逊在科学方面的教育受到杰斐逊的影响和指点，18世纪70年代后期他们成为亲密的朋友。这种关系对麦迪逊的好处之一是可以读到杰斐逊私人图书馆丰富的藏书。当杰斐逊1784年出使法国时，作为麦迪逊的代理人和顾问，杰斐逊为他买了许多法文的历史、政府理论、哲学方面的书籍，但也有科学方面的书籍。[56]

杰斐逊特别鼓励麦迪逊对博物学的兴趣。麦迪逊阅读了被称为先驱的法国博物学家布丰和道本顿的著作。显然，这即使不是受到杰斐逊的直接指点也是受了他影响的结果。麦迪逊甚至仔细地测量过在蒙彼利埃的耕地里捉到的一只鼬鼠和一只鼹鼠的器官的尺寸。这些资料都送到杰斐逊那里作为弹药来反击布丰和其他人的谬论，即新旧大陆都有的动物中新大陆动物的个头都会小一些。[57]

这里有一份1783年末在安纳波利斯和费城，杰斐逊和麦迪逊之间关于地心热量问题的讨论记录。当时正是麦迪逊要离开，而杰斐逊要再次进入大陆会议的时候。四年前布丰出版了他的有关地热的理论著作《自然纪》。试图跟上最新科学发展的杰斐逊读完了这本书，而麦迪逊还没见过这本书。在随后的通信过程中，他们经常交换一些实验数据和建议。杰斐逊永远是一个好老师，经常纠正如麦迪逊自己所述的"我的误解"。[58]这些交流反映了尽管物理学原理不是麦迪逊的强项但他却工于计算。

当他们在通信中讨论地热问题时，麦迪逊告诉杰斐逊他刚读了第45期的《伦敦杂志》，并找到了第373页中由亨特医生（解剖学家威廉·亨特）写的有趣评论。麦迪逊报告说，按亨特的说法，大英博物馆藏有从巴西和利马找到的长毛象的牙齿。这个消息的意义在于杰斐逊曾假设过"到目前为止，在南方还没有找到动物的骨骼"。杰斐逊回信说，这可能是南半球找到的与北半球一样的动物骨骼的唯一实例，他宁愿假设这是很久以前由移居的印第安人或甚至后来的西班牙人带过去的。

麦迪逊知道自己不了解化学，他请杰斐逊寄送有关这方面的"两箱书，其中有《化学必读》和一些初步论述"。[59]下面我们将看到麦迪逊在《联邦主义者》杂志上的一篇政治论文中引用的来自化学的隐喻。他自己对于世界和大自然的观察及阅读了大量杰斐逊提供的科学书籍，极大地提高了他的科学才能以至在1785年被选为美国哲学学会会员。他的小组里包括后来移居美国的英国化学家约瑟夫·普里斯特利、美国博物学家梅纳西·卡特勒和既是工艺学家、发明家又是政治小册子作家的托马斯·潘恩。

8. 麦迪逊和《联邦主义者》中的科学

在《联邦主义者》杂志与在制宪会议的辩论和讨论一样，科学频繁地表现为隐喻的来源。尤其是我们应把注意力集中在麦迪逊所写的文章上而不是他的同事作家亚历山大·汉密尔顿和约翰·杰伊的文章上，主要因为使用科学隐喻在麦迪逊的文章中比较突出。此外，麦迪逊在《联邦主义者》发表的文章对当前的研究特别重要，因为他可以说是美国宪法的首席设计师。无论如何，他的解释和原则或对任何章节的辩护都必须引起我们的注意。然而，我们也将看到汉密尔顿至少在他的一篇文章中引用过数学方面的原理。

《联邦主义者》是一些文章的选辑，最初匿名登载在纽约的报纸上，目的是解释宪法的原则、为其辩护并以此谋求选民的支持和认可。由于反复再版，《联邦主义者》被看作是发展民主政府理论的主要文献而受到重视。被看作美国政治思想的《圣经》的这本文献，曾多次被各类学者仔细地分析过。《联邦主义者词汇索引》（以下简称《索引》）使得学者们能找到文集中每一个词汇的出处及引文。根据《索引》我们可以断定在《联邦主义者》中单数名词"科学"出现了11次、复数名词"科学"出现了4次。[60]《索引》中还包括了作者使用这些词汇的频率的统计资料。

在《联邦主义者》第10期，麦迪逊使用了化学方面的隐喻，他写道："自由对于派系活动就像空气对火一样，它是一种必需的食物，没有它马上就活不成。"通过分析，他论述："由于自由是派系活动的营养物，绝不能蠢到取消自由（这是政治生活必不可少的要素），就像由于风助火长，有人就想灭绝动物赖以呼吸生存的空气一样。"[61]这种既支持氧化（或燃烧）又支持呼吸的空气的组合，从罗伯特·玻意耳时代开始就一直是科学教学的特点，他设计的第一台空气泵比《原理》还早几十年问世。有各种各样的实验将燃烧和呼吸联结在一起。把一支蜡烛放在钟罩里，抽走空气，火焰马上就熄灭了。同样把一只老鼠放在钟罩里，抽走空气，老鼠马上就死了。

在讨论联邦政府和州政府权力之间的"分界线"（《联邦主义者》第37期）时，麦迪逊使用了来自生命科学的类比。在这里他指出了"许多聪明和勤劳的博物学家确信可以追寻植物和无细胞结构的物质之间的分界线"这方面缺乏准确性。

《联邦主义者》的文章中经常使用这样的措辞如"立法的制衡"（第9期）、"均衡"（第14、15、21、31、49、66期）、"权力的均衡"（第15期）、"平衡"（第10、34、35、45、71、74、85期）、"国会的均衡"（第66期）和"政府宪法的均衡"（第49期）。然而，没有一期提到太阳系动力学或那些懂得牛顿科学的作者所受到的启发。

《联邦主义者》文章中的科学隐喻绝大部分来自生命科学，特别是医学，而不是物理学。在第10期，麦迪逊两次提到"治疗"，并声称"联邦的结构及其范围"揭示"专门针对联邦政府问题的联邦主义的治疗方法"。在第14期他提到"几乎每个州不是在这边就是在另一边存在国境线"，他所指的是"距离联邦心脏最远的那些州，当然分享到的利益可能比正常所得要少"。在这里，心脏和血液循环量的概念为政治论点提供了隐喻。在《联邦主义者》第19期中，麦迪逊在讨论中描写"帝国是没有生气的躯体"。他又进一步扩展了这个生理学隐喻，表明这样的没有生气的帝国"没有能力管理它的属下"，也"无法抵抗外来的威胁"；此外，它"在肠道里不断发酵，焦躁不安"。在第50期，麦迪逊讨论政治系统"存在的疾病"并责难"治疗方法的无效"。在第38期，把病人和有病的政府做了冗长的对照。

亚历山大·汉密尔顿在《联邦主义者》上发表的文章中也同样使用来自医学和生命科学的隐喻，其中有"一个有病的政府的自然疗法"（第21期）、"社会的两个最致命的疾病"（第34期），还有他评论"骚动和叛乱是政体不可分隔的不幸的疾病，正如人体无法避免出疹和肿瘤一样"（第28期）。在第28期中他提到"由于自己的小聪明而轻视实践经验的政治医生们"。汉密尔顿还提到"人类本性中已知的事实是感情会由于对象距离的增大或对象的分散而成比例地普遍减弱"（第17期）。我们要注意，这里的与距离成反比，是与麦迪逊的距离因素影响循环量类似的，而不是牛顿学说的与距离的平方成反比。

《联邦主义者》杂志上没有直接引用牛顿科学的地方，[62]也没有以任何显著的方式提到太阳系动力学，更没有提到万有引力或离心力，等等。只是在汉密尔顿的一篇论文中把太阳系的引入看作"反对新宪法所依据的原理"（第9期）。他主张的是"放大的轨道"，"在上面只有一个国家或许多小州组成一个联盟在运转"。这个隐喻与天文学或牛顿物理学毫不相干。此隐喻和汉密尔顿在另一处引用的"天文学"（第15期）一样，在那里他提到的情况是，"每一个政治社团都是用（共同的利益）把许多小的政治实体组合的原则来形成的"。毫无例外，他写道，那里"会发现下级行星或天体有一种离心倾向，通过不断的努力飞离共同的中心"。笔者发现这个论点使人十分困惑。从太阳系动力学的观点来说，很难理解为什么下级行星要"不断的努力飞离"，而上级的行星就不这样呢？而且笔者不能确定"离心倾向"是什么意思，除非汉密尔顿对处于最中心位置的行星——水星的特性有自己的理解。

汉密尔顿也会使用数学隐喻。他提到"计算的通常规则"（第16期）并提到"据说'在政治算术中，二加二不总是等于四'"（第21期）。他还探讨过"整体法律有被局部法律否定的危险的政府架构"（第22期）的可能性。甚至更加有趣的是他引用"概率的推理计算"（第41期）。我们在前文已看到汉密尔顿也提到过几何公理和政治学公理，甚至将几何学与政治学做比较（第31期、第80期）。

虽然《联邦主义者》的文章中有许多来自科学的隐喻，但这些都不是这部文献的主要特征。的确，除非读者专门寻找这些例子，不然甚至不会意识到文章中有这些隐喻。所以，重要的不是科学以什么显著的方式为《联邦主义者》的作者提供了隐喻，而是有这些隐喻这一事实。

9. 不是牛顿，是达尔文？论科学隐喻在政治思想中的意义

在讨论宪法和科学的关系时，伍德罗·威尔逊声言："今天，当我们讨论任何事物的结构和发展时，不论是自然界还是社会，都会有意或无意地

追随达尔文先生。在达尔文之前，追随牛顿。"[63]我们今天有类似的风尚引用弗洛伊德创立的概念，也许可以把威尔逊的隐喻引入我们的时代。

威尔逊提出了两个独立的主张。一是区别把政府比作有机体和比作机器的不同理念，二是解释为宪法确立特有的达尔文学说。在这方面我们要注意，威尔逊不是论述达尔文之前的进化理念对宪法架构的影响，比如18世纪流行的布丰的理念。在这里他的生物学论点不同于以物理学为基础的解释。他认为牛顿学说的理念，可能无意识地影响着辉格主义政府理论的奠基者。按照威尔逊的说法，如果对立宪政府的实际工作做出合理的分析，应该得出这样的结论："政府不是机器，而是有生命的事物"，这就是采用达尔文学说的根据。[64]在这个毫不含糊的陈述中，威尔逊超越了隐喻或类比，直指事物的本质，很像赫伯特·斯宾塞的断言：社会就是一个有机体。威尔逊得出的结论是，"政府倒台不是按照宇宙的理论，而是按照有机生命的理论"。

在提倡以生物学基础理解政府的过程中，威尔逊论述过任何政府都是"根据所处环境来调整的"，而且是"由严峻的生活压力来塑造功能的"。他解释：如果政府的各个器官之间是"互相对抗、抵消、制约"的话，没有一种生物能够活得下来。相反，有机体的生命就依靠各个器官之间的"快速协作""它们对指令的迅速响应"以及"它们的目标共同体"。他继续说，政府是"人的团体"，它们之间的协作是生存的基本条件。他说，"没有各个机构之间亲密的、几乎是本能的、在生活和行动上的协同一致"，政府就不能生存。他坚持说："这不是理论，是事实。"结论是"有政治生气的宪法无论在结构上或在实践中都必须是达尔文学说的"。[65]

对于政府的生物学解释的讨论，在结论中复述了前面探索过的推断，即"宪法的定义和规定是孕育于牛顿学说精神之中，并以牛顿学说原理为基础的"。不管怎么说，威尔逊幸运地观察到这些定义和规定"对生命和环境来说都足够宽松和有弹性"。换句话说，尽管是按牛顿学说设计的，美国立宪政府可没有表现为"一部机械地自动平衡的机器，而是表现为能适应美国人民的目标和心情变化、生机勃勃、有着正常发育器官的有机体"。[66]

威尔逊思想中这种将政府和社会比作有机体（生物）和对达尔文学说

的兴趣，可追溯到比1907年早得多的阶段。某些来自1885年和1889年的例子可以说明问题。在1885年他出版的第一本书《国会政体：美国政治研究》[67]中，威尔逊已经把制衡系统和有机的发展理论做了对比。尤其是他把宪法比喻为根部，政府"缜密的有机体"是借此才得以成长的。[68]在1885年12月写的《现代民主国家》[69]中，他这样来描述现代民主：

> 一个巨大的国家，它的每一部分都过着自治的生活，而又有共同的生活和目标，有多少组织单位就有多少自我管理的能量中心，而且又有相互协作。它不是一个局部相互依存的首脑机关，而是一个独立、巨大、顽强的有机体，所有的肢体和肌肉都一样的结实和充满生机。[70]

在1889年5月那次题为《美国民主的本质》的演说中，威尔逊大量地引用"现代民主国家"，再次重述了上述想象。[71]关于美国，威尔逊说："我们的国家像一个高大结实的巨型生物，所有的肢体和肌肉都十分敏捷，它也是聪明的，有着各种各样的判断能力。"[72]同年出版的《国家》中，威尔逊写道，社会"确实是自然的和有机的，就像每一个单独的人一样"，并且"像其他生物一样，只能由于进化而改变"。阐述这些观点的章节的小标题是："社会是一个生物，政府是一个器官。"[73]同年12月26日大卫·麦格雷戈·米恩斯在《民族》杂志[74]上发表了对《国家》的评论，以下面这样的态度批评了威尔逊的假设和方法论：

> 在历史学派作者中，存在着令人担心的倾向，宁愿采用科学名词而不愿采用科学方法。我们听到许多关于社会像一个有机体的说法；关于生长、发展、信仰、融合、团结的说法。这些方便的措辞有时会掩盖思想上的贫乏。用隐喻来说明问题是很容易被误解的，而且容易把抽象的事物当成实体来对待。[75]

但就在当年7月，如果文献提供的不确切的日期是正确的话，[76]那么威尔逊自己则在一份手稿上谈到了相同或至少是类似的问题：

　　进化的理念和形象似乎有点接近人类的灾难。谁都知道政府从来不是发明出来的，也永远不会由于发明的方法而安全地变革；但现在谁都听烦了，政府不是制造出来的，而是自然形成的。我们知道进化的公式是容易掌握的，但我们怀疑它未必完全可靠。白哲特先生确实是这个领域中一位伟大的思想家，是无论老一代或新一代都无可比拟的政治评论家；而且白哲特先生在他的著作《物理与政治》中有意识地将遗传和自然淘汰的规律应用于政治社会。关于我的部分，我承认，我虔诚地相信书中包含的绝大部分内容。即使有失实的地方，也是表达得太有趣的缘故。它是这样地无法抗拒，没有一个有历史想象力的人能长期坚持不相信它。当然，白哲特先生是通过类比来说的。他知道政治学并非物理学，他们不是按自然规律而是按意向和品质的规律来操作的。这恰恰说明使用类比是有风险的。我们需要一种对政治变革原理的陈述和一种转换了的观点。[77]

　　生活在19世纪80年代的威尔逊有理由注意进化论。例如，他的叔叔詹姆斯·伍德罗既是科学家又是牧师，曾是一位有巨大争议的人物，因为他在南卡罗来纳州哥伦比亚神学院的一次布道中以珀金斯自然科学教授的身份宣称他自己是达尔文进化论的支持者。[78] 所提到的情况散见于威尔逊的信件中。例如，1884年6月26日他在写给未婚妻爱伦·路易斯·阿克森的信中说：

　　　　我预计到的对叔叔詹姆斯·伍德罗的攻击已经开始了。……如果詹姆斯叔叔被学院宣布解职的话，麦科什博士（1868年后的普林斯顿大学校长，著名的达尔文学说支持者[79]）也应该会被赶出教堂，像我这样的私人成员也应该退出，不要因为信仰进化论而等着被开除。[80]

　　不过，威尔逊在《美国立宪政府》中阐述进化论所用术语是斯宾塞学说而非达尔文学说。此外，由于他把政府表述为一个有机体的模式，仍然表明除斯宾塞外，好像还受到白哲特的影响。

斯宾塞是19世纪末最有影响的思想家之一。虽然是一个进化论者，却并不拘泥于达尔文学说的原理。作为对达尔文的中心学说"自然淘汰"的替代，按照单体随机发生的变化和只有天生的特性才能遗传给后代的事实，斯宾塞论述了另一种自然淘汰理论，即进化可以在整个群体中发生，并且所获得的特性是可以遗传的。按照这个途径，他认为生物——包括群居生物——是有可能确定自己未来的进化道路的。威尔逊的斯宾塞主义反映在他强调适应由"环境"产生的改变和政府是"由严峻的生活压力来塑造自己功能的"等论点上。[81]这些都绝不是达尔文学说的，因为在达尔文学说的进化论中，许多单体中持续不断的随机变化导致只有最能适应特殊环境的生物才得以存活，因此对达尔文来说，只有在"生存竞争"中导致某些单体成功的特性才有可能被遗传下来而形成进化。

威尔逊关于政府进化论的阐述是由于对白哲特著作的研究而受到极大激励。白哲特并未从威尔逊产生重要影响的《英国宪法》一书中引用生物进化论，该书的结尾部分引用了达尔文《物种起源》中的一段话也不是讨论进化的概念，而只是重要的"事实"。[82]可是，白哲特的《物理与政治》突出了进化论的理念。

虽然《物理与政治》类似我们这个时代的主题，比如原子能的控制和利用等，但在那个时代"物理学"这个词的含义较普通。例如当威尔逊在普林斯顿当教授时，大学图书馆里的物理学书籍仍然被分在"自然哲学"类。物理学家亨利·克鲁讲述1882年当他作为新生进入普林斯顿大学准备主修物理学时，由于图书馆似乎没有"物理类"的图书而感到丧气。在迷惑中他问图书管理员为什么没有物理方面的书，回答是："哦，我们把它们分到'自然哲学'类里了。"白哲特对"自然界事物"的研究，来自希腊文"PHYSIS"即"自然界"。该书的副标题《将"自然淘汰"和"遗传"原理应用于政治社会的思想》揭示了其生物学取向。白哲特的目的是想揭示英国怎样变成一个先进的国家，而且他引用的主要权威不是达尔文而是斯宾塞，还有法学家赫伯特·梅因。他所解释的进化论是斯宾塞的而不是达尔文的。正如我们看到的他强调的生存竞争是在种族和民族之间的，而不是单体之间的。

白哲特讨论"自然淘汰"的某些节录是很能说明问题的。在关于"民族的形成"的章节中他好像在表达一种达尔文学说的概念，因为他援引了"自然淘汰"：

> 可以肯定……民族不是像野生动物（我现在说的不是物种）毫无疑问地出现在自然界那样，而是通过简单的自然淘汰形成的。自然淘汰意指那些只有与反对自己种族势力做斗争的单体才得以生存。[83]

但仔细考察之后发现这个论点不完全是达尔文学说的，因为达尔文的"自然淘汰"是专指竞争中的单体，而不是指族、种或类。在这里和其他的章节中白哲特的兴趣集中在民族的进化上，他的自然淘汰的概念涉及的是"政治组织"或"民族"而不是单体。例如在题为"原始时代"的章节中，他提出：

> 一旦政治组织开始运行，要解释为什么他们能保存下来是毫不费力的。强者尽其所能灭绝了弱者。在人类早期的历史中，其优势是不容置疑的，无论说什么别违反"自然淘汰"的原理。[84]

在题为"矛盾的利用"的章节中，白哲特提出了想了解发展进程的人必须承认的三条"原则"或"规律"：

> 第一，在世界上任何特定的国家中，最强大的民族总是倾向于压倒其他的民族；而且肯定表现为最强大的民族倾向于成为最优秀的民族的特性。
>
> 第二，在每一个特定的民族内部，最有吸引力的典型人物或优秀者趋于优势地位；尽管也有例外，但最吸引人的是被我们称为最优秀的品质。
>
> 第三，在绝大多数历史情况下，这些内部的竞争不会因为外部的力量而强化，但在某些情况下，比如，在当今世界上最有影响的地区流行的政治竞争，双方都受到外国势力的支持。
>
> 这些就是我们已经熟悉的这一类自然科学中"自然淘汰"类别的

学说；正如每一种伟大的科学概念，都有扩大自己范畴的倾向，并探讨不仅仅是该门学科开始时要解决的问题。所以，原来仅用于动物界的"自然淘汰"概念，本质没变，只改一下形式就可应用于人类历史。[85]

毫无疑问白哲特在这里构思的进化论是民族或种族之间的竞争，并且认为生物科学（他把它叫作"自然科学"）中的"自然淘汰"适用于种、类之间的竞争而不是单体之间的竞争。

正如上面已指出的，威尔逊是可以在某种程度上与他很钦佩的白哲特保持距离的，但是他自己对进化论的态度，明显是斯宾塞的观点，并浸透了白哲特的影响。尽管威尔逊援引过达尔文学说，但仔细研究过他关于宪法和其他问题的著作之后，发现他的思想并没有显示达尔文进化论的任何特征。根据他在有关宪法的文章中提到的进化论，我们可以说他对达尔文的学说并不比他对牛顿学说懂得更多。他表现出不懂得达尔文进化论的基本原理，例如，随机的变异、共同的血统、单体之间的生存竞争、可遗传性等。

威尔逊分析的核心内容，是宪法起草者们受到政府是一种机器的信念的影响，他认为应把政府看成有机体。他提到牛顿和达尔文的名字只是作为他涉及的学科的一个象征。然而威尔逊也放任他的修辞超出一般类比、隐喻和评价的局限，而进入危险的认同领域，论述"政府是有生命的"。[86]

10. 结论：隐喻的作用

无论在论述宪法起草者的思想观念时，还是在表达自己的观点时，威尔逊的立场都是极端的。既不同于制宪会议代表的作法，也不同于麦迪逊和汉密尔顿在《联邦主义者》上为宪法所做的辩护，威尔逊试图对宪法的本质做一个概括。可是，在精通修辞和将隐喻用于现实的政治理念方面，他很像我们的美国奠基人。制宪会议的代表与参与评论和讨论宪法的人们，主要关心的是授予联邦政府的权力，而不是政府或宪法到底应该被看成生物还是机器这样的哲学性问题。他们感兴趣的也不是探究文献中所描述的宪法或政府系统的特性，到底是像一部机器还是一个生物。制宪会议和《联邦主义者》中的讨论反映出这些政治家和思想家在援引隐喻和类比进行修辞时，对科学的使用方式是十分不同的。

美国奠基人把科学作为隐喻的源泉，因为他们相信科学是人类理性的最高表现。此外，科学所表达的知识是确定的，脱离了抽象的推测和无根据的假说及空谈。科学知识是以归纳和数学推导等可靠的方法为基础的。科学的可靠性在于它是以经验主义为基础的，即大量的经验积累与来自实验和观察的证据。科学不但能解释当前的现象，也能追溯过去发生的事件和准确地预测将来发生的事件。最有力的证据之一是牛顿和哈雷提前几十年就准确地预测了一颗彗星将在1759年返回，现已被命名为哈雷彗星。这一成功预测使得牛顿学说名声大振。牛顿的物理学和林奈的自然系统都是经过检测的真理的具体表达，产生了值得每个政治系统创造者去仿效的价值。

理性时代的许多思想家，包括宪法的某些起草人和其他美国政治领导人或理论家，都有一种很坚定的信念，即在自然界和人类生活方式之间，存在一种对应或类似。据此，他们认为健全的政府系统和社会组织，应该在价值观和实际形式上与自然界的制度表现出某种相似之处。所有的宪法起草者都同意，如果违背了由科学揭示的大自然的基本原理，政府系统和社会是不会健全和稳定的。

美国奠基人忙于各种实际任务，如罗列具体的罪状反对国王、设法使中央政府既有足够的能力处理国家事务又不至于过分强大而对各州的权力形成专制或压迫。他们对牵制和平衡的坚持与其说是表达政府是机器而不是生物这种抽象的哲学观点，不如说是表达了通过对各州权力的制衡来限制中央政府的权力的担忧，以及损害小州利益时制衡大州和人口多的州的影响这种观念。要注意的是，在制宪会议上的讨论很大程度上是以政府日常操作的实际问题为主题的，而不是关于人类和自然的形而上学原则和哲学信念的表述。

正是由于这些原因，隐喻的使用，特别是隐喻的选择，为评价系统、为内在的信念和更深的掌握信念提供了一把钥匙。对科学和政治思想的关系，特别是对科学与制宪会议代表及其同代人的关系的研究，作为增补定性行为准则的实用指南，时常占据政治科学家和历史学家的研究主流。来自科学的隐喻，使我们对自然的研究和理解给予高度尊重。更重要的是对这些隐喻的分析，指出了一些隐含的价值观，有助于扩大我们的历史视野和增进我们对美国主要奠基人内在力量的理解。

附　录

1. "科学"和"实验"的意义

在解释美国奠基人时代的文献和赋予当时使用的术语以定义和阐述时，要特别小心避免犯时代性的错误，尤其是那些关键的词，当时和今天的含义未必是相同的。对读者来说特别容易出错的两个词是"科学"和"实验"。在18世纪，"科学"这个词经常用来表示已经建立或已经论证的知识的任何分支，并且还没有获得我们现在对物理学、生物学、地球科学等学科更加明确的概念。直至今天，通过"政治科学"这个名词可看出"科学"这个词依然保留着古老的观念。

"实验"这个词来自拉丁文"EXPERIMENTUM"，是由动词"EXPERIOR"形成的名词（就像拉丁文"EXPERIENTIA"），意思是做实验、得出经验、通过经验学到什么或发现什么。在古拉丁文中，"EXPERIENTIA"有一种抽象的含义，包括可能性实验、事件中的经历，甚至是由实践中（经验中）得到的技术，而"EXPERIMENTUM"就有具体得多的观念，表示测试的工具和方法、论证、证据、例子。在西班牙、意大利，尤其是法国，派生自"EXPERIENTIA"（"EXPERIENCIA"、"ESPERIENZA"或"SPERIENZA"和"EXPERIENCE"）的词常用作实验或经验。自17世纪以来，在严格的科学文献中，"实验"这个词的含义倾向于我们今天所说的科学中的实验。因此，当牛顿在《光学》中的每一章后面都列出"由实验得出的证据"时，他心中所想的和我们对这个词的理解是一样的。他甚至使用在罗伯特·胡克那里学到的措辞"实验要点"或"决定性的实验"。约瑟夫·普里斯特利在18世纪后期写出了曾被许多（但不是所有）科学家使用过的区分。他说实验是对假设或理论的检测手段，他不赞成把这个词用在经验主义的实际考察或实验和误差中。富兰克林知道什么是实验，他的电学理论和著作《关于电学的实验和观察》就建立在广泛实验的基础之上。所以，当富兰克林写出新的国家政府是一个实验时，他心里想的不仅仅是实验和误差。在这方面他与非科学界的同事不同，他们写的"实验"在观念上就只是"试验"了。我们今天使用这个词与后者的观念是一样的，当谈到实验课程或程序时就只是一个试验，而没有意识到是对特定的假设或理论的检测。

这种"实验是一种试验"的老观念仍然在普遍使用着。所以当结果是肯定的、有利的，我们就说实验（或试验）是成功的。如果结果是否定的或不利的，我们就说这个实验（或试验）是失败了。但在科学实验中这两种结果都是肯定的和成功的。不成功的只是那种没有结果、什么也没提供的实验。

杰斐逊在国会议席分配法案的意见中，以宽松的观念使用"实验"这个词。他解释说，国会还没有提出已经采用的方法。因此，有必要根据结果倒过来研究确定这些代表的数字是如何得出的。正如他解释的，他曾经"通过实验找出法案的原则"。[1] 有点类似对"实验"这个词的用法的解释，出现在1788年7月13日博斯韦尔的杂志上。博斯韦尔写道，"他想做一个实验，看是否有可能从伯利那里得到一点儿款待"。这里的"实验"意味着对某件事做试验。[2] 在华盛顿的告别演说中，也出现了同样的以测试和查看工作的观念来使用"实验"这个词。在谈到联邦能否运作时，华盛顿提到"经验"是测试，但几乎随后他又谈到希望"实验能得到愉快的结果"，再次强调"非常值得进行一次公平和全面的实验"。[3]

我们在大卫·休谟的《对人类理解能力的调查》第八章"关于自由和必然"中，可看到在老观念下"实验"和"科学"的组合。在这里休谟谈论了"历史上的战争记录好像许多实验的积累，通过它，政治家们确定科学的原理"。休谟的论文《政治将成为一门科学》并没有像在物理学或生物学的观念中那样来使用"科学"这个词，而只是指有条理的知识。比这更早的是1726年在乔纳森·斯威夫特的《格列佛游记》里提到一个无知识的大人国的人"至今还没有把政治简化为科学"。斯威夫特的意思只是说这个题目还没有被系统、有秩序的方式处理过。

正如我们在本书其他部分看到的，美国奠基人在讲话和文章中使用"政治科学""政府的科学"，甚至"联邦政府的科学"这样的措辞。1782年6月亚当斯曾宣称"政治是神圣的科学"。1784年在写给瑟里谢的信中，亚当斯称赞法国学者（瑟里谢也在其中）把他们的注意力转到政府这个话题上来，他评论"社会科学远远落后于其他的艺术和科学、贸易业和制造业"。一年后的1785年9月10日，在从伦敦写给约翰·杰布的信中，亚当斯特别提到"社会的科学"。[4]现在还没有根据认为是亚当斯创造了这个名词。

2. 牛顿的科学中没有力的平衡

许多论述美国政府的作者，曾经认为牛顿的自然哲学展示了一种力的平衡状态。有时这种平衡使人联想到一种信念，即牛顿的世界体系是一部机器、一个巨大的钟表、一个能够在自我调节下永远运转的完美系统。从某些假设中得出用于政府系统的类比，最常见的是辉格党的政府理论，甚至曾被认为是牛顿物理学的"无意识的"复制品。主要结论是：牛顿世界体系的平衡为政府系统的制衡提供了一个模式。如我们在前文所看到的，这个论点曾导致以牛顿学说作为对宪法的解释。然而，一项批判性的研究表明，《原理》中的牛顿自然哲学和世界体系，并没有展示力的平衡，或成为一部可以完美地自我调节、"自我运转"的机器。牛顿清楚地、毫不含糊地写了世界不是一部不需要能工巧匠来修理或调整的，可以永久运转的完美机器。[5]

《原理》中所发展的牛顿理论力学的基本工作原理，是说轨道运动是由于力的不平衡而造成的后果，根本没有力的平衡状态这种观念。牛顿自然哲学涉及的几乎全部是动力学的问题，是研究不平衡的力和运动的学科，或者更确切地说是研究力（没被平衡的力）和由该力所产生的运动或运动的变化。仅仅在一个很小的章节中，作为"运动定律"的附录，牛顿介绍了静力学和力的平衡，即虽然在力的作用下物体仍然保持静止不动。

《原理》的绝大部分涉及轨道运动和不平衡的力的问题，这没被平衡的力造成行星、行星的卫星、彗星做轨道运动，总之，它使任何物体做曲线运动。在行星、行星的卫星、彗星的轨道运行中，这个不平衡的力是指向中心物体，即对行星和彗星来说是指向太阳、对卫星来说是指向它的中心行星。牛顿把这种力命名为"向心力"，因为它是向着轨道中心的，"向心力"将行星或彗星拉向太阳这边、把卫星拉向它的行星那边。在《原理》中，根据牛顿第一定律，轨道运动（或任何曲线运动）必须有一个不平衡的力。也就是说，除非有一个不平衡的力作用在上面，物体将保持静止或做匀速直线运动。据此，力的平衡状态永远不会产生曲线运动。

行星没有落向其轨道中心的原因是，它虽然有恒常的落向中心的运动，却同时有着向前的运动。所以，行星在往下落时又在往前走，这样——按照牛顿第一定律——它就沿着轨道的切线方向运动。对行星的卫星来说也是同样的道理。向前运动和下落运动的合成使行星或卫星沿着各自的曲线或轨道运动。

在每一瞬间，按照牛顿理论的分析，做轨道运动的物体有两个独立的运动成分。一个是惯性的沿切线方向的匀速直线运动，另一个是向心的加速的下落运动。做轨道运动的物体似乎在经历着一种离轨道中心越来越远的倾向，但结果是只能沿着轨道切线有向外运动的倾向，这种运动实际上将使该物体运行在更外层的轨道上。

在18世纪，某些作者对轨道动力学使用的术语"离心力"，很容易使不熟悉旧时语言的现代读者产生混淆。他们提到轨道运动的惯性成分用的术语是他们所说的"抛射力"，有时也叫"离心力"。仔细阅读使用这些术语的优秀的牛顿理论信仰者的文字，反映出他们完全清楚这里说到的是和向心力完全不同的另一种"力"。他们知道这种"抛射力"是不会产生加速度的，也从未在曲线运动的半径方向向外发挥作用。据此，他们知道没有可能在"抛射力"和诸如万有引力这样的向心力之间形成平衡。抛射力和向心力非但是完全不同种类的力，而且作用在不同的方向上。一个指向运动轨道的中心，而另一个是沿着轨道的切线方向。这两个方向是互成直角的。在这种情况下这两个力是无法平衡的。

虽然这里没有"力的平衡"之类的东西，但在牛顿科学中这是一种约束。如果没有由太阳的引力形成的向心力，行星和彗星就会沿着轨道的切线方向飞离太阳系。这种约束力，正如牛顿的弟子德萨居利耶所解释的

（见附录3）"永远控制着抛射力"。也就是说太阳的引力约束了行星沿轨道切线方向"飞离太阳"的惯性倾向。

3. 德萨居利耶关于牛顿科学和政府的诗

德萨居利耶是牛顿在伦敦圈子里的成员，一个胡格诺教派的能干的物理学家。作为一位有才华的实验家，他是用实验而不是用数学推导来说明牛顿物理学的作者。他在物理学领域中的独创性实验，其中有光学和电学，发表在他也是会员的英国皇家学会的《哲学学报》上。他是格雷夫桑德两卷集的牛顿科学课本的英文译者。他也是一个著名的共济会活动家。他为共济会会员写的手册，由读过他写的牛顿科学课本的富兰克林在美国出版。

许多学者，包括卡尔·贝克，曾经引用过德萨居利耶的诗文标题，而没有显示出任何读过他的诗的迹象。原因可能是该诗是以珍稀版的形式出版的。作为一位真正的牛顿物理学大师级的权威发言人，德萨居利耶为他的诗写下了引人注目的标题：《牛顿的世界体系、政府的最佳模式：一首寓言诗》。而副标题声称：这里有"通过注解对世界体系做出的浅显易懂的解释"。这些"注解"是一系列广泛的评论，附有一套"铜版画"，提供托勒密、第谷·布拉赫、哥白尼等人对世界体系的描述。第二首诗好像是第一首的附录，标题是：《威尔士的抱怨》。诗中以一些愚蠢的论点反对在闰年里插入闰日。这两首诗的质量都不怎么样。人们推测他的诗未能收入亚历山大·蒲柏主编的《邓沙德》诗集的原因是版本数量少又很罕见，蒲柏可能没有读过。

这首诗谈到日历的原因是由于他出席了陛下的王位继承典礼。德萨居利耶的生日是3月1日，他挺恼火的是每四年就要在他的生日前加一个闰日（2月29日）。当他发现卡罗琳皇后（乔治一世的妻子）的生日也是3月1日时，这激发了他在诗句中去抱怨"这常来打搅的一天"。

这本只有两首诗的小册子，包括了以德萨居利耶的断言开始的题词："我从不把政治作为我的研究对象。"他经常认为他的责任是小心顺从，而不是以自己的特殊身份过问国家事务。然而，他曾经长期地考察过"政府现象",并且相信"它的形式越完美就越近似大自然的体系"。他发现牛顿世界体系的本质是"非常有规则的万有引力,它的力量由太阳扩散到所有行星和彗星的中心"。这个力量能"奇妙地使离拉长的椭圆轨道很远的远日点上的彗星返回,又能按同样的规律将最近的水星保持在它的轨道上"。他注意到"万有引力永远按数量比例控制着抛射力(使天体飞离太阳的力)"。正如前文提到的(见附录2),这个约束力不产生力的平衡状态。

德萨居利耶从太阳的引力能把行星和彗星吸向太阳而脱离它们的切线运动的功能中,发现了一种恰当的关系模式。他因而宣称"君主立宪政体是我们世界系统的生动形象,可以完善地保证我们的自由、权利和基本人权"。他总结:"在陛下管辖下的政府所感到的幸福,使我们知道政治引力是无所不在的,正如在哲学世界中一样。"

下面的诗句足以说明德萨居利耶的寓言诗的水平:

> 当国王不是野心勃勃地要去获得
> 别人的领土时,就是要他们的贡品。

下面是另一首:

> 这个托勒密系统,他的学者们看到,
> 无法与实际现象符合。

最后,是学生式打油诗的一个例子:

> 在柏拉图的学校里,
> 除了几何什么也不能认真。

总的主题似乎是:以博爱而不是惧怕为基础的和谐是管辖力量的最好源泉。像现在的英国那样,一个君主立宪政体能提供与牛顿世界体系最接近的政治对应物。诗的结尾是一副陈腐的对联:

充满整个王国的吸引力已经可以看到了，
祝福我们君主乔治和卡罗琳皇后的统治。

这已经很清楚了，为什么似乎没有哪个政治思想家引用过他的诗句。

4. 杰斐逊的科学有多实用？

杰斐逊对科学的一个看法常引起误解，他重视实践并经常表述只有实用的科学才是有价值的。这种对实践的强调，使得许多历史学家把他与科学有关的活动和发明家的角色联系在一起，甚至强调他的农业活动影响了他对物理学的兴趣。然而，在解释杰斐逊的陈述时，我们要牢记这是一些哲学性的陈述，与培根的影响有关。培根是杰斐逊尊敬的"三圣"之一，他的肖像挂在杰斐逊的伟人画廊里。但培根从未限定过科学必须实用的这一说法。相反，他认为真正的科学最终会在控制环境、保护健康、减轻生活负担方面对人类做出实际贡献。

在我们努力了解杰斐逊表述的科学应该实用的观点时，应当越过他的语言去考察他的行为。我们已经知道，他计划利用空闲时间阅读，他喜爱的四位作家中的两位是欧几里德和牛顿。欧几里德的几何学只有极少部分可能用于测量或木工制作，其绝大部分至目前为止只是纯粹的智力开发，并未得到实际应用。亚当斯晚年回忆起花在数学上的时间时，发现数学带给他的好处只是教给他耐心和毅力。

牛顿的《原理》曾在杰斐逊的实际运用中起过一定的作用。我们已知这包括牛顿的秒摆长度随纬度而变化的规律。至于欧几里德的几何学，实用的部分很少，其章节被《原理》用到的大约只有1/150或更少。用在《光学》中的情况也差不多，主要涉及颜色的产生和衍射现象的理论认识。

援引欧几里德和牛顿的例子使笔者想起一个关于他们的逸事。根据牛顿的一个熟人的回忆录，牛顿曾借给某人一本欧几里德的书，这位先生还书时问牛顿几何有什么用？它对我们有什么"好处"？据说牛顿只是笑了一笑。

凡研究过杰斐逊生平的人都知道，他最感兴趣的是古生物学，也是一门没有实际应用价值的科学。这些事实说明，杰斐逊提及的"实用的科学"，应该联系他的实际科学活动去理解。他希望科学能得到实际应用，但他对所有的科学研究都很有兴趣，因为他想知道大自然在如何运作。杰斐逊相信发展到任何水平的科学，从抽象的纯科学到具体的实用科学。正如他在1799年写的，他"支持科学在其所有分支上的发展过程"。[6]同时他认为我们要经常密切注意任何有用的或实用的科学知识。

关于杰斐逊的科学和实用主义的问题，最先是由杰拉尔德·霍尔顿提出来的，我们已在前文介绍过他。霍尔顿总结了研究科学的三个主要方法。其一被他称为"牛顿学说的研究程序"，试图把所有科学引入一个唯一的理论架构。其二是"培根学说的研究程序"，试图扩大人类对环境和各种方式的生存行为的控制能力。前者是"全知"的范例，后者是"全能"的范例。其三是带着解决社会问题的目的去计划、设想、发起、引导基础科学的研究。这种新的"实用主义"的基本前提是，承认我们当前面临的巨大困难不是来自"基础科学的进步"，而是"缺乏某些基本的科学知识"。正是这些被霍尔顿高度概括并仍在继续发展的"研究类型……被杰斐逊努力地表现出来"，他为刘易斯和克拉克探险队所做的计划可作为例证。

杰斐逊的科学和实用主义的哲理可通过与富兰克林的经历对照来予以说明。跟杰斐逊一样，富兰克林常将实用的科学表述为一种培根学说的观点。他有一个实验是验证不同颜色的布对太阳热能的吸收程度是不同的。在描述这些实验时，他写道："哲学（即自然哲学或科学）的重要性不正是实用的吗？"他预见其用途是，教给我们在气温高的地区应穿白色或淡颜色的衣服，因为它可以反射太阳的热能，并且吸收的热能也比深色的衣服少。[7]在另一场合他写道，懂得牛顿运动定律是重要的，但没有它们我们也能解释为什么瓷器掉在地上会打碎。这些观点都与杰斐逊的说法相近，但必须结合富兰克林的实际科学活动去理解。

研究富兰克林科学生涯的人都会知道，他对于验证不同颜色的布对太阳热能的吸收程度的结论不是在当时得出的，而是富兰克林在20年后写出的。原来的实验只是要探索光和热的现象，并未带实用目的的观点。[8]甚至更有意义的事实是，为富兰克林赢得世界威望的科学领域是电学，现在电是机器的主要能源，提供住宅照明和通信联系，是一门卓越的实用科学。但富兰克林开始在这个领域做实验时，还不可能是一门实用的科学。能使人想起的唯一用途是用电击来治疗瘫痪病人。然而，富兰克林本人却怀疑电击有治疗作用，他认为是病人步行到富兰克林家中治疗的途中的锻炼起了好的作用。

在那些日子里，电学主要是一种满足好奇心的表演节目、一种"玩耍物理学"，看不出它会是一门有意义的学科。研究电的现象的唯一原因是对大自然运作的好奇心。1747年，当富兰克林发现他的理论并不能符合所有现象时，他写道："已发现的电学如果没有别的用途的话，总还有一些值得注意的地方，它可能有助于使一个自负的人变得谦逊。"[9]几乎没有一个在实用科学领域工作的人会说这样的话！

后来在研究过程中，富兰克林终于能在事前完全没有想到的情况下将他的发现用于实际：首先是证明雷电是放电现象，然后是发明避雷针，防止大自然的这种可怕力量导致的破坏作用。事实上，避雷针的发明在同代人看来是最值得纪念的事件。因为这是培根的论文中所说的，知识的进步终将为人类控制所处环境带来实际的改革。整个18世纪，科学家坚持他们的研究成果将成为新的真理，这些新的真理不仅可以增长知识也一定会带来实际的用途。但直到进入19世纪，才出现富兰克林的避雷针。直到19世纪30年代，在法国仍然引用富兰克林的避雷针作为重要的例证，说明枯燥的基础科学研究是有价值的，因为真正的科学知识终将产生实际的创新。

5. 杰斐逊和大獭兽

在整个成年时代中，古生物学始终是杰斐逊的主要兴趣所在。他是一个"骨灰级"的动物化石收藏家，他甚至相信美洲的荒野还生存着一种巨大的长毛象。[10]他不仅是活跃的化石收藏家和研究家，还鼓励其他人从事古生物学的研究。他送了许多标本到巴黎，至今仍被作为珍品收藏。[11]他作为古生物学家发生的一件事值得提及。1796年，他收到了从弗吉尼亚西部石灰岩洞穴中挖到的一些巨大的骨骼化石。他激动地发现这是科学年鉴上还未描述过的动物骨骼。他判定是来自一种类似狮子又有着巨爪的动物，属于"狮、虎、豹类"，并起名大獭兽或大爪兽。因为骨骼是不完整的，大腿骨又没有找到，没有可能估计原生动物的实际尺寸。

　　这就是1797年，他就任美国副总统和美国哲学学会会长时带到费城的大獭兽骨骼化石。然而他的关于大獭兽的论文在美国哲学学会发表之前，他看到一本伦敦出版的《知识月刊》上刊出的一张巨大的动物骨骼的图片与他的大獭兽非常相似（见图14）。图中描述的动物骨骼化石是在巴拉圭找到的，后来送到马德里博物馆，送达的时间是1788年。这些骨骼是由西班牙博物学家胡安·包蒂斯塔·布鲁-拉蒙组装起来的。[12]英文说明是年轻的乔治·居维叶从原文节译的，他命中注定会成为世界古生物学的领头人。居维叶命名这种动物为大獭兽，并把它列入"贫齿类动物"（即这种动物有很少的牙齿或甚至无齿），并认为是树獭[①]的远亲。[13]

　　杰斐逊知晓居维叶在他前面发表关于这种动物的文章肯定有一种挫折感。他也知道自己误把这种有巨爪的动物分到猫科。据此，他修正了交给美国哲学学会的文章，做了一些增删，并注意到居维叶已发表的内容，他说这是完成了报告之后才注意到的。他不能怀疑这两种骨骼的相似性，剩下的问题是这两种骨骼描述的是否为一种动物。[14]

图14：大獭兽骨骼图。根据从巴拉圭得到的标本画出，1796年9月发表在伦敦《知识月刊》上。这张画的发表使杰斐逊知道了他正在研究的化石在欧洲已有定论

---

① 译注：产于南美洲的一种动物，行动迟缓。

　　还有一件历史上的珍闻比上述故事的发生早了将近10年。1789年，美国派驻马德里的代表威廉·卡迈克尔知道杰斐逊喜爱自然界的珍品和古生物学，送给杰斐逊（当时他在巴黎）一张布鲁画的骨骼图和说明，至今仍与杰斐逊的论文一起珍藏在国会图书馆（见图15）。卡迈克尔告诉杰斐逊西班牙博物学会"很快会发表关于这种动物的报告"，在发表之前这个说明"暂时不会公开"。杰斐逊对送给他这幅图和说明的卡迈克尔回信表示感谢。[15]当时杰斐逊正在收拾行李回美国，到家后他忘记了这件事。否则，像人们评论的那样，他可能享有"比西班牙博物学家和居维叶更早鉴定和命名这种动物的荣誉"。

　　后来杰斐逊得到了西班牙另一位博物学家何塞·加里加写的另一本书，包括一张骨骼图和早于居维叶的报告。1804年居维叶发表了关于大獭兽的更加完整的报告，对杰斐逊的研究也给予充分的肯定。[16]18年以后，法国博物学家安塞尔姆·德马雷将弗吉尼亚州送来的标本命名为杰斐逊大獭兽以承认他的先驱作用，这个名字一直保留到现在。

　　杰斐逊去世后，居维叶对杰斐逊的贡献做出了正式的认定，评价他是"一个热爱科学、有渊博的科学知识并为此做出值得纪念的贡献"的人。[17]

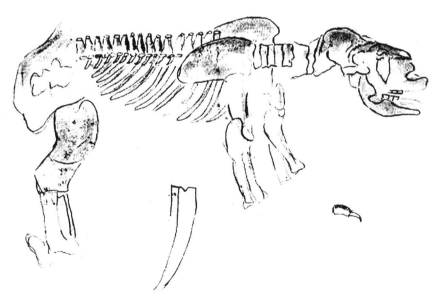

图15：大獭兽图。与《知识月刊》发表的骨骼图类似的化石图。是1789年杰斐逊将离开巴黎赴美时威廉·卡迈克尔送给他的

在杰斐逊是荣誉会员的巴黎林奈学会的悼词中，特别赞扬了他赠送给法国重要的化石珍品。

6. 犁的设计中的数学：牛顿的微积分和最小阻力的固体形状

犁可以分成两个部分：前面的犁刀部分负责切割泥土，后面的模板部分负责将泥土翻出。杰斐逊曾简洁地描述模板的功能是"接受犁头正在切割的土壤，将其逐渐升高并翻转"。[18] 认识到这个功能决定着模板的形状，他写道："它的前端应该是水平的以便土壤的进入，后端应该是垂直的以便土壤的翻转，中间的表面应该是从水平到垂直的过渡。"[19]

杰斐逊对犁的主要性能的改进之一是设计一个更好的模板，这个问题把他从简单的试验和纠差，引入牛顿数学领域。杰斐逊早就认识到最有效率的模板是经过土壤时产生的阻力最小的模板，是我们所需要的某种楔形。他写道："因为土壤要分离并翻转，模板也应该有上升和横向的楔形。因此模板是由两种基本的楔形组合而成、彼此形成一个合适的角度。第一个楔形与犁沟平行，它的功能是将草皮泥土逐渐升起；第二个楔形横穿犁沟，才可以把草皮泥土逐渐翻出。为了这两种目的，楔形肯定是阻力最小的工具。"

在设计模板的过程中，杰斐逊曾向天文学家、业余数学家大卫·里滕豪斯和宾夕法尼亚大学数学教授罗伯特·帕特森请教。帕特森纠正杰斐逊以为"平面的楔是最好的形式"的认识。他提醒杰斐逊寻找最小阻力的楔形是微积分中的一个标准问题，并建议他去读威廉·爱默生写的流数法课本①。他说："爱默生在他的流数法课本中已做出了一个曲面。"[20] 杰斐逊回答："我忘记爱默生已经解决物体通过单向障碍物的最佳形式这一问题。"

这里提到的书是爱默生的《流数法学说》。爱默生是一位重要的牛顿理论信仰者，他写过"对《原理》的辩护和短评"，1770年在伦敦发表，后来又在1819年作为《原理》英文译本的第三卷重版。杰斐逊拥有一本爱默生的《流数法学说》，正如他写给帕特森的信中所说的，是他在大学用

---

① 译注：流数法即微积分。

过的课本。[21]杰斐逊在设计坡地犁时并未想到请教数学课本。他已选定犁的式样，并无问题。当时杰斐逊在费城写作，没有可用的图书馆。于是，他向帕特森借用课本。这样杰斐逊就能从另一新角度来研究这个问题，好像是做了一道牛顿的数学应用题。

在还书时，他告诉帕特森爱默生的解决方案对他原来的"就提升草皮泥土最小阻力的形状已经提出了限定条件"。[22]杰斐逊从爱默生那里学到楔面不仅应是扭曲的而且是呈弯曲状的，正如他最初想的那样，只是这种扭曲是特殊类型的。[23]这是杰斐逊为他对牛顿的数学研究找到实际用途的稀有事件。

这个插曲比它刚出现时更有意义。牛顿微积分的一个重要应用是求"极值"，即找出完全适合某种最大值或最小值的曲线或固体形状。当牛顿为发明微积分进行公开辩论时，争议的问题之一是他能否用流数法找出一条曲线，沿着这条曲线一个无摩擦的珠子从指定起点到指定终点滑落的时间为最短。[24]直至今天学生依然通过"极值"问题的学习来论证微积分非凡的能力。

此外，找出"最小阻力的固体形状"这一问题在牛顿的《原理》第二册中占重要地位（第34章的边注）。牛顿为这个问题写了评论，这在《原理》中是很少见的，指出除天文学外，数学原理还可以有别的用途。当时牛顿指出最小阻力的固体形状的确定可用于船体的设计。[25]这就是信奉牛顿学说的人在课本里所说的"最小阻力的固体形状"，爱默生和其他人在关于牛顿微积分的论文中都使用过这个解释。此外，在杰斐逊的私人图书馆收藏的安德鲁·莫特的《原理》英文译本中，有一个基于牛顿的手稿涉及这个问题的附录。杰斐逊使用牛顿的语句"最小阻力模板"表明了他设计的最有效模板与牛顿《原理》中的科学之间的直接联系。

完全撇开杰斐逊设计的坡地犁是否有用不谈，这段珍闻在本书中的重要性还有其他原因。它确认了杰斐逊在威廉-玛丽学院上学时学过牛顿的微积分，并且用的是爱默生版本教材这样一个事实。它也表明了杰斐逊是牛顿数学这一分支的能手。直至今天，杰斐逊在运用牛顿数学方面的能力还没有被人注意过。爱默生通常被称为"英国数学家"，他为杰斐逊提供了"一个对他有用的公式"，甚至没提到微积分。

尽管非常重要，"最小阻力的固体形状"毕竟是一个牛顿科学的问题，应归结到《原理》中去。但杰斐逊设计坡地犁的历史事实，提供了杰斐逊掌握牛顿数学和《原理》中的科学知识的证据。

7. 杰斐逊纠正了里滕豪斯对《原理》的笔误

杰斐逊对牛顿科学技术上的掌握，展现在当他准备重量和长度标准的报告时发生的一个插曲中。他的朋友、费城的天文学家大卫·里滕豪斯在1790年6月21日写给他的一封信中对钟摆物理学的某些方面进行了数学方面的讨论。本来，里滕豪斯的信是对牛顿关于这个问题在《原理》第三册第20章中的论述进行的阐述。关于这封信杰斐逊说过，"引自牛顿的文字是不准确的并包含了一个来自拉丁文的错误"。正如我们已知的，杰斐逊既不会错误地引用牛顿的文字也不会在校订中发生拉丁文方面的错误。

里滕豪斯对第20章的讨论以"牛顿爵士确定了地球是一个扁圆的椭球体"开头，即两极方向压扁一点，而赤道方向膨胀一点，极轴长度和赤道直径之比是229∶230。翻开《原理》我们会找到牛顿怎样证明地球是椭球体的：质量相同的物体的重量因所处地球表面的位置不同将会"与其距地心的距离成反比"。所以，"摆动周期相同的摆长是与其所受重力成正比的"。

里滕豪斯改写了这个结论。开头部分他写得十分正确，即"相同物体（即质量相同的物体）在地球表面上的重量与其到地心的距离成反比"。但后面就错了，即"因此……摆动周期相同的摆长与其到地心的距离成正比"。

杰斐逊对里滕豪斯叙述的第二部分感到十分疑惑。他知道，在《原理》中牛顿说的是重量与物体到地心的距离成反比，相同周期的摆长是与重量成正比的。这两个陈述一起说明了相同周期的摆长必定与其至地心的距离成反比。据此，杰斐逊认识到里滕豪斯是搞错了。他对牛顿成果的陈述前半部是对的，即质量相同的物体的重量与其至地心的距离成反比；但后半部的陈述是错的，即摆动周期相同的摆长与其至地心的距离成正比（而不是成反比）。

正如手稿上清楚显示的，杰斐逊把里滕豪斯的语句"至地心的距离"用括号括起来，指出应当删去，因为是错的。而代之以他写进去的"所处位置的重量或重力"。用这个方式杰斐逊把里滕豪斯错误的陈述换成正确的陈述，说明相同周期的摆长与所处位置的重量或重力成正比。然后，为了赋予这种纠正以权威性，他摘录牛顿《原理》的原文，即"摆动周期相同的摆长是与其所受重力成正比的"。杰斐逊的引文与牛顿原文稍有不同的地方只是前者用的是陈述语气，后者用的是虚拟语气。正如我们在前文已解释过的，牛顿的陈述是用因果关系的句型，需要用虚拟语气，而杰斐逊已把它转换为简单陈述句型了。

这个插曲表现了杰斐逊掌握《原理》中足够的物理学知识，因而能发现和纠正里滕豪斯的错误。我们要注意里滕豪斯信中的其他文字和计算与我们刚才讨论过的错误无关。里滕豪斯希望杰斐逊尽快得到他送去的信息，所以把草稿寄出去了，为辩护这件事他说"本来想重抄一遍的"。毫无疑问，如果他真的重抄一遍的话是会发现这个错误的。[26]

8. 杰斐逊改变对黑人能力的看法

《弗吉尼亚州备忘录》值得注意的特点之一是杰斐逊从道义上到经济上直言不讳地谴责奴隶制度。他在这个问题上如此直言不讳，以至有一段时间他犹豫是否要公开发行这本书。正如他写给詹姆斯·门罗的信中所说，他怕"他对奴隶制度和宪法的那些说法会引起国民的反感，因而反对对两个文件的修正，反而得不偿失"。[27]国会秘书查尔斯·汤姆森写信给杰斐逊说，"对你担心你所说的关于奴隶制度的那些话会刺激南方各州"感到遗憾。[28]他劝杰斐逊不要"气馁"，奴隶制度"是我们必须根除的恶性肿瘤"。

杰斐逊的咨文是毫不含糊的。他憎恨奴隶制度并用强烈的言辞要求释放奴隶。约翰·亚当斯在收到杰斐逊送给他的《弗吉尼亚州备忘录》后写的感谢信中，特别重视《弗吉尼亚州备忘录》中提到的这个特点。他认为这本书"将为作者和他的国家带来巨大的荣誉"，他特别赞扬杰斐逊"谈到奴隶制度的段落"，可以说"一字千金"。他预言"会比哲学家们写的大部头著作起更大的作用"。[29] 正如杰斐逊的传记作者梅里尔·彼得森曾评论过的："后来再没有一个废奴主义者在废除奴隶制度的呼吁方面比杰斐逊做得更多。"[30] 他认为奴隶制度不仅造成奴隶的堕落，也造成奴隶主的堕落，毁坏了奴隶主的"道德"和"产业"。

在写给沙特吕侯爵的一封信中，杰斐逊说他希望写的内容不会"使人民厌恶他提出的两个伟大目标，即解放他们（他的国民）的奴隶和在更加牢固和久远的基础上修订他们的宪法"。[31] 在给詹姆斯·麦迪逊主教[32] 的一封谈到他想把书送给威廉-玛丽学院学生的信中，他说即使这本书不会产生他期望的那种效果，但他已经"印刷并保留了足够的副本可分给学院中的每个青年"。麦迪逊和乔治·威思商量，他建议把书放在图书馆里。他担心普遍散发攻击奴隶制度的资料"会冒犯某些心胸狭窄的家长"。[33] 杰斐逊的看法无疑是正确的，即"新生的一代人"，而不是"现在掌权的这些人"，将来会完成"这些伟大的改革"。[34]

杰斐逊在自传中说："公众的心理还未能承受释放奴隶的主张。"他回忆起1769年当他还是弗吉尼亚州自治议会的一个年轻成员时，"为批准释放奴隶而多方奔走"，终告失败。1774年因为英国国王乔治三世对禁止进口奴隶的种种努力持反对态度，杰斐逊谴责他是"可耻的滥用权力"。当他起草《独立宣言》时，他再次谴责乔治三世和奴隶制度，但这段文字被大陆会议在最后定稿时删掉了。再者，1789年在他起草的《西部领土政府计划》中，准备1800年后在这片土地上废除奴隶制度。[35]

很明显杰斐逊从未动摇过他要求解放奴隶的坚强信念。在《弗吉尼亚州备忘录》第八章"关于人口"中对这个主题做了简单的介绍，又在第十四章"法律"中做了充分的讨论。他说解放了的黑人会组成他们自己独立的国家，我们应把他们组成的国家作为盟友并加以保护。在阐明他的立场时，他非常仔细地解释了黑奴的某些特性，是他们的文化、社会、经济情况造成的后果。然而，就在同时，他以一种最令人吃惊的方式在这篇主张解放黑奴的文章中谈到种族差异。杰斐逊的种族差异观念丝毫没有影响他解放黑奴的绝对信念。

引人注目的是杰斐逊在《弗吉尼亚州备忘录》中反驳了著名的博物学家布丰不是根据科学要求的直接证据而是单凭传闻得出的"美洲退化论"。

正如前文所提及，杰斐逊表明布丰有关美洲土著的陈述是错误的。许多历史学家对杰斐逊在《弗吉尼亚州备忘录》中赞扬美洲土著的才干和轻视美洲黑人能力这种强烈的对照而感到迷惑。杰斐逊的《为美洲印第安人辩护》曾被梅里尔·彼得森誉为"为美洲环境的辩护"。杰斐逊无法同样设想非洲裔美国人在那种环境中的自然地位，因此"他对他们的解决办法不是融合而是逐出"。[36]

在《弗吉尼亚州备忘录》中，杰斐逊建议修正一个法案来"解放所有在该法案通过后出生的奴隶"。他在文章中讨论黑人和白人之间的差异以及解放了的黑奴是否能和原来的主人和谐地生活在一起。他认为由于"白人对黑人怀有根深蒂固的偏见，黑人对所受痛苦的种种回忆，他们之间存在天生的差异"，这种和谐是不可能的。后来他又注意到黑人"脸上和身体上的毛发都比白人少"，他们的"肾腺分泌较少而汗腺分泌较多"，他们"好像睡得也比较少"，他们还有一种"在娱乐中或劳动的间隙中心不在焉、昏昏欲睡的秉性"。杰斐逊说："我想几乎不可能找到那种可以追踪和理解欧几里德研究的人。"我们较易认可彼得森对杰斐逊论点的评述，即杰斐逊从未遇到或听说过有真正口才、会作曲、会画画或可以发现一种真理的黑人，"对于那位曾抨击雷诺用同样的论点攻击美国白人的人来说，这样说显得不恰当"。[37]

虽然杰斐逊描述了他感觉到的黑人和白人之间的差异，他也知道需要"充分考虑彼此的处境、所受教育、人际交往的不同"。但对于自己罗列的那些差异，作为科学家的杰斐逊不得不承认这些根据是不那么确切的。他写道："对于黑人在理解能力和想象能力上次于白人的意见是冒险的、缺乏自信的。"他完全知道对于这些差异的陈述是没有科学根据的，他承认这些意见，即"黑人的天赋无论在身体上或智力上都比白人低一等"，不过是"一种猜疑"。必须强调的是对于这种"猜疑"并没有减少杰斐逊解放黑奴的热情，事实上就在这本出现种族差异观点的书中他对废除奴隶制度做了慷慨激昂、合乎逻辑的论述。

杰斐逊的"猜疑"经常使他的传记作者们感到困惑，也是他受到直接抨击的原因。[38]很清楚，事实上他的这些"猜疑"完全是一种偏见。但更有意义的是他最终改变了对黑人智力的看法。

在《弗吉尼亚州备忘录》出版几年后的1791年，杰斐逊收到了生活在马里兰州的自由黑人种植者本杰明·班纳克计算出来的1792年天体位置表的手稿。[39]这部著作的内容是1792年内不同时间的行星位置表和将要出现的日食及其他天体现象的信息。班纳克是自学成才的数学家和天文学家，他在联邦领土测量中担任"天文学助理"。

班纳克用一封自荐信将上述手稿送给杰斐逊以表明黑人完全有能力从事数学和科学工作。他知道杰斐逊对黑人持"适度友好和恰当对待"的态度。在收到天体位置表的感谢信中，杰斐逊说："没有人比我更愿意看到你们所展现的证据，即造物主赋予我们黑人兄弟的才能是和其他人种一样的"，并且"这种才能表现得比较少仅仅是因为他们在非洲和美洲的生活条件较差所致"。他又真诚地说："事实上没人比我更热切希望能找出一个好的体系来改进他们的生存状态以利于其身心应有的发展。"[40]

杰斐逊马上把班纳克的计算结果送给巴黎皇家科学院的常务秘书孔多塞侯爵，并说："我非常高兴地通知你，现在我们美国出了一位非常值得尊敬的黑人数学家。"他告诉孔多塞他曾经看到"班纳克非常出色地解决几何学上的问题"。从前认为黑人不可能理解欧几里德的看法到此为止！他还告诉孔多塞，他"欣慰地"看到班纳克的例子令人信服地"证实了黑人的才能表现得不那么显著是受了他们恶劣的生活环境的影响"，而不是来自"智力所造成的身体结构上的任何差异"。[41]

班纳克定期出版包括天体位置表在内的历书。在1793年的历书中，作为一个单独的小册子，班纳克印发了他和杰斐逊之间的来往信件。这本小册子为杰斐逊的政敌提供了炮弹，他们注意到杰斐逊在和班纳克通信中的态度与他在《弗吉尼亚州备忘录》中的态度不同，杰斐逊的感情发生了巨大的变化。在这些人中将这些信件用于政治目的的是来自南卡罗来纳州的国会议员威廉·劳顿·史密斯。当杰斐逊竞选总统时，史密斯质问："我们该怎么来想象一个与黑人有深交的国务卿"，一个"给他们写赞美信"的走极端的人？他不能原谅杰斐逊"称他们为他的黑人兄弟"。史密斯严厉地责备杰斐逊"对他们是天才的祝贺"和"向他们表达使他们尽快得到解放的愿望"。杰斐逊的对手们还不公正地抨击他曾认为班纳克的成就不仅是智力水平高，而且是"品性卓越"。[42]

在一封给法国政治家、布卢瓦大主教亨利·格雷古瓦的信里，杰斐逊说："没有一个人比我更真诚地希望看到我过去表述过的对黑人天赋能力持怀疑态度的完全否定。"[43]他解释他的"怀疑"曾是他"个人观察的结果"，受到"他所在州的环境的局限"。在这里"有利于发展他们的天才的条件是不够好的，这方面的训练更谈不上"。他欣喜于"国家对黑人的评价与日俱增"并希望他们将重建"在人类大家庭中与其他人种同等的地位"。

9. 自然法则和造物主法则：杰斐逊、富兰克林和波莉·贝克

学者们曾徒然地寻找杰斐逊的"自然法则和造物主法则"这句话的出处。在杰斐逊的时代流行着许多类似杰斐逊的观点，其中有亚历山大·蒲柏的诗句：

> 没有信仰的奴隶，没有自己的道路。
> 只能在大自然中摸索着靠近造物主。

这里虽然有对于大自然和造物主的很接近的联想，但没提到"法则"。然而"法则"出现在蒲柏的另一首有关牛顿著名的两行诗中。在一封"致蒲柏的信"中，博林布罗克说一个人"跟随大自然和造物主"就是跟随"上帝的工作和命令"。富兰克林的朋友、费城植物学家约翰·巴特拉姆也同样援引过大自然和造物主。在他的温室入口处的上方，巴特拉姆写了这样的箴言：

> 没有信仰的奴隶，没有自己的道路。
> 只能在大自然中摸索着靠近造物主。

杰斐逊的"自然法则和造物主法则"已成为启蒙运动基本信念的常见和简洁的表述。这个措辞是否为杰斐逊首创的呢？或者这些值得纪念的措辞是他在书上读到的，他只是引用了它们？或者也可能是杰斐逊把其他不合适的表述，比如蒲柏的诗句经过创造性的转换而得出？直到现在，这些

问题仍未得到解答。科学文献中经常提到"自然规律"，蒲柏的对句使"大自然和自然规律"广泛流传。但这些都不同于杰斐逊的观点。

然而有一种在杰斐逊时代很流行又很接近《独立宣言》措辞的表述。据说出现在18世纪中叶一个名叫波莉·贝克的女子在波士顿法庭上的著名演说中。波莉在生下第五个孩子后因被控通奸罪而带上法庭。在一篇著名的演说中她以最高的哲理为自己的行为辩护，她完全不顾与不同的男人生了五个孩子的事实，她说她只是服从了"造物主和大自然的安排"。她所做的只是按照人应当"繁殖"的法则。至少有一本书说到这个故事有一个完美的结局。其中一个法官为她的演说和举止深深打动，毫不犹豫地和她结婚，他们从此一直幸福地生活在一起。[44]

18世纪40年代这个故事广泛地登载在英国和美国的报纸上，当时杰斐逊已经出生，在美国革命发生前的半个世纪中，这个故事一直在流传。有证据显示波莉的演说在革命前的年代里曾以多种形式在英国和美国多次再版而得到广泛流传，[45]并被阿贝·雷纳尔在新出版的著作中所重述。雷纳尔的六卷本《东西印度群岛的哲学史和政治史》第一版于1770年出版，授权的版本将近20种，盗版超过50种，除原文是法文外，还有许多不同文字的译本。[46]雷纳尔在著作中把对波莉的审判当成事实，并详细引述她的演说。她的案件是作为新英格兰地区极不合理的证据来引述的。通过这本书，波莉的痛苦经历就流传到全世界了。1777年当雷纳尔著作的英文译本出版时，译者把波莉的故事和演说都删掉了，他说："这已经众所周知了。"

由于审判波莉的故事得到广泛流传，很有可能杰斐逊读过她在法庭上的演说，并注意到"造物主和大自然的安排"这样的表述。甚至很可能是杰斐逊在起草《独立宣言》时无意识地从记忆中抽出波莉这段巧妙的表述并将其结合在自己的文章中，只是把"大自然的安排"转换为"自然规律"。大约在他起草《独立宣言》三年前的1773年2月16日，波莉的演说登载在马萨诸塞州塞勒姆的《艾赛克斯报》上；一个半月后得到该报的许可，1773年4月1日转载于杰斐逊所在的威廉斯堡的《弗吉尼亚报》上。换句话说，杰斐逊有充分的机会读到"造物主和大自然的安排"这句表述，无论是他记错了，还是被他转换了，都成为《独立宣言》中那值得纪念的措辞。

　　笔者没有找到证据可以证实早在1776年杰斐逊已经知道波莉的故事并读过她的演说。但正如下面的逸事表明的，不久杰斐逊就很熟悉她的故事。逸事的来源是他自己写的《富兰克林的逸事》。大约是1777年末或1778年初的某一天，富兰克林仍在担任美国驻法国公使，他接受了阿贝·雷纳尔的访问。富兰克林的同事塞拉斯·迪恩也在场。富兰克林和迪恩曾讨论过雷纳尔的书，迪恩评论雷纳尔太轻信了，对书中列举的事实不够谨慎。雷纳尔当时就变了脸，为书的真实性辩护，要求迪恩指出他的书什么地方不符合事实。迪恩就提出波莉的故事和演说只是传闻，却被雷纳尔当真事来写。

　　到这时，他俩才看到富兰克林忍不住在笑。富兰克林指出这个故事是一个恶作剧，是他凭空捏造出来的。他解释以前他曾经是印刷商和出版商，"我们有时候会缺少新闻"。他说："为了使顾客高兴，我经常会在一些空的版面填上奇闻逸事、寓言和我自己的想象。"从未有过波莉这个人。她被推上法庭是富兰克林为填满空版面而制造的一个恶作剧。她那著名的演说是富兰克林创作的。据此，如果说波莉·贝克的演说是杰斐逊的名言"自然法则和造物主法则"的来源的话，这句名言只不过是对原作者富兰克林用词的变换。[47]

　　杰斐逊自己的备忘录涉及富兰克林生活的部分不仅提供了他知道波莉故事的信息，还证明了他知道这故事是富兰克林制造的一个恶作剧。我们无法说明他是何时知道富兰克林与雷纳尔和迪恩的谈话及富兰克林的这一杜撰，但一个可能的时机是他和富兰克林一起驻巴黎时。那是富兰克林出使法国的末期，在1784年至1785年之间，已经是杰斐逊起草《独立宣言》之后快10年了。

　　我找到了杰斐逊这段措辞的另一个可能的来源。有两个非常类似"自然法则和造物主法则"的措辞出现在富兰克林的同事托马斯·波纳尔的著作中，他对于科学隐喻的运用已在前文介绍过。他于1752年在伦敦出版的名为《政体的原理》一书中，第102页提到"造物主和大自然的法则"、第103页提到"上帝和大自然的永恒的法则"，都非常接近"自然法则和造物主法则"。杰斐逊是熟悉波纳尔的著作的，他的私人图书馆收藏了不少波纳尔的著作（虽然没有刚才提到的这本）。

波莉的措辞和波纳尔的接近杰斐逊的措辞可能在暗示这两者都不是《独立宣言》中名句的最终来源。宁可说富兰克林（通过波莉的口）和波纳尔的措辞——跟杰斐逊一样——都不过是在使用18世纪被广泛接受的更高权威的表述方式。在这种情况下，问题不是要去发现杰斐逊措辞的最终来源，而是要认识到在理性时代最强有力的论证是引用了"大自然"、"大自然的法则"和"造物主"。[48]

10. 亚当斯关于呼吸和磁学的思考

在一次有关友好和贸易条约的谈判时，亚当斯得空进行某些科学方面的思考。和他涉及的一系列欧洲政治问题的思考（没有说明内容）并列的，是对富兰克林的两个好朋友约瑟夫·普里斯特利和安托万·洛朗·拉瓦锡研究和说明的化学方面的新发现——燃烧理论的疑问。亚当斯问道："空气中什么东西支持燃烧？[49]当我们用风箱来吹一个火花时，它会散开。用风箱把一股气流吹到火焰上去，它会着得更旺，好像空气中有易燃的粒子。我们的生命是否也是以同样的方式靠呼吸来延续呢？是否有同样的粒子通过肺部进入动物的血液，增加它的热量；脉搏是否由于血液的稀释和部分汽化而形成？"在这些思考中亚当斯事实上已把普里斯特利和拉瓦锡通过化学研究发现的思想体系给浓缩了，尤其是把呼吸和燃烧联系起来做平行的分析。普里斯特利坚持这样的理论，即燃烧和呼吸都是散布在空气中的一种特殊物质（他和他的信徒把它叫作"燃素"）在起作用的过程。当这种物质在空气中达到饱和状态，即再也不能吸收更多这样的物质时，这种饱和空气将不再支持燃烧和呼吸。如果把点燃的蜡烛放到充满这种饱和空气（他们叫"燃素气"）的密闭容器中，火焰将会熄灭；如果把老鼠或其他生物放到这种容器中，它们将因为不能呼吸而死亡。由拉瓦锡发展的一种对立的理论认为这两种过程（燃烧和呼吸）都是空气中原有的成分氧气在起化合作用。"饱和空气"这种旧的理念也换成了一种新的概念，即呼吸或燃烧过程耗尽了可用的氧气之后，该过程将不可能延续。

亚当斯似乎倾向于拉瓦锡的理论。他写道："呼吸作用通过口鼻将外部空气吸入肺内,这些空气会在肺中或血液中留下某些粒子并在呼出时带走某些粒子。这一切是同时发生的,带进来的粒子是有益于健康的而带走的粒子是有害于健康的。"在拉瓦锡的理论中进入肺部的有益于健康的粒子是氧气,由肺部排出的是二氧化碳和其他废弃物。不管怎样,正如亚当斯注意到的,"空气一旦被吸入就肯定发生了变化,就不适合再用于呼吸"。在写下他对于呼吸作用的化学理论的解释时,亚当斯用术语"粒子"来表述他的理念,即原子或分子。约30年后,当他写信给哈佛教授约翰·哥尔姆时,亚当斯避开了原子的理念,并警告化学家们不要做可能会揭示这种基本粒子存在的实验。

在这篇短文中,亚当斯突然转换了他的思维方式,由呼吸的化学陡然转向磁性的物理学。他写道:"磁石(或天然磁铁)是自然界中最值得注意的奇妙东西。"他声言:"磁性是整个地球的秘密,并且必定感应着整个地球的某些情况。"此外,它"遵循着一种法则并受到在全世界范围内都起作用的某些有效原理的影响"。他写道:"把磁石打碎,每一小片都仍然保持着两个极——南极和北极,这不会失去它的本性。"然后他转到"磁素"这个主题上来,他说:"磁素小到要用显微镜才能看到,却依然有强烈的活力和强度。"这里他援引了类似"磁素"这样的理论,但不同于富兰克林创建的电学理论,后者是以显微镜看不到的电子流动为基础的。

然后,亚当斯提出了一个研究计划确定磁学的工作原理,并探索它和电学的相似性(亚当斯称为"感应")。他问道:"有没有试过磁铁在真空中是否会失效?"[50]尽管他认为"大自然的本源对我们的感官和能力的感知过于微妙",但仍然坚持"没有其他主题"比他所谓"铁、磁、电之间的感应更值得引起自然哲学家的注意和更适合于做实验"。特别是他建议把磁石磨成粉来检测它的"本性"是否能保留。他还建议把磁石或磁粉浸入酒中、油中或其他液体中观察它的"本性"是"加强了或减弱了"。他建议做实验来确定"煮或烧磁石是否会加强或减弱它的本性",以及"地球、空气、水或其他因素"是否会影响磁石的本性和"如何影响"。总之,他想找出是否有某些"化学过程会形成磁石或磁粉,因而可发现磁性到底依附在什么东西上面"。这些思考反映的只是对磁学知识所掌握的情况。磁学的进步不是像亚当斯想象的那样通过化学分析,而是通过物理学实验揭示了磁力的性质。所以亚当斯的短文是有趣的，是他的科学思想向化学聚焦的一个证明。但我们会发现他仍然在想着亚里士多德的四个元素（空气、土地、水、火）而不是援引他所处年代的化学概念。

11. "科学"和"实用艺术"

在18世纪，术语"科学"与"艺术"常以某种方式联系在一起使用，与我们今天对这两个词的一般理解稍有不同。事实上，当"科学"和"艺术"一起出现时，它们有着各自不同的传统或惯例。因此，18世纪的辞典编纂者曾经为给这两个词定出确切的含义而伤脑。我们只要看了伊弗雷姆·钱伯斯的《百科全书，或艺术和科学通用辞典》（第七版，1752）就会对这个问题有一个清晰的了解。这是在制宪会议召开期间最先进的英文科技辞典。按钱伯斯的说法："科学是以不证自明的原理或论证为基础的，对某种事物清楚而确定的认知。"在注释中提到科学"特指任何知识的分支形成的系统，包括对生活没有直接用途的事物的学说、推理、理论"。按"这种观点"，钱伯斯评述，"这个词是艺术的反义词"。然而，他又说："对于艺术和科学这两个词的精确含义和它们之间合适的区分似乎还没有很好地定下来。"对钱伯斯来说，术语"哲学"和"自然哲学"更接近于我们所说的"科学"。

在前言中，钱伯斯用一定的篇幅讨论了科学与艺术之间的差别。然而，他承认，虽然"哲学家们在解释和确定这两个术语的理念和区别方面做了长期的努力，但在解决它们之间的互相替代和混淆方面进展甚微"。结果是"他们的努力常常终止在某些抽象的定义上，对主题来说不是更清晰了反而更含糊了"。钱伯斯最后做了这样的区分，即"艺术不同于科学的似乎只是在于纯粹的程度上"。他得出不太明确的结论是："艺术，按这种观点，是科学或常识的一部分，它不像科学那样是由于其本身得到确认的，而是通过与环境或附属物的关系得到确认的。"

塞缪尔·约翰逊的《辞典》（1755）中，"艺术"这个词有六种不同的含义。只有前面三个与本文有关，其他的是"巧妙"、"推测"、"精巧、技能、灵巧"。约翰逊给出的第一种含义是"非天性或非本能去做某些事的能力"，例如，"行走是本能，舞蹈是艺术"。第二种含义是"科学，如人文学科"。第三种含义是"行业"，比如"制糖工艺"。在18世纪，科学的主题一般被称为"哲学"，经常加定语成为"自然哲学"、"实验哲学"或18世纪后期的"化学哲学"。在《联邦主义者》中，科学一般会和做定语的名词或形容词成对出现，例如，亚历山大·汉密尔顿在第9期中提到"财政科学"和"政治科学"，他说这些科学"像绝大多数其他科学一样……得到了巨大的进展"。在某些类似的文章中，像《联邦主义者》第37期，麦迪逊写到"政治科学"和"政府的科学"，在第8期中还写到"联邦政府的科学"。这些表述和我们今天所表述的"政治科学"包含的"科学"观念是一样的。同样，这里没有明确提到"科学"只是物理或生物科学。在读这些表述时，我们要记住对约翰逊（和他的同代人）来说，"科学"第一个定义为"知识"；第二个定义是"基于论证的确信"；第三个定义是"经教训得到的或建立在原理之上的艺术"，正如引自德赖登的金句："科学造就了人才，并使那些失去理智的想入非非的人稳定下来；"第四个定义是"任何一种知识的艺术"；而第五个定义是"语法、修辞、逻辑、算术、音乐、几何、天文七种自由艺术中的任何一种"。在后面的例子中，约翰逊引用"艺术"的传统含义是古代的七门课程——三学科（语法、逻辑、修辞）和四学科（算术、几何、音乐、天文），被人们称为"七种艺术"或"人文学科"。[51]

"科学"不带定语（政治、政府）出现在《联邦主义者》上的唯一一次是在第43期，宪法的第一条第八节第八段，和它同时出现的是"实用艺术"。我们可在联邦会议的记录中找到类似的"政治科学"和"政府的科学"。但在不同版本的宪法第一条第八节第八段的陈述中提到的只是"科学"本身，没有提到是政治的或政府的。我们要注意在历史上的那段时期，在英国法学家布莱克斯东的著作中出现过"法律科学"的用法。在一本1787年10月出版的有关宪法的小册子中，诺亚·韦伯斯特写过"立法的科学"。

宪法的起草者还熟悉"科学"的另一种观念，经常和"艺术（ART）"或"文科（ARTS）"联系在一起，并特别为它们做出区分。在文章中"艺术"与三学科、四学科无关，而是意指通过知识或实践获得的"做任何事情"的技巧、人类"作为行为者"的技巧和"人类的手艺",是大自然可以找到的对立物。这种观念也表现在某些派生的术语中,如"手段"和"人工的"。在这种情况下,"科学"通常被认为是一套通用的规律,并展示一种"理论上的真理",与"艺术"相反,后者只是"为了达成一定的后果"的一套实际方法。[52]这种对实践而不是理论的强调,解释了为什么宪法起草者要用"实用艺术"而不是简单的"艺术"。

然而,有时候术语"科学"也用来表示实际工作的一部分,但仅限于"依靠知识和对原理的有意识的运用"以区分于"艺术";后者一般(例如在"实用艺术"中)"只要求懂得通过手工劳动获得的传统规则和技巧方面的有限知识"。因而,1724年艾萨克·沃茨(在他的《逻辑》中)提到"在艺术和科学之间值得注意的区分,即前者着重实践,后者着重思考"。1796年理查德·柯万写了"在1780年以前,尽管矿物学被许多人宽容地看成是一种艺术,却很难被认定为科学"。这种区分至少在一个领域中一直延续到现在,在健康科学方面我们把理论和实践区分为医学"科学"和医学"艺术"。1862年罗伯特·索西为这种区分给了传统的表述,他写道:"医生的职业,在它成为科学之前,从最糟糕的层面来说……是一种艺术;并且在它自称为科学很久之后,也只比手艺强一点儿。"1870年经济学家和科学哲学家威廉·斯坦利·杰文斯说过:"科学教我们知,艺术教我们行。"[53]

所以,宪法第一条第八节第八段中并列的"科学"和"实用艺术"告诉我们宪法起草者想要促进的不是像我们今天所理解的"科学",而是专指与有用的发明直接联系的或涉及经济利益和财政收益的一般原理或理论。

12. 伍德罗·威尔逊论宪法、牛顿哲学和政府的辉格主义理论

近代的学术研究成果为威尔逊创造和提倡的对宪法的牛顿式解释指出了原因。按照哈维·曼斯菲尔德的说法,这不单纯是漫步于历史的分析,而是怀着一定的政治目的为批评宪法建立一个基础。也就是说,威尔逊似乎将宪法的牛顿机械论起源归咎于制衡系统,认为这是对进步的一种阻

力。曼斯菲尔德说："因为威尔逊认为机械论的宪法和它的制衡系统阻碍了进步。"所以，为了"揭示机械论的错误，威尔逊探究政治科学论点背后且渗入美国奠基人政治思想中的牛顿力学，而他们自己是没有意识到的"。据此，他责难旧的牛顿自然哲学曾经产生了被他认为是束缚力量的过时的政治架构，并且他建议为我们的政治体系建立新的科学基础，即达尔文学说的进化论。[54]

下面的自述，描述了威尔逊如何将政府的辉格主义理论视为牛顿世界体系的翻版。摘自1912年5月23日他在纽约经济俱乐部年度酒会上的演说：

作为一个大学校长，我所享受到的好处之一是能够愉快地接待来自世界各地的思想家。我没法告诉你们由于他们的出现我得到了多少收益。当我正在寻找一种可以把我的政治理念联系在一起的事物时，我很幸运地会见了一位曾献身于17世纪哲学思想研究的有趣的苏格兰学者。他的谈吐幽默以至无论听他说什么都是非常愉快的事，并且很快能谈到我正在企求的事。他让我注意这样一个事实，即每一代人的所有推想和思维总是在其前一代人中占支配地位的思想影响下形成的。

例如，自从牛顿宇宙论发展之后，几乎所有的思想都倾向于用牛顿学说的类比来表述自己，并且自从达尔文学说的理论在我们中间占统治地位后，每个人都力图用进化和适应环境的术语来阐述自己的主张。这使我想起了，正如这个有趣的人所说的，美国宪法是在牛顿理论的支配下形成的。你只要阅读《联邦主义者》所载文章，几乎每一页都可看出这种影响。他们谈到宪法的"制衡"并且经常用宇宙结构的明喻来表达他们的理想，特别是太阳系——如何通过万有引力使不同的天体保持在自己的轨道上，并且描述国会、司法、总统等政府组成是太阳系的仿制品。

当然，政府不是一部机器，也没有一种力学理论可以适用于世界上的任何政府，因为政府是由人组成的，而所有力学理论的考虑都忽视了人的意愿和调整。社会是一个有机体，每一个政府都必须按照它的能力和本能来发展。我不想做冗长乏味的分析，我只想请你们思考一个问题：在过去的一百年中我们所经历的是从牛顿式宪法到达尔文式宪法的转换。表达最强烈的愿望就是掌管统治权。如果这个最强烈的愿望是由国会提出的，那么国会就会支配政府；如果最强烈的领导意图是在总统的位置上，总统就会支配政府；如果一个像马歇尔那样有领导才能的人管辖着美国最高法院，就会像他做过的那样组成政府。宪法中并没有制衡的机械观念，历史环境决定了政府的特征。

威尔逊就这个主题在哥伦比亚大学的一系列讲座上做了正式表述，并以《美国立宪政府》的书名出版。以下为节选的部分内容：

　　美国政府是建立在一种无意识地模仿牛顿宇宙论的辉格主义理论基础上的。在我们这个时代，每当我们讨论任何事物的结构和发展时，我们都会有意或无意地追随达尔文先生，但在达尔文以前他们追随的是牛顿。某些单一的定律，如万有引力定律，支配着每个思想体系并给予它们统一的原理。每个行星、每个自由天体、太阳和地球本身都由于物体之间引力的作用保持在自己的位置和路线上，它们都受到整个宇宙系统和谐和完美的力的平衡的支配。辉格党（共和党前身）曾试图为英国制定一部类似的宪法。他们并不想取消王位，也不想把国王降格为象征性的元首，而只是想围绕他设置一种宪法的监督和制衡系统来调节他的专制路线，并使它至少总是可以预测的。

　　他们对自己的思想内容没有做过清晰的分析，英国或大洋两岸讲英文的政治家都还没有养成做理论家的习惯。直到一个法国人指出辉格党已完成的究竟是什么。他们曾经努力使得国会在制定法律方面享有很大的权力，虽然他们让国王享有自由，让他在没有国会协作和同意下对一些次要的事做出自己的决定，但一旦他对国会的行为做出否决，国王的政策就会遭到国会批评。他们曾努力保证司法部门尽最大可能保持独立地位，使之可不受国会的威慑或国王的强迫。简而言之，正如孟德斯鸠向他们指出的，他们曾探求通过一系列的制衡，有如牛顿的天体机制所暗示的，去平衡行政、立法、司法三权之间的相互对抗。

　　带着真正科学热情的联邦宪法制定者所追随的正是孟德斯鸠阐明的方案。《联邦主义者》上那些优秀的文章读起来好像是把孟德斯鸠的思想应用于美国的环境和政治需要，它们充满了制衡的理论。总统制衡于国会、国会制衡于总统，两者又都受到最高法院的制衡。我国早期政治家引用最多的是孟德斯鸠的理论，并总是作为政治领域中的科学标准来引用他的理论。政治在他的触摸下变成了力学。而最权威的是牛顿的万有引力定律。

　　这个理论伤脑筋的地方是政府不是一部机器，而是活生生的事物。如果它垮台，遵循的就不是宇宙理论而是有机生命体的理论了。能够解释它的是达尔文而不是牛顿。它必须按照生活的压力来决定自己的功能，要符合它所承担的任务，并根据环境随时进行修正。没有一种有生命的事物能使自己的各种器官在处于彼此互相抵消或牵制的情况下还能够生存。相反，它的全部生命就依赖于这些器官之间的快速协作、时刻准备着听命于本能或智力的指挥、为达到共同目标的一致性。政府不是一个盲目的势力集团，毫无疑问，在我们高度专业化的时代，它是一个有着共同目标和任务的高度分工的人员的集成。他们之间的协作是绝对必要的，他们之间的斗争是致命的。如果没有领导能力或没有生物器官之间那样亲密的近乎本能的协同一致就不会有成功的政府。这不是理论而是事实，事实显示了它的力量，而理论总是有缺陷的。有生气的政治架构在组织上或实践上都必定是达尔文学说的。

　　幸运的是我们的宪法虽然孕育于牛顿学说的精神之中，并建立在牛顿学说的原理之上，却足够宽松和通融以适合生命的运作和环境。虽然起草联邦宪法的人是辉格主义理论家，但他们也是有丰富实践经验的政治家，至少他们给了我们一个彻底的可操作的模式。如果政府真是一部靠机械的自动制衡来管理的机器，它是不可能生存的；但它不是，它的历史因那些领导它并使之成为现实的人们的影响而丰富多彩。美国政府经历了生机勃勃且正常的有机发展，它已经证实自己能够适应世代美国人民变化着的心情和目标。

威尔逊在巴尔的摩为城市改革委员会所做的演讲中对自己的观点做了非正式的表述。下文摘自1911年12月6日美国《巴尔的摩报》所做的记录：

为了得到控制权你们必须团结一致。如果我能够，我会带着我的全部敬意谈到美国政府的制衡体系，但很遗憾我不能这样做。因为抛开更大范围的国家、民族的政府不谈，再也没有什么事物能比我国政府试图建立的这套互相掣肘的制衡系统更有利于腐败的产生。

这意味着你建立了一系列同级别的部门来互相监督、互相掣肘，除非他们完全一致，否则你什么事也别想完成。

在你建立了这样一套各自独立的权威部门之后，你到底做了些什么呢？如果你能原谅我似乎是卖弄学问的离题，但也许这是有趣的，我要说的是你是在牛顿宇宙论的基础上建立了一个政府。

现在这个宇宙，按我理解——是很不完美的——成了机械的发明物，每个零件都只待在自己的位置和考虑自己的业务。我看它非出大的故障不可，即使它还没有。(笑声)

《联邦主义者》的撰稿人与美国制衡系统的阐述者们都是用牛顿宇宙论的术语来思考的。他们谈到向心力和离心力，以及将许多天体保持在它们各自恰当的轨道上和范围内的万有引力。

现在我们没有轨道和范围，我们谈论女人和男人的领域，但绝大部分时间我们说的都是废话。(鼓掌)

我们已经认识到我们和政府都是生物，对生物来说只有遵循唯一的规律才能存活，这种规律不是由牛顿按照力学的类比指出来的，而是达尔文按照生物的类比指出来的。

我们的政府不是那样工作的。它的各部门是互相协作的，如果各部门不这样做，就不能称其为政府。

注　解

第一章　科学和美国历史

1.正如博伊德指出的，杰斐逊放弃的"无疑是他最珍视的东西"。作为证据他援引了杰斐逊在接受美国哲学学会会长职位时写的信，信中宣称："被美国社会中哲学和科学方面的精英团体选为会长，是我生命中引以为荣的事，对此我深表感谢。"选自博伊德：《大獭兽和杰斐逊记错的事》，《美国哲学学会学报》第102期（1958），第420—435页。

2.这样的"有机"社会学家有赫伯特·斯宾塞、利林费尔德和舍夫勒。更多资料请参阅I.伯纳德·科恩的《自然科学和社会科学：批判的和历史的观点》（1994），第一章。

3.术语"类比"一般用于科学，来概述某些事物在功能或特征上类似，在这种情况下，相伴的术语"同形"只限定用于形式上的相似。

4.参阅查尔斯·达尔文《物种起源》重版（1964），第484页。

5.更多细节请参阅I.伯纳德·科恩的《自然科学和社会科学：批判的和历史的观点》（1994）和《自然科学与社会科学的互动》（1994）。

6.更多细节请参阅I.伯纳德·科恩的《自然科学与社会科学的互动》（1994），还可参阅玛格丽特·斯恰巴斯的《一个由数字支配的世界：威廉·斯坦利·杰文斯和数理经济学的兴起》（1990）。

7.贝克莱对牛顿流数理论基础的评论是：牛顿的微积分学是对数学家们真正的挑战。他的《西利斯》是试图"把牛顿的概念比拟于更加复杂的化学和动物生理学现象"。在他的《论运动》中分析了"牛顿的万有引力、作用力与反作用力和一般的运动概念"。参阅盖特·布切达赫的《科学名人辞典》第二卷（1970）乔治·贝克莱词条，第16—18页。

8.贝克莱完全理解牛顿的阐述。对于行星为什么没有被吸入轨道中心做出了牛顿学说的正确解释。他写道:"它们凭借造物主赋予它们的直线运动而避免了被吸入共同的引力中心。"这种切线的或线性的分量,他继续说:"与引力原理同时发生作用",导致了"它们各自围绕太阳的轨道运动"。他断定如果这种线性的运动分量中止了,"万有引力定律就会通过横向的引力把所有行星聚到太阳成为一个集中的物质,从而显示自己的作用"。选自乔治·贝克莱《社会的凝聚力》,《贝克莱文集》卷7(1955),第226—227页。

9.参阅乔治·贝克莱《道德的吸引力》,《贝克莱文集》卷4(1901),第186—190页。

10.作为涉及贝克莱的牛顿学说社会学的附加材料,请参阅I.伯纳德·科恩的《牛顿和专门涉及经济的社会科学:失去范例的主张》,刊登在菲利普·米洛斯基编的《经济学中的自然图像:最初的市场研究》(1994)。

11.著名的社会学家皮季里姆·索罗金把贝克莱的正确的牛顿学说物理学转换成一种混淆的前牛顿学说的解释。他认为贝克莱总结过:"当向心力大于离心力时社会是稳定的。"在这种情况下正如贝克莱清楚地表述过的那样,如果向心力大于离心力,很明显出现的不是稳定,而是不稳定,由于失去平衡,就会形成向心的运动。选自皮季里姆·索罗金《当代社会学理论》(1928),第11页。

12.请参阅道格拉斯·阿代尔提示性的短论,第343—360页,收录于《亨廷顿图书馆季刊》第20期。

13.参阅邓肯·福布斯为休谟的《大不列颠史》重版(1970)所写的序言。还请参阅莫里斯主编《大卫·休谟逝世200周年纪念文集》(1977),第39—50页。

14.参阅大卫·休谟的《人性论》(1888),第12—13页。

15.如果像休谟认为的那样,人类的习性和社会行为是由社会的规律控制的,这就暗示了出现一种社会科学的可能性。正如休谟所写的:"某些时候某种确定的后果是可以推断出来的,就像数学曾提供过的那样。"为了建立个体行为心理学,休谟似乎构思过一种最终要从实践中寻找答案的新的理论科学的结构。关于社会规律相对于数学的确定性请参阅休谟的《政治将成为一门科学》重版（1964），第99页。

16. 傅立叶的社会物理学是建立在所谓人类12种感情和"情欲的吸引力"的基本规律这样一个系统之上的。这导致他得出这样的结论，即只有仔细挑选出来的一批人才能"和谐地"共同生活在被他称为"法朗吉"的社会组织中，就是他后来建立的空想社会主义的社会组织。

17. 参阅《乌托邦计划：查尔斯·傅立叶选集》（1971）、《查尔斯·傅立叶的乌托邦空想：关于工作、爱情和情欲吸引力的文摘》（1971）、《和谐的人类：查尔斯·傅立叶著作选集》（1971）。关于傅立叶，参阅尼古拉斯·雷山诺夫斯基《查尔斯·傅立叶的学说》（1969）和福兰克·曼纽尔《巴黎的先知者们》（1962）。

18. 参阅亚当·斯密《国富论》卷2（1976），第15页，格拉斯哥版。还请参阅亚当·斯密《国富论》重版（1985），第59页，旁注重复了这样的信息："自然价格是中心价格，全部其他价格皆不断受其吸引。"

19. 参阅亚当·斯密《哲学论文集》卷3（1980），"天文学史"部分，怀特曼等编。

20. 参阅克劳德·美纳特的《机器和心灵：论经济学推理中的类比》（1988），第81—95页。

21. 参阅孟德斯鸠《论法的精神》重版（1949），"君主政治原理"部分。

22. 见附录2。

23. 参阅亨利·盖拉克的《三位18世纪的社会哲学家：科学对他们思想的影响》，《现代科学史论文集》（1977），第451—464页。

24. 参阅詹姆斯·威尔逊《著作集》两卷本（1967），第305页。

25. 见附录2。

26. 参阅詹姆斯·威尔逊《著作集》两卷本（1967），第192页。也请参阅他在《著作集》两卷本中讨论类比时提到的血液循环，第390—391页。

27. 参阅詹姆斯·威尔逊《著作集》两卷本（1967），第560页。

28. 参阅约翰·舒茨的《托马斯·波纳尔，美国自由的英国保卫者》（1951）。

29. 参阅托马斯·波纳尔的《政体的原理》（1752），第57—58页。

30.参阅托马斯·波纳尔的《殖民地的管理》(1764),第32—33页。

31.参阅托马斯·波纳尔的《殖民地的管理》第五版卷1(1774),第45页。

32.参阅约翰·舒茨的《托马斯·波纳尔,美国自由的英国保卫者》(1951),第256—262页。

33.参阅托马斯·波纳尔的《备忘录——关于新旧世界之间目前的态势,最谦逊地致欧洲各位君主》第一版(1780),第2—3页。

34.参阅托马斯·波纳尔的《备忘录——关于新旧世界之间目前的态势,最谦逊地致欧洲各位君主》第一版(1780),第4页。

35.参阅托马斯·波纳尔的《致美洲各元首的备忘录》(1783)。

36.参阅托马斯·波纳尔的《智能物理学:有关人的本性和生存方式进步的短论》(1795),第25—28页、第219—220页。这本书1795年出版,但直到1801年才公开发行。

37.关于牛顿科学的两个类别参阅I.伯纳德·科恩的《富兰克林和牛顿:以富兰克林的电学著作为例来探讨牛顿实验科学》(1966)。

38.参阅《原理》第一册前言。

39.见附录3。

40.此外,根据牛顿科学的确定表述,一种叫作"太阳系仪"的机械式的行星仪被制造,可以显示行星及其卫星的运动的主要特性。

41.参阅林奈《植物属志》第五版(1754)。

42.参阅林奈《植物种志》卷1(1753),第450—463页。

43.参阅林奈《植物种志》卷1(1753),第457页。

44.在用显微镜观察时,特朗布莱一般使用一种"简单的"显微镜,是由单一镜片组成的放大器。当时,在引入"校正的"镜头组之前,简单显微镜比复式显微镜给出的形象要清晰得多,后者困扰于极度的彩色和球面的色差。特朗布莱的显微镜观察绝大部分在暗室里进行,把透镜架在用烛光照亮的标本上面。但有时候也会利用放大镜聚合后的自然光。

45.特朗布莱对珊瑚虫的研究和多方面的评论《回忆录》,已由西尔维亚·伦霍夫和霍华德·伦霍夫译成英文,并于1986年出版。

46.由道森从法文译为英文:《自然之谜:邦尼特、特朗布莱、列欧姆在通信中谈到的珊瑚虫问题》（1987），第140页。

47.我们将在第三章看到富兰克林用"组合蛇"建立了一个重要的政治隐喻，这条蛇可以切成多段，连在一起后又可以存活。

48.由道森从法文译为英文:《自然之谜：邦尼特、特朗布莱、列欧姆在通信中谈到的珊瑚虫问题》（1987），第7页。

49.由道森从法文译为英文:《自然之谜：邦尼特、特朗布莱、列欧姆在通信中谈到的珊瑚虫问题》（1987），第143—144页。

50.参阅托马斯·波纳尔的《殖民地的管理》第五版卷2（1774），第10—12页。

51.参阅1745年3月30日彼得·柯林森给卡德瓦拉德·科尔登的信，《卡德瓦拉德·科尔登论文书信集》卷3，第110页。

52.《绅士杂志》第15期（1745），第193—197页;《美国杂志编年史》第2期（1745），第530—537页。

53.参阅I.伯纳德·科恩的《本杰明·富兰克林的科学》（1990），第4章、第5章。

54.参阅利奥·列梅的《埃比尼泽·金纳斯莱：富兰克林的朋友》（1964）。

55.参阅伦纳德·拉巴里的《本杰明·富兰克林文集》卷5（1962），第521—522页。

56.引文来自加里·威尔斯的《剖析美国：联邦党人》（1981），第23页。这个评论出现在1788年1月7日登在《纽约杂志》上的一封信中。杂志所登的完整的信件值得被引用在当前的研究文章中:"一个通信记者曾评论过当代一个多产作家试图用数学论证去解释新宪法中那些深奥的部分，他极力去证明它的直角结构，但事与愿违没有成功，下次他该求助于圆锥曲线了，这会很容易地为自己心仪的体系找到许多吹鼓手。"

57.参阅1783年6月8日华盛顿的《全国通报》，收录在菲茨帕蒂里克编的《来自乔治·华盛顿著作集的手稿》（1940）卷26，第485页。

58.按牛顿的弟子德萨居利耶的说法，洛克"问海更斯先生，牛顿《原理》中的所有数学章节是否都正确"并被告知"他可以信赖它们的必然性"。见德萨居利耶的《实验哲学课程》第三版（1763）前言，第8页。

第二章　科学和托马斯·杰斐逊的政治思想:《独立宣言》

1.杰斐逊的书信和其他文献的主要来源是由博伊德主编的《托马斯·杰斐逊文集》,第1卷由普林斯顿大学出版社在1950年出版。对于后期的杰斐逊来说,就不只是论文了,有一些老的文集,其中值得注意的是被称为纪念版的《托马斯·杰斐逊著作集》,由安德鲁·利普斯科姆等编,共有20卷。比较方便的资料来源是梅里尔·彼得森的几部著作:《美国人心中的杰斐逊》(1960)、传记作品《托马斯·杰斐逊和新的国家:一本传记》(1970)、《美国文库》系列(1980)。

杰斐逊的生平曾被杜马·马隆以一部六卷本详尽地描述过,总的题目是《杰斐逊和他的时代:杰斐逊和弗吉尼亚、杰斐逊和自由的严峻考验、杰斐逊和人权、总统杰斐逊1801—1805、总统杰斐逊1805—1809、蒙蒂塞洛的圣人》(1948—1981)。

还有许多杰斐逊的传记作者和研究他的大量学者,恕不一一列出。然而,我要特别感谢达尼尔·布尔斯廷的《托马斯·杰斐逊失去的世界》(1948)和阿德里安娜·柯茨的《托马斯·杰斐逊的哲学》(1943)以及《杰斐逊和麦迪逊:伟大的伙伴》(1950)。

以杰斐逊的科学活动为主题出了四本书(作者:西尔维奥·贝迪尼、查尔斯·布朗、I.伯纳德·科恩、爱德文·马丁),在本章注解5列出。还有一些研究杰斐逊和《独立宣言》的著作(值得注意的作者是:卡尔·贝克、莫顿·怀特、加里·威尔斯),在本章注解91列出。

2.杰斐逊致尼莫斯的信写于1809年3月2日,接近他第二个总统任期结束的时候。选自《托马斯·杰斐逊著作集》卷12,第260页。

3.其他的总统中有学工程的,如赫伯特·胡佛和吉米·卡特,前者是美国第31任总统(1929—1933),后者是美国海军学院毕业生。

4.参阅《华盛顿邮报》1962年4月30日,B5版。

5.参阅西尔维奥·贝迪尼的《科学政治家托马斯·杰斐逊》(1990)、查尔斯·布朗的《托马斯·杰斐逊和当时的科学趋势》(1944)、I.伯纳德·科恩编的《托马斯·杰斐逊和科学》(1980)、爱德文·马丁的《托马斯·杰斐逊：科学家》(1952)。其他重要的著作有约翰·格林尼的《杰斐逊时代的美国科学》(1984)。

6.参阅杰拉尔德·霍尔顿的《科学的进步和它的责任：杰斐逊的演讲和其他评论》(1986)。

7.参阅杰拉尔德·霍尔顿的《科学和反科学》(1993)，第一章。

8.参阅《托马斯·杰斐逊1809年3月2日致尼莫斯的信》，《托马斯·杰斐逊著作集》卷12，第260页。

9.参阅《托马斯·杰斐逊1791年3月7日致哈里·英尼斯的信》，《托马斯·杰斐逊著作集》卷8，第135页。

10.参阅《托马斯·杰斐逊1778年6月8日致乔凡尼·法勃罗尼的信》，《托马斯·杰斐逊文集》卷2，第195页。

11.参阅《托马斯·杰斐逊1781年8月4日致拉斐德的信》，《托马斯·杰斐逊文集》卷6，第112页。

12.《托马斯·杰斐逊1791年5月1日致小托马斯·伦道夫的信》，《托马斯·杰斐逊文集》卷20，第341页。

13.下面会给出有关这种化石的更进一步的信息。

14.参阅萨拉·伦道夫的《托马斯·杰斐逊的家庭生活》(1871)，第245、249页、第262—263页。

15.参阅萨拉·伦道夫的《托马斯·杰斐逊的家庭生活》(1871)，第245、249页、第262—263页。

16.《托马斯·杰斐逊1801年2月3日致卡斯珀·威斯塔博士的信》，《托马斯·杰斐逊著作集》卷10，第196—197页。

17.爱德文·马丁：《托马斯·杰斐逊：科学家》，第6页。

18.爱德文·马丁：《托马斯·杰斐逊：科学家》，第6—7页。

19.爱德文·马丁：《托马斯·杰斐逊：科学家》，第7页。

20.参阅查尔斯·弗朗西斯·亚当斯编的《约翰·亚当斯回忆录，包含1795—1848年的部分日记》卷1(1874—1877)，第317页。

21.参阅查尔斯·弗朗西斯·亚当斯编的《约翰·亚当斯回忆录，包含1795—1848年的部分日记》卷1(1874—1877)，第472—473页。

22.参阅伯纳德·马约的《送给杰斐逊先生的一颗胡椒子》，《弗吉尼亚评论季刊》第19期（1943），第222—235页。还可参阅查尔斯·赛勒斯的《查尔斯·威尔逊·皮尔》卷2（1947），第184页。

23.参阅爱德文·马丁的《托马斯·杰斐逊：科学家》，第11—12页。

24.参阅爱德文·马丁的《托马斯·杰斐逊：科学家》，第29页。

25.西尔维奥·贝迪尼在他的《科学政治家托马斯·杰斐逊》（1990）中给出的有关杰斐逊的发明记录。

26.见博伊德、雷斯等人的文章。

27.参阅莫蒂默·惠勒的《考古学》（1954），第41—42页。

28.参阅西尔维奥·贝迪尼的《科学政治家托马斯·杰斐逊》（1990），第341页。

29.参阅西尔维奥·贝迪尼的《科学政治家托马斯·杰斐逊》（1990），第342页。

30.参阅《托马斯·杰斐逊著作集》卷18，第160页。也可参阅思韦茨编的《刘易斯和克拉克探险队的原始日记》卷7（1905），第247—297页。还可参阅多纳尔德·杰克逊编的《刘易斯和克拉克探险队的书信和有关文件，1783—1854》（1962）。从杰拉尔德·霍尔顿的《科学和反科学》（1993）第116—120页中可找到以杰斐逊的科学和观点写的杰斐逊、刘易斯和克拉克探险队的令人惊奇的记录。

31.参阅杜马·马隆的杰斐逊生平六卷本之卷1，第52页。

32.参阅斯科菲尔德的《伯明翰的月光社：18世纪英格兰地方性科学和工业的社会史》（1963）。

33.《托马斯·杰斐逊1811年12月29日致尊敬的詹姆斯·麦迪逊的信》,《托马斯·杰斐逊著作集》卷19，第183页。

34.参阅杜马·马隆的杰斐逊生平六卷本之卷1，第55页。

35.参阅杜马·马隆的杰斐逊生平六卷本之卷1，第75—78页。

36.参阅托马斯·杰斐逊的《弗吉尼亚州备忘录》（1955），威廉·倍登注解。

37.参阅托马斯·杰斐逊的《弗吉尼亚州备忘录》（1955），威廉·倍登注解。

38.参阅杜马·马隆的杰斐逊生平六卷本之卷2，第93—94页。

39.参阅托马斯·杰斐逊的《弗吉尼亚州备忘录》(1955)，威廉·倍登注解，第9页。

40.参阅托马斯·杰斐逊的《弗吉尼亚州备忘录》(1955)，威廉·倍登注解，第9页。

41.作为对《弗吉尼亚州备忘录》中科学内容的分析，参阅爱德文·马丁的《托马斯·杰斐逊：科学家》，第6—8章。

42.杰斐逊自己概括了这些论点的前几条："布丰伯爵提倡的论点是：(1)新大陆生存的动物品种比旧大陆少。(2)新旧大陆都有的同种或类似的动物品种，旧大陆的都比新大陆的高大。(3)驯化的动物由旧大陆移植到新大陆后比其祖先长得个头小。(4)只有新大陆才有的动物倾向于比旧大陆的对应品种个头小。(5)所有的生命(动物和人)在新大陆倾向于退化。他想出来的理由是美洲的热量比较少，许多地面为水覆盖，人工的排水渠也比较少。换句话说，热量是好东西，而湿度对大型四足动物的生长和发展是不利的。"参阅爱德文·马丁的《托马斯·杰斐逊：科学家》，第163—164页。

43.参阅约翰·罗伯特·穆尔的《戈德史密斯的退化的夜莺，18世纪鸟类学中的一个谬论》,《伊西斯》第34期(1943)，第324—327页。

44.参阅安东内洛·杰尔比的《新世界的争论：一场争论的历史(1750—1900)》(1973)，书中有退化论历史的丰富而详尽的资料。关于布丰见雅克·罗杰的《布丰：一个植物王国里的哲学家》(1989)。

45.参阅托马斯·杰斐逊的《弗吉尼亚州备忘录》(1955)，威廉·倍登注解，第56页。

46.字面上可译为"哲学规律"，但安德鲁·莫特较好地译为"哲学中的论证规律"，含有自然哲学的规律的意思。

47.这段布丰的文字取自托马斯·杰斐逊的《弗吉尼亚州备忘录》(1955)的第六章，威廉·倍登注解。

48.参阅托马斯·杰斐逊的《弗吉尼亚州备忘录》(1955)的第六章，威廉·倍登注解。

49.杰斐逊在回答雷诺神父指责美国从未出过一个"好的"诗人时指出，这种情况无疑是会改变的，当"我们民族生存的时间长到希腊出现荷马、罗马出现维吉尔、法国出现拉辛和伏尔泰、英国出现莎士比亚和弥尔顿之前那么长的时间"。在脚注中杰斐逊还说："不管怎么说，只出了两个诗人荷马和维吉尔，他们的诗就能赢得不同时代的读者的热情赞赏。"

50.参阅布鲁克·欣德尔的《大卫·里滕豪斯》(1964)。

51.参阅雷斯的《里滕豪斯太阳系仪：18世纪普林斯顿的天文馆》(1954)。

52.参阅雷斯的《里滕豪斯太阳系仪：18世纪普林斯顿的天文馆》(1954)，第30页。

53.引自太阳系仪说明书手稿，参阅雷斯的《里滕豪斯太阳系仪：18世纪普林斯顿的天文馆》(1954)，第84页。

54.引自宾夕法尼亚大学太阳系仪的记录，可能是威廉·史密斯在1771年写的，并印在《宾夕法尼亚公报》上，重版在雷斯的《里滕豪斯太阳系仪：18世纪普林斯顿的天文馆》(1954)，第86—88页。

55.引自宾夕法尼亚大学太阳系仪的记录，可能是威廉·史密斯在1771年写的，并印在《宾夕法尼亚公报》上，重版在雷斯的《里滕豪斯太阳系仪：18世纪普林斯顿的天文馆》(1954)，第86—88页。

56.引自宾夕法尼亚大学太阳系仪的记录，可能是威廉·史密斯在1771年写的，并印在《宾夕法尼亚公报》上，重版在雷斯的《里滕豪斯太阳系仪：18世纪普林斯顿的天文馆》(1954)，第86—88页。

57.参阅安娜·克拉克·琼斯的《给杰斐逊的鹿角》，《新英格兰季刊》第12期（1939），第333—348页。也可参阅露丝·亨莱的《对〈弗吉尼亚州备忘录〉作为杰斐逊反击法国博物学家谬论的证据的研究》，《弗吉尼亚州历史和传记杂志》第55期（1947），第233—246页。还可参阅吉尔伯特·奇纳德的《18世纪关于美洲作为人类栖息地的理论》，《美国哲学学会学报》第91期（1947），第27—57页。

58.《詹姆斯·麦迪逊1786年6月19日致托马斯·杰斐逊的信》，《托马斯·杰斐逊文集》卷9，第659—665页。

59.参阅杜马·马隆的杰斐逊生平六卷本之卷2，第100页。

60.《威廉·卡迈克尔1787年10月15日致托马斯·杰斐逊的信》，《托马斯·杰斐逊文集》卷12，第241页。

61.《托马斯·杰斐逊1760年1月14日致约翰·哈卫的信》,《托马斯·杰斐逊文集》卷1,第3页。

62.《托马斯·杰斐逊1813年8月22日致阿比盖尔·亚当斯的信》,《托马斯·杰斐逊著作集》卷19,第194页。

63.《托马斯·杰斐逊1787年12月20日致詹姆斯·麦迪逊的信》,《托马斯·杰斐逊文集》卷12,第442页。

64.关于席位分配问题请参阅米歇尔·巴林斯基和佩顿·扬的《公平的选举:符合一人一票的理想》(1982)。也可参阅保罗·霍夫曼的《阿基米德的报复:数学的乐趣和冒险》(1988),第四章。

65.参阅米歇尔·巴林斯基和佩顿·扬的《公平的选举:符合一人一票的理想》(1982)。

66.参阅米歇尔·巴林斯基和佩顿·扬的《公平的选举:符合一人一票的理想》(1982)。

67.杰斐逊担心——正如在他致华盛顿的备忘录中写得很清楚的——"法案没有说明它要把剩余的席位给予小数部分值最高的州,虽然它事实上已经这样做了"。

68.参阅托马斯·杰斐逊1792年4月4日的《关于席位分配法案的意见》,《托马斯·杰斐逊文集》卷23,第375页。

69.关于席位分配问题请参阅米歇尔·巴林斯基和佩顿·扬的《公平的选举:符合一人一票的理想》(1982)。也可参阅保罗·霍夫曼的《阿基米德的报复:数学的乐趣和冒险》(1988),第四章。

70.关于席位分配问题请参阅米歇尔·巴林斯基和佩顿·扬的《公平的选举:符合一人一票的理想》(1982)。也可参阅保罗·霍夫曼的《阿基米德的报复:数学的乐趣和冒险》(1988),第四章。

71.宪法所允许的唯一例外是如果这个州的人口少到按"公约数"去除却连一个席位也分不到的时候,要给这个州一个席位。

72.按照杜马·马隆的杰斐逊生平六卷本之卷2,第211页,杰斐逊"指示杜鲁伯尔为他购买的半身像和画像是很多的,所以很难完整地保存到一个半世纪以后"。在《托马斯·杰斐逊1788年2月15日致杜鲁伯尔的信》中,杰斐逊表达了他对培根、洛克和牛顿的高度尊敬,说他们"毫无例外，是有史以来三位最伟大的人物"。他们"为在自然科学和道德科学中发展的结构奠定了基础"。更详细的资料见《托马斯·杰斐逊文集》卷14，第467—468页、第524—525页、第561页、第634—635页；《托马斯·杰斐逊文集》卷15，第38页、第152页、第157页。关于汉密尔顿和这些肖像，见《托马斯·杰斐逊著作集》卷13，第4页。这三幅肖像是按照挂在"英国皇家学会房间里"的原作复制的。培根和洛克的画像还可以在蒙蒂塞洛的旧居中看到，但牛顿的画像却不见了。见《托马斯·杰斐逊文集》卷15，第152页。

73.参阅《托马斯·杰斐逊1812年1月21日致约翰·亚当斯的信》，收录在莱斯特·卡彭编的《亚当斯与杰斐逊通信集：托马斯·杰斐逊和约翰·亚当斯及其妻子阿比盖尔的完整通信》（1959）卷2，第291页。

74.参阅米莉森特·苏维芭编的《托马斯·杰斐逊图书馆书目》（1952—1959）。

75.参阅《托马斯·杰斐逊1788年7月19日致尊敬的詹姆斯·麦迪逊的信》，《托马斯·杰斐逊文集》卷13，第379—381页。在这封信里他也提到英根豪斯的"光照促进植物生长的意见"。

76.参阅《托马斯·杰斐逊1789年3月24日致约瑟夫·威拉德的信》，《托马斯·杰斐逊文集》卷14，第697—699页。

77.在杰斐逊的建议中，他采用天文学家的"平均时间"，是建立在——正如他在报告的初稿中所写的——"地球的恒定不变的自转运动的"基础之上的。里滕豪斯建议杰斐逊删掉他的"地球的旋转在任何意义上来讲都是绝对不变的"言论。他评论，这种运动"对于任何人来说都是独一无二的"，虽然现在有足够的根据去推定利用长周期和短周期来说明这种运动是"不完全相等的"。最后的定稿采用了里滕豪斯的修正意见并用了他的言论："地球的自转虽然不是绝对不变的，但对于任何人来说，可以认为它是不变的。"

78.在杰斐逊报告的第一稿中，他的第一句话就说"艾萨克·牛顿爵士已经给出了某纬度的秒摆长度是由悬挂点至摆动中心约100厘米的结果"。他后来说这个数字来自他对牛顿文章的记忆，因为当时他在纽约，远离图书馆，没法看到牛顿《原理》的原文。这个事实说明了他引文中的"某纬度"是指伦敦的纬度,只是他忘了而已。在写第二稿时,他从罗伯特·帕特森教授处借了一本牛顿的《原理》。

79.在《原理》第三册第20章中,牛顿给出了一张按外推法制定的秒摆长度表,可查出不同纬度的秒摆长度,但他没有给出特定地点如伦敦北纬38度的秒摆长度。此外,牛顿给出的是法制长度。如果按牛顿给出的表格去推算,杰斐逊的表述会更加准确,北纬38度的秒摆长度约100厘米。

80.当杰斐逊起草他的报告时,无论在美国、英国还是在法国都有人提出类似的建议。在杰斐逊的图书馆里可以找到约翰·怀特赫斯特写的关于这个题目的一本小册子,由威廉·沃林写的关于这类标准的建议的一份手稿。直到杰斐逊承担这个任务时,一直压在国务秘书的文件堆里。詹姆斯·麦迪逊也动过以秒摆长度作为长度标准的念头。事实上,杰斐逊在听到奥顿主教、著名的泰莱兰德在巴黎议会上关于这个问题的发言后,曾对他的原计划做了重要的修改。他本打算采用北纬38度的秒摆长度,正好是美国大陆的中心点,也恰好是蒙蒂塞洛的纬度。但泰莱兰德的论点说服了他,应采用国际上的中性纬度,即北极和赤道中间的北纬45度,还在美国国土之内,只是靠北了些。

81.托马斯·杰斐逊的《关于重量和长度的报告》收录在《托马斯·杰斐逊文集》卷16中。

82.为了一系列数学和技术上的原因,杰斐逊选择摆的形状为金属圆柱形。他表述了怎样算出它的摆动中心并定出当量理想摆的长度。

83.《里滕豪斯1790年6月21日致托马斯·杰斐逊的信》,《托马斯·杰斐逊文集》卷16,第546页。

84.杰斐逊最初在表述牛顿关于铁杆长度随温度变化的论点时在数字上出了错,被里滕豪斯纠正了。他告诉杰斐逊:"我有一支约1米长的铁杆,冬天的长度比夏天短1/6刻度,即全长的1/2592。"参阅《里滕豪斯1790年6月21日致托马斯·杰斐逊的信》,《托马斯·杰斐逊文集》卷16,第546页。

85.奥尔姆斯特德:《琼·里彻在卡宴的科学探险(1672—1673)》,《伊西斯》第34期(1943),第117—128页。

86.牛顿承认并没有理论上的依据可以推定重量是与质量成正比的,

正如按照他的万有引力定律，地球作用于物体的引力是与物体的质量成正比的。在后牛顿时期，牛顿曾认为没有理由认定进入运动定律的质量和进入万有引力定律的质量是一样的，即惯性质量不一定等于引力质量。为此，他设计了一个实验，证实了对许多物质来说这两种质量是相等的，归纳起来得出一般结论，即质量是与重量成正比的（在任何给定的地方）。于是，这两种相等的质量就成为基础理论的一个部分。

87. 参阅《托马斯·杰斐逊1790年6月14日致里滕豪斯的信》，《托马斯·杰斐逊文集》卷16，第510页。

88. 正如牛顿假设的那样，如果地球从两极方向被压扁一点，致使月球对近端的引力大于对远端的引力，造成了——按照牛顿的理论力学原理——地轴进动，这种现象早在公元前两世纪的喜帕恰斯时代就已经定量地被发现了。

89. 这里要考虑产生物体重量的两个单独的作用。一个是引力的作用，另一个是地球自转的作用。两者都取决于地球的形状，也因此秒摆的长度必定与纬度有关。如果地球是椭球体，两极方向扁一点，地轴至赤道的距离大于至两极的距离，中间部分随纬度变化而变化。同样，自转的速度也随距地轴的距离变化而变化，赤道大于两极，中间随纬度而变化。

90. 细节见附录7。遗憾的是《托马斯·杰斐逊文集》中没说清楚他怎样纠正了里滕豪斯的错误。此外，牛顿的引文不仅有许多拉丁文方面的错误，也变得没有意义。用这样的版本来纠正里滕豪斯的错误是不容易的。

91. 参阅卡尔·贝克的《独立宣言：对美国政治思想史的研究》（1951）、博伊德的《独立宣言：从摹本中反映出来的原文的演变》（1943）、赫伯特·弗兰登华尔德的《独立宣言：解释和分析》（1904）、约翰·哈泽尔顿的《独立宣言：它的历史》（1906）、莫顿·怀特的《美国革命的哲学》（1978）、加里·威尔斯的《创造美国：杰斐逊的独立宣言》（1978）。

92. 《约翰·亚当斯1822年8月6日致蒂莫西·皮克林的信》，《约翰·亚当斯著作集》（见第四章注解1）卷2，第514页。

93. 梅里尔·彼得森：《托马斯·杰斐逊和新的国家：一本传记》（1970），第80页。

94. 梅里尔·彼得森：《托马斯·杰斐逊和新的国家：一本传记》

（1970），第89页。

95.除非有证据说明曾用过不同的版本，《独立宣言》引自正式誊清和签署的羊皮纸版本，参阅《托马斯·杰斐逊文集》卷1，第416—417页上的编者注解，以及第429—432页内容。读者会回忆起"杰斐逊的言词"在不同的底稿上是不一致的，例如，"原始初稿"（《托马斯·杰斐逊文集》卷1，第423页）上有"与生俱来的和不可剥夺的权利"，誊清稿（《托马斯·杰斐逊文集》卷1，第429页）上是绝对"不可让与的权利"。

96.梅里尔·彼得森:《托马斯·杰斐逊和新的国家：一本传记》（1970），第89页。

97.参阅《托马斯·杰斐逊文集》卷1，第432页。

98.梅里尔·彼得森:《托马斯·杰斐逊和新的国家：一本传记》（1970），第90页。

99.例如，在"原始初稿"（《托马斯·杰斐逊文集》卷1，第424页）上杰斐逊写过国王曾"听任司法机关整体中止操作"，在誊清稿（《托马斯·杰斐逊文集》卷1，第430页）上直指他"阻挠司法的执行"。

100.梅里尔·彼得森:《托马斯·杰斐逊和新的国家：一本传记》（1970），第91页。

101.参阅《托马斯·杰斐逊文集》卷1，第426页。

102.加里·威尔斯认为大陆会议的代表们对《独立宣言》的内容改动很大，因此必须区分最后定稿和他所说的"杰斐逊的《独立宣言》"。

103.我在这里采用的语言和文风来自《托马斯·杰斐逊文集》卷1的最后定稿。卡尔·贝克发现就誊清稿中的"大写和标点符号，既不是按先前的版本，也无正当理由遵循不同年代的惯例，此举是不可救药的、不能接受的"。

104.杰斐逊的稿子没有用大写字母并喜欢用&来代替"and"。因此，在"原始初稿"中提到"自然法则&造物主法则"而不是"自然法则and造物主法则"。

105.贝克论述牛顿哲学的许多文章涉及牛顿著作的多种版本和译文，以及牛顿自然哲学通俗化著作的出版信息。

106.贝克这样来描述《原理》中万有引力定律在数学方面的困难进展：

"通过望远镜的观察和做一些数学演算，就能将控制行星的引力和使苹果落地的引力等同起来。"确实如此！

107.参阅保罗·福里埃斯和奇姆·普里曼的《自然规律和自然权利》，《思想史词典》（1973）卷3，第13—27页。

108.参阅保罗·福里埃斯和奇姆·普里曼的《自然规律和自然权利》，《思想史词典》（1973）卷3，第13—27页。

109.在英文中"规律"和"权利"是相关联的，有别于拉丁文中的"les"和"ius"（或"jus"）。

110.参阅巴特菲尔德等编的《约翰·亚当斯早期的日记》（1966），第54—55页。

111.本杰明·赖特的《规律的美国解释：对政治思想史的研究》（1931）中强调了布拉马基的重要影响。

112.参阅莫顿·怀特的《美国革命的哲学》（1978），第四章。还可参阅奥斯卡·亨得林的《学术著作和革命行动，1776》，《哈佛图书馆公报》第34期（1986），第162—379页。也可参阅奥斯卡·亨得林和莉莲·亨得林的《美国革命中的言论和行动》，《美国学者》第58期（1989），第545—556页。

113.任何人想进一步探讨这个题目最好先研究一下贝克、怀特和威尔斯的著作，特别是本杰明·赖特的专著《自然规律的美国解释：对政治思想史的研究》（1931）。

114.杰斐逊的图书馆中存有该书1672年的拉丁文版和1727年的英文版。英文版有两个标题页。开头一页是书名《关于自然规律的一篇论文》，译者是约翰·马克斯威尔（1727）。第二个版本的标题页放在第38—39页之间，重复了原来的拉丁文标题《对自然规律的哲学探讨》。

115.《托马斯·杰斐逊著作集》卷1，第470—481页。

116.参阅莫顿·怀特的《美国革命的哲学》（1978），第四章。还可参阅加里·威尔斯的《创造美国：杰斐逊的独立宣言》（1978），第503—523页。

117.参阅托马斯·杰斐逊的《弗吉尼亚州备忘录》（1787），第31页。

118.这篇由英国皇家学会下令发表的书评与莱布尼茨和基尔之间的争

执有关，主要是为了争夺流数法，即微积分的发明权。参阅《哲学学报》第29期（1715），第173—224页。

119.读者一定会奇怪牛顿怎么会创作和发表了关于他本人著作的长篇书评，但还有更奇特的情节。我们现在从牛顿的手稿中知道是他自己起草了委员会的报告。并且，如果这还不够的话，最后他自己重版了报告和他（匿名）的书评——还写了匿名的前言去促使读者得到信息。多么天才的方法啊！细节可见拉伯特·霍尔的《哲学家的战争》(1980)。

120.《哲学学报》第29期（1715），第224页。

121.参阅约翰·基尔的《自然哲学简介》第四版（1745）。也可参阅该著作的拉丁文译本和英文译本。

122.关于科学规律这个概念的历史，参阅简·罗比的《科学"规律"的起源》，《思想史杂志》第47期（1986），第341—359页。

123.笔者用的是第四版:《经实验证实的自然哲学的数学要素》（1731）。

124.第一版1735年出版。杰斐逊拥有B.马丁的《哲学基本原理：当代实验哲学或自然哲学一览》第六版（1762）。

125.参阅《托马斯·杰斐逊文集》卷1，第423—428页。

126.在原稿上杰斐逊的表述有点不同。正如怀特指出的，杰斐逊有两个论点。首先是"人人生而平等和独立"，其次是"由于生而平等造物主赋予他们某些不可剥夺的权利，其中有生存权、自由权和追求幸福的权利"。在最后定稿中少了"由于生而平等"这几个字。约翰·亚当斯的草稿副本中用"不可转让"代替"不可剥夺"。

127.贝克在《论〈独立宣言〉》写道:"不清楚这个改动是否杰斐逊所为"，并且他提出"手书'不证自明的'类似富兰克林的笔迹"。长期以来学者们都接受贝克的说法，笔者在早期的一本出版物中也认同贝克的解释。

贝克曾担任康奈尔大学教授，是20世纪20至30年代最有独创性的美国思想家之一。他最重要的著作是《18世纪哲学家们的天堂》(1932)，很快就成为有影响的研究美国历史的大学生的经典读物。但怎么说他也不是一个笔迹专家。

128.参阅博伊德在研究《独立宣言》的著作中所做的评论。也可参阅《托马斯·杰斐逊文集》卷1。

129.可能最好是在原文中用"观点陈述"来代替"假定"。参阅爱德华·罗森的《哥白尼的公理》,《半人马座》第20期（1976）,第44—49页。

130.哥白尼对"公理"一词的用法可由亚里士多德的逻辑学中的一段证明作为合理解释,他在"后分析论"中说:"公理是使任何拥有它的人获得任何知识的基本命题。"还有,"公理是作为证明的基本依据的命题"。

对哥白尼在《纪事》中使用"公理"一词的另一种解释见诺伊尔·斯威德罗的《哥白尼行星理论的起源及其初稿:对〈纪事〉的解释和评论》,《美国哲学学会学报》第117期（1973）。

131.牛顿第一定律和其他定律是作为"运动学"的一部分在"运动定律……"的标题下做了完整叙述的。

132.参阅莫顿·怀特的《美国革命的哲学》（1978）,第7页。

133.参阅大卫·休谟的《政治将成为一门科学》（1987）,第18页。

134.休谟经常使用的词是"普遍原理"和"普遍真理",不是公理。

135.这种对"内在的证据"的描述可与汉密尔顿在《联邦主义者》杂志第83期的评论做比较,在该文中他说对宪法一个特定方面的争论"将是徒劳的和没有结果的。就像试图证实物质的存在一样,或者就像论证那些凭其固有的证据、令人信服的命题而用语言表述它们的意义一样"。

136.对汉密尔顿在《联邦主义者》杂志第31期上的论点进行分析,值得注意的是公理和不证自明的真理的概念,参阅莫顿·怀特的《美国革命的哲学》（1978）,第82—92页。

137.汉密尔顿提出的主要例证是"各方的立场都很清楚,就像联合政府表明的税收权力的要求一样"。在列举了这些"立场"之后,汉密尔顿指出,"这自然会得出结论,政府合适的税收权力应限定在这些主张的基础之上,不需要另外的争论和说明"。然而,政治辩论的"经验"驱使汉密尔顿超越了公理的范畴。

138.参阅《托马斯·杰斐逊1816年1月9日致本杰明·奥斯丁的信》,《托马斯·杰斐逊著作集》卷14,第392页。

139.参阅查尔斯·米勒的《杰斐逊和大自然:一种解释》（1988）。我们应注意到作为阅读威廉·邓肯的《逻辑原理》（1748）的收获，杰斐逊在大学时代已经认识到"不证自明"的真理的重要性，他的图书馆收藏了这本书。他大学时的老师威廉·斯莫尔是邓肯在阿伯丁郡马歇尔学院任教时的学生。参阅霍维尔的《〈独立宣言〉和18世纪逻辑学》，《威廉－玛丽学院季刊》第18期（1961），第463—484页。

第三章　本杰明·富兰克林：从事公众事务的科学家

1.有关富兰克林生平的著作数量很大，并还在继续增加。这里提到的只是对本章有用的部分著作，它们是进一步探讨本章所提问题的指南。

有关富兰克林资料的主要来源是《本杰明·富兰克林文集》，其中已出版了31卷。卷1—卷14由伦纳德·拉巴里主编、卷15—卷26由威廉·惠尔可克斯主编、卷27由克劳德·洛佩斯主编、卷28—31由奥倍克主编。富兰克林后期生活的主要资料来源是老版本《本杰明·富兰克林著作集》（1905—1907），编者阿尔伯特·亨利·史密斯。加里德·斯巴克斯编的《本杰明·富兰克林选集》（1840）的某些内容仍然有用。

研究富兰克林的学者将特别感激利奥·列梅，因为他极好地编辑了富兰克林的《本杰明·富兰克林著作集》（1987）。列梅作为研究富兰克林的老前辈，在扎尔的协助下出版了新版《本杰明·富兰克林自传：一本遗作》（1981）。也请参阅列梅和扎尔编的收入诺顿评论丛书的《本杰明·富兰克林自传：一份权威的文献》（1986）。

富兰克林的传记有很多，最完整的是范多伦的《本杰明·富兰克林》（1938）。还有凯瑟琳·博文的《美国最能冒险的人物：本杰明·富兰克林的生平史实》（1974）、托马斯·弗莱明的《敢于挑战雷电的人：对本杰明·富兰克林的新看法》（1971）、埃斯蒙德·赖特的《费城的富兰克林》（1986）。保尔·康纳的《穷理查的政治学：本杰明·富兰克林和他的新美国秩序》（1965）包含了许多有用的见解，还有阿尔德里奇的《本杰明·富兰克林：哲学家和伟人》（1965）。

其余参考材料将在本章各节中找到。

2.关于富兰克林对电学的贡献参阅本章注解3及注解11所引的著作。

3.例如，论述17世纪和18世纪电学的典范著作、约翰·海尔布朗的《17世纪和18世纪的电学》（1982）中的一个部分就叫作"富兰克林时代"。

4.参阅克林顿·罗西特的《本杰明·富兰克林的政治理论》,《宾夕法尼亚州历史和传记杂志》第76期（1952），第259—293页。

5.杰拉德·斯托兹:《本杰明·富兰克林和美国外交政策》（1954），第26页。斯托兹能找到的富兰克林唯一提到孟德斯鸠的地方是"他的刑法思想"。

6.见第四章。

7.弗纳·克兰的《富兰克林为出版界写的文章，1758—1775》（1950）中体现了学术"侦探"的杰出工作，收集了以前未鉴定过的用各种各样笔名发表在英国报刊上的文章。

8.在1758年的《穷理查年鉴》中，富兰克林收集了穷理查的格言，其中有些是修订过的，用传说中的长老亚伯拉罕的忠告的方式。包括某些富兰克林最著名的言论，比如，"搬三次家就像着了一次火"。这些指导生活的格言几个月后被富兰克林的外甥本杰明·梅科姆单独出版为《神父亚伯拉罕的教诲》。后来再出版时又叫作《财富之路》，有许多译本。

9.参阅范多伦的《本杰明·富兰克林》（1938），第51页。

10.富兰克林为一院制所做的辩护和约翰·亚当斯的反应将在第四章讨论。

11.参阅I.伯纳德·科恩的《本杰明·富兰克林的实验》（1941）的前言。也可参阅I.伯纳德·科恩的《富兰克林和牛顿：以富兰克林的电学著作为例来探讨牛顿实验科学》（1966）。I.伯纳德·科恩在《本杰明·富兰克林的科学》（1990）中追述了对富兰克林作为一位科学家的了解和赏识的变化。

12.I.伯纳德·科恩创作的一部有关富兰克林的著作中讨论了这些版本。

13.参阅汉弗莱·戴维的《农学讲座》第二部分,《本杰明·富兰克林选集》（1840）卷8，第264页。

14.I.伯纳德·科恩创作的一部有关富兰克林的著作中讨论了这些译本。

15.参阅彼得·帕斯的《本杰明·富兰克林电学著作的拉丁文版》,《伊西斯》第69期(1978),第82—85页。

16.唯一能想起来的竞争对手是列奥哈德·尤勒的著作《给一位德国公主的信》,但这是科学的通俗读物,而不是——像富兰克林的《关于电学的实验和观察》那样的——科学论著。

17.参阅洛杰·哈亨的《一个科学机构的剖析:巴黎皇家科学院(1666—1803)》(1971)。

18.参阅I.伯纳德·科恩的《富兰克林和牛顿:以富兰克林的电学著作为例来探讨牛顿实验科学》(1966),第121页。

19.参阅约瑟夫·普里斯特利的《电学的历史、现状与初期的实验》第三版(1775)卷1,第193页。

20.参阅约瑟夫·普里斯特利的《电学的历史、现状与初期的实验》第三版(1775)卷1,第193页。

21.对这些实验的描述见富兰克林的著作《关于电学的实验和观察》和约翰·海尔布朗的《17世纪和18世纪的电学》(1982)。

22.参阅I.伯纳德·科恩的《富兰克林和牛顿:以富兰克林的电学著作为例来探讨牛顿实验科学》(1966)。

23.即牛顿提出了一种"微细的"流的作用,由互相排斥并能够渗透物体的粒子组成,并存在于物体本身的间隙之中。牛顿并没有设想这种流可以在电学现象中运用。

24.参阅I.伯纳德·科恩的《本杰明·富兰克林的实验》(1941)。

25.参阅J.J.汤姆森的《回忆和反思》(1936),第252—253页。

26.参阅罗伯特·密立根的《作为科学家的本杰明·富兰克林》,《富兰克林学会学报》第242期(1941),第407—423页。还可参阅罗伯特·密立根的《富兰克林对电子的发现》,《美国物理学报》第16期(1948),第319页。

27.威廉·沃森:摘取和译自提交给英国皇家学会的法文版专著,标题为《有关电学的文章》,《哲学译报》第48期(1753),第201—216页。

28.《本杰明·富兰克林文集》卷5,第131页。

29.参阅英文版的派克·本杰明的《电学知识的发展:从远古至富兰克

林时代的电学史》(1898)和约翰·海尔布朗的《17世纪和18世纪的电学》(1982),补充读物可参阅约瑟夫·普里斯特利的《电学发展史》(1775)。

30.《本杰明·富兰克林1748年9月29日致卡德瓦拉德·科尔登的信》,《本杰明·富兰克林文集》卷3,第318页。

31.《本杰明·富兰克林1750年10月11日致卡德瓦拉德·科尔登的信》,《本杰明·富兰克林文集》卷4,第68页。

32.弗朗茨·安东的插曲会在下面谈到。

33.《美国传记词典》上关于本杰明·富兰克林的词条。

34.《本杰明·富兰克林文集》卷11,第153—173页。

35.《本杰明·富兰克林文集》卷4,第233页。

36.这篇文章请参阅《本杰明·富兰克林文集》卷4,第90—94页;涉及珊瑚虫的部分在第93页。

37.下面将会详细述及。

38.参阅大卫·黑尔的《政体:文艺复兴时期英国文献中的一个政治隐喻》(1971)。还可参阅I.伯纳德·科恩的《自然科学与社会科学的互动》(1994),第二章。

39.《本杰明·富兰克林文集》卷9,第78—79页。

40.参阅范多伦的《本杰明·富兰克林》(1938),第220页。

41.参阅《本杰明·富兰克林著作集》卷10,第57—58页。还可参阅范多伦的《本杰明·富兰克林》(1938),第554页。

42.参阅梅纳西·卡特勒的《生活、日记和信件》(1888)卷1,威廉·卡特勒等编,第267—269页。

43.参阅弗纳·克兰的《本杰明·富兰克林和增长的人口》(1954),第161—162页。

44.《大陆会议杂志(1774—1789)》,沃辛顿·福特等编(重版,1968)卷6,第1082页。

45.(1)《大陆会议议事记录》,《托马斯·杰斐逊著作集》(见第二章注解1)卷1,第324页。《大陆会议辩论记录》,《大陆会议杂志(1774—1789)》卷6,第1103页。(2)《本杰明·富兰克林逸事》,《托马斯·杰斐逊著作集》卷18,第167页。

46.《托马斯·杰斐逊著作集》(见第二章注解1) 卷18，第167页。

47.参阅范多伦的《本杰明·富兰克林》(1938)，第216页。还可参阅本杰明·赖特的《自然规律的美国解释：对政治思想史的研究》(1931)，第81页。也可参阅弗纳·克兰的《本杰明·富兰克林和增长的人口》(1954)，第67—69页。

48.按照某些分类法，人口统计学不算是物理学、化学、动物学那样的 "硬" 科学，但承认它是一门合理的科学。

49.参阅I.伯纳德·科恩的《自然科学与社会科学的互动》(1994)，第二章。

50.《本杰明·富兰克林文集》卷4，第227页。

51.《本杰明·富兰克林文集》卷1，第140—141页、第149页、第153页。还可参阅魏特泽尔的《作为经济学家的本杰明·富兰克林》(1895)。

52.参阅刘易斯·卡莱的《富兰克林的经济观点》(1928)，第46—47页。

53.参阅《本杰明·富兰克林文集》卷4，第228页："我国人口至少每20年会翻一番"；《本杰明·富兰克林文集》卷4，第233页："估计每25年会翻一番。"

54.《本杰明·富兰克林文集》卷4，第233页。

55.《本杰明·富兰克林文集》卷4，第233页。

56.杰拉德·斯托兹：《本杰明·富兰克林和美国外交政策》(1954)，第60页。

57.《本杰明·富兰克林文集》卷4，第233页。

58.《本杰明·富兰克林文集》卷4，第230—233页。

59.参阅查尔斯·达尔文的《物种起源》(1859)，第63页。

60.参阅托马斯·马尔萨斯的《人口论》第二版（ 1803 ），第4页。

61.参阅托马斯·马尔萨斯的《人口论》第二版（ 1803 ），第2页。

62.马尔萨斯提到读过富兰克林的《政治、杂文和哲学的片段》，第9页。

63.参阅托马斯·马尔萨斯的《人口论》第二版（ 1803 ），第4页。

64.参阅托马斯·马尔萨斯的《人口论》第二版（1803），第11页、第483—503页。

65.参阅托马斯·马尔萨斯的《人口论》第六版（1826），第15页。还可参阅《托马斯·马尔萨斯著作集》卷2（1986），第16页。

66.参阅刘易斯·卡莱的《富兰克林的经济观点》（1928），第57—58页。这种观点有待证实，例如参阅阿尔德里奇的《作为人口统计学家的富兰克林》，《经济史杂志》第9期（1949—1950），第25—44页。

67.参阅托马斯·马尔萨斯的《人口论》第二版（1803），第24页、第104页。还可参阅刘易斯·卡莱的《富兰克林的经济观点》（1928），第58—59页。

68.参阅托马斯·马尔萨斯的《人口论》第一版（1798），第20—21页。还可参阅《托马斯·马尔萨斯著作集》卷1（1986），第12页。

69.参阅阿尔德里奇的《作为人口统计学家的富兰克林》，《经济史杂志》第9期（1949—1950），第25—26页、第28页、第32—33页。

70.《本杰明·富兰克林文集》卷9，第79页。

71.《本杰明·富兰克林文集》卷9，第72页。

72.《本杰明·富兰克林文集》卷9，第73页。

73.《本杰明·富兰克林文集》卷9，第74页。

74.《本杰明·富兰克林文集》卷4，第228页。

75.《本杰明·富兰克林文集》卷9，第73—74页。

76.对马尔萨斯《人口论》的重要研究及其历史背景参阅斯潘格勒的《人口经济学：论文选集》（1972）。也可参阅康维·齐克勒的《本杰明·富兰克林、托马斯·马尔萨斯和美国的人口普查》，《伊西斯》第48期（1957），第58—62页。

77.参阅I.伯纳德·科恩的《本杰明·富兰克林的科学》（1990），第110—117页、第137—138页。

78.参阅I.伯纳德·科恩的《反对采用避雷针的偏见》，《富兰克林学会学报》第253期（1952），第393—440页。

79.参阅I.伯纳德·科恩的《本杰明·富兰克林的实验》（1941），第62页、第171—172页。

80.《本杰明·富兰克林文集》卷4，第408—409页。

81.《本杰明·富兰克林文集》卷3，第472—473页。

82.参阅I.伯纳德·科恩的《本杰明·富兰克林的实验》(1941)，第134页。

83.参阅I.伯纳德·科恩的《本杰明·富兰克林的实验》(1941)，第135页。

84.参阅I.伯纳德·科恩的《本杰明·富兰克林的实验》(1941)，第135—136页。

85.参阅I.伯纳德·科恩的《本杰明·富兰克林的实验》(1941)，第136页。

86.参阅I.伯纳德·科恩的《本杰明·富兰克林的实验》(1941)，第137页。

87.参阅I.伯纳德·科恩的《本杰明·富兰克林的实验》(1941)，第137—138页。

88.对美国革命时期富兰克林派驻法国的生活和工作曾做了重要的探讨，其中有克劳德·洛佩斯的《我亲爱的爸爸：富兰克林和巴黎妇女》(1966)，法文版的《本杰明·富兰克林在巴黎(1766—1785)》(1990)。阿尔德里奇在《富兰克林和他的法国同代人》(1957)中有许多重要的见解。还可参阅仍有价值的老书，如爱德华·黑尔的《富兰克林在法国》两卷集(1888)。当然，每一本富兰克林的传记(如范多伦和埃斯蒙德·赖特所著)都涉及这些内容。

也可参阅乔纳森·达尔的有价值的著作，特别是《美国革命时期的外交史》(1985)和《外交家富兰克林》(1982)。

89.《大陆会议杂志(1774—1789)》，沃辛顿·福特等编(重版，1968)卷3，第400—401页。

90.参阅《本杰明·富兰克林文集》卷22，第209页；《本杰明·富兰克林文集》卷15，第178页。

91.《本杰明·富兰克林文集》卷22，第628页。

92.参阅伊丽莎白·凯特的《陆军准将杜波特，1777—1783年大陆军队中的军事工程司令官》(1933)。

93.参阅《本杰明·富兰克林文集》卷22，第289—290页、第372页、第627—628页。还可参阅乔纳森·达尔的《外交家富兰克林》（1982），第12—13页。

94.参阅《本杰明·富兰克林文集》卷22，第369—374页。还可参阅乔纳森·达尔的《外交家富兰克林》（1982），第20页。

95.参阅乔纳森·达尔的《外交家富兰克林》（1982），第20页。

96.参阅乔纳森·达尔的《外交家富兰克林》（1982）。

97.我曾经用"外交家"这个词，因为"外交官"有点不合时宜，而"大使"这个词通常暗指贵族身份。正如乔纳森·达尔曾评论［《外交家富兰克林》（1982），前言］过的那样："更加准确的公使的头衔可能会造成现代读者的混淆，和富兰克林的名字联系在一起可能或者有点取笑的味道。"

98.《马萨诸塞州历史协会文集4》（1878），第446页。

99.参阅弗朗西斯·沃顿编的《美国革命时期的外交信件》（1889）卷3，第332—333页。

100.参阅乔纳森·达尔的《外交家富兰克林》（1982），第2页。

101.参阅保尔·康纳的《穷理查的政治学：本杰明·富兰克林和他的新美国秩序》（1965），第13页、第173—217页，被乔纳森·达尔引用在《外交家富兰克林》（1982）中，第2页。

102.参阅佩奇·史密斯的《约翰·亚当斯》（1962），第444页。

103.参阅佩奇·史密斯的《约翰·亚当斯》（1962），第499—501页、第504—505页。

104.参阅乔纳森·达尔的《外交家富兰克林》（1982），第26页。

105.参阅乔纳森·达尔的《外交家富兰克林》（1982），第26页。

106.参阅乔纳森·达尔的《外交家富兰克林》（1982），第27页。

107.参阅乔纳森·达尔的《外交家富兰克林》（1982），第27页。

108.革命史上经常把富兰克林写成厌恶战争的稳健的政治家，比塞缪尔·亚当斯和汤姆·佩因的"革命性"要差。然而，正如乔纳森·达尔指出的，"绝大多数革命者都认识富兰克林，他们一直把他当成自己的一员"［《外交家富兰克林》（1982），第70页］。保利娜·迈尔发现"亲英分子经常注意到富兰克林是主要的反叛者"，参阅她的《过去的革命：塞缪尔·亚当斯年代的政治生活》（1980），第8—9页。

109.参阅乔纳森·达尔的《外交家富兰克林》（1982），第9—10页。还可参阅乔纳森·达尔的《法国海军和美国的独立：对武器和外交的研究（1774—1787）》（1975）。

110.参阅乔纳森·达尔的《法国海军与七年战争》（1977），第89—94页。还可参阅乔纳森·达尔的《外交史》，第89—103页。

111.参阅保尔·康纳的《穷理查的政治学：本杰明·富兰克林和他的新美国秩序》（1965），第156页。

112.参阅西蒙·沙玛的《公民：法国革命编年史》（1989），第48页。

113.参阅西蒙·沙玛的《公民：法国革命编年史》（1989），第43页。

114.《本杰明·富兰克林文集》卷29，第613页。

115.查尔斯·弗朗西斯·亚当斯:《约翰·亚当斯著作集》（见第四章注解1）卷1，第660页。

116.《本杰明·富兰克林文集》卷21，第582页。

117.参阅西蒙·沙玛的《公民：法国革命编年史》（1989），第44页。

118.参阅卡尔·布里登博的《起义的城市：美国的都市生活（1743—1776）》（1955），第216—217页。

119.参阅阿尔德里奇的《富兰克林和他的法国同代人》（1957），第64页。

120.参阅阿尔德里奇的《富兰克林和他的法国同代人》（1957），第59—65页。还可参阅杰拉德·斯托兹的《本杰明·富兰克林和美国外交政策》（1954），第132—146页。也可参阅乔纳森·达尔的《外交史》，第89—103页。

121.参阅I.伯纳德·科恩的《本杰明·富兰克林的科学》（1990），第125页。

122.参阅I.伯纳德·科恩的《本杰明·富兰克林的科学》（1990），第119—121页。

123.参阅I.伯纳德·科恩的《本杰明·富兰克林的科学》（1990），第125页。

124.关于这个警句和在法国的流行情况参阅阿尔德里奇的《富兰克林

和他的法国同代人》(1957)，第124—136页。

125.摘自约翰·亚当斯的日记，参阅查尔斯·弗朗西斯·亚当斯的《约翰·亚当斯著作集》(见第四章注解1)卷3，第220—221页，条目1779年6月23日。亚当斯带着他对富兰克林的特有的轻蔑进一步声言虽然富兰克林是"一个伟大的哲学家"，但作为政治家和议员他的"成就微不足道"。

126.参阅坎贝夫人的《玛丽·安托瓦妮特宫廷生活回忆录》(1822)，第233—234页。

127.参阅坎贝夫人的《玛丽·安托瓦妮特宫廷生活回忆录》(1822)，第233页。

128.参阅《托马斯·杰斐逊著作集》(见第二章注解1)卷18，第167—168页。

129.参阅阿尔德里奇的《富兰克林和他的法国同代人》(1957)，第66页。

130.参阅马克斯·法兰德编的《1787年联邦议会记录》(1911)卷3，第91页。

131.参阅《本杰明·富兰克林著作集》卷9，第607—609页。也可参阅巴巴拉·奥佩克的《"平易、含蓄、有说服力"：1787年本杰明·富兰克林在制宪会议的最后演说》，摘自利奥·列梅编的《对本杰明·富兰克林的重新评价：二百年的回顾》(1993)，第175—192页。

132.参阅《美利坚合众国宪法》第五条。

133.《本杰明·富兰克林文集》卷3，第171页。

134.《本杰明·富兰克林著作集》卷9，第489页。

135.除以下已引用的资料外，参阅格雷·纳什和简·索德伦德的《逐步解放：宾西法尼亚州的黑奴解放及余波》(1991)，第9—16页。还可参阅克劳德·洛佩斯、欧格妮娅·赫伯特的《富兰克林的私生活：伟人和他的家庭》(1975)，第291—302页。

136.参阅范多伦的《本杰明·富兰克林》(1938)，第128—129页。

137.《本杰明·富兰克林文集》卷3，第474页。

138.《本杰明·富兰克林文集》卷4，第229—230页。

139.《本杰明·富兰克林文集》卷4，第229—230页。

140.《本杰明·富兰克林文集》卷4，第229—230页。

141. 1756年富兰克林在去弗吉尼亚的旅途中带着一个黑奴（《本杰明·富兰克林文集》卷6，第425页），并且在他1757年4月28日的遗嘱中只是表达了他的意愿"我的黑奴彼得和他的妻子杰米玛将在我死后获得自由"（《本杰明·富兰克林文集》卷7，第203页）。1757年晚些时候他的妻子记录了购买了一个"黑孩子"（《本杰明·富兰克林文集》卷8，第425页），并且富兰克林和他的儿子带着两个黑奴去英国（《本杰明·富兰克林文集》卷7，第203页、第274页、第369页、第380页；《本杰明·富兰克林文集》卷8，第137页、第432页；《本杰明·富兰克林文集》卷9，第174—175页、第327页、第338页）。

142.参阅约翰·范霍恩的《富兰克林的博爱中的公益和善行》，摘自利奥·列梅编的《对本杰明·富兰克林的重新评价：二百年的回顾》（1993），第425—440页。也可参阅《本杰明·富兰克林文集》卷7，第98—101页、第352—353页、第356页、第377—379页。

143.《本杰明·富兰克林文集》卷8，第425页；《本杰明·富兰克林文集》卷9，第38页。

144.《本杰明·富兰克林文集》卷9，第12—13页、第20—21页、第174页。

145.参阅约翰·范霍恩的《富兰克林的博爱中的公益和善行》，摘自利奥·列梅编的《对本杰明·富兰克林的重新评价：二百年的回顾》（1993），第435页。

146.《本杰明·富兰克林文集》卷9，第12页。

147.《本杰明·富兰克林文集》卷10，第298—300页。

148.《本杰明·富兰克林文集》卷10，第395—396页。

149.《本杰明·富兰克林文集》卷17，第37—44页。也可参阅弗纳·克兰的《富兰克林为出版界写的文章（1758—1775）》（1950），第186—192页。

150.《本杰明·富兰克林文集》卷9，第112—113页。

151.《本杰明·富兰克林文集》卷17，第137—140页、第142页、第144—150页、第203页。

152.《本杰明·富兰克林文集》卷19，第112—116页。

153.《本杰明·富兰克林文集》卷19，第113页。

154.《本杰明·富兰克林文集》卷19，第187—188页；也可参阅弗纳·克兰的《富兰克林为出版界写的文章（1758—1775）》（1950），第221—223页。

155.《本杰明·富兰克林文集》卷21，第151—152页；回答孔多塞的问题的信参阅《本杰明·富兰克林文集》卷20，第489—491页。

156.参阅范多伦的《本杰明·富兰克林》（1938），第774页。

157.《本杰明·富兰克林著作集》卷10，第495页。

158.《本杰明·富兰克林著作集》卷10，第86页。

159.《本杰明·富兰克林著作集》卷10，第66—68页。

160.参阅《本杰明·富兰克林著作集》卷10，第127—129页。还可参阅保尔·康纳的《穷理查的政治学：本杰明·富兰克林和他的新美国秩序》（1965），第84页。

161.参阅保尔·康纳的《穷理查的政治学：本杰明·富兰克林和他的新美国秩序》（1965），第128页。

162.参阅保尔·康纳的《穷理查的政治学：本杰明·富兰克林和他的新美国秩序》（1965），第128—129页。

163.参阅保尔·康纳的《穷理查的政治学：本杰明·富兰克林和他的新美国秩序》（1965），第67页。

164.《本杰明·富兰克林文集》卷21，第151页。

165.《本杰明·富兰克林著作集》卷10，第67页。

166.《本杰明·富兰克林文集》卷21，第151页。

167.《本杰明·富兰克林著作集》卷10，第67—68页。

168.《本杰明·富兰克林著作集》卷10，第87—91页。

169.《本杰明·富兰克林著作集》卷10，第92—93页。

170.《本杰明·富兰克林著作集》卷10，第72页。

第四章　科学和政治：约翰·亚当斯的思想和职业生涯的某些方面

1.研究亚当斯的主要资料来源是他的信件、日记和已出版的著作。他的孙子查尔斯·弗朗西斯·亚当斯出版了他的第一部20卷的著作集，书名为《约翰·亚当斯著作集》(影印版，1971)。

自1954年开始，亚当斯理事会把亚当斯家族的文献利用缩微技术转化成缩微胶片。《约翰·亚当斯文集》的授权版由莱曼·巴特菲尔德编辑、哈佛大学出版社出版，除已出版的著作外还包括亚当斯及其家族的信件、日记和其他文献。

在许多文集中已被证实特别有用的是由查尔斯·弗朗西斯·亚当斯编的《革命时期约翰·亚当斯与其妻阿比盖尔·亚当斯的家信》(1875)。

一本老的传记，吉尔伯特·奇纳德的《诚实的约翰·亚当斯》(1933)仍然值得一读，特别是谈到亚当斯和法国的部分，但在很大程度上已被佩奇·史密斯的两卷本《约翰·亚当斯》(1962)取代了。

科雷亚·沃尔什的《约翰·亚当斯的政治科学》(影印版，1969)，虽然未加评述，但仍然是对亚当斯政治思想及其发展最完整的有价值的研究。同样有用的是乔治·皮克编的《约翰·亚当斯政治著作选集》(1954)。对亚当斯作为一个政治家的最新研究成果是约瑟夫·埃利斯的《热情的圣人：约翰·亚当斯的品质和遗训》(1993)。

特别有趣的是佐尔坦·哈拉兹第的《约翰·亚当斯和先哲们》(1952)，是通过亚当斯图书馆藏书的旁注来研究他的思想。

2.参阅沃尔特·怀特希尔的《波士顿及其邻近地区早期的学术团体》，《美国早期的学术研究》(1976)，第151—162页。

3.1809年的约翰·亚当斯回忆录，第152页。

4.参阅I.伯纳德·科恩的《美国早期科学仪器：关于哈佛大学早期的科学仪器和收集的矿物学、生物学标本的报告》(1950)。以下简称《美国早期科学仪器》。

5.见第二章。

6.《约翰·亚当斯1812年2月3日致托马斯·杰斐逊的信》，收录在莱斯特·卡彭编的《亚当斯与杰斐逊通信集：托马斯·杰斐逊和约翰·亚当斯及其妻子阿比盖尔的完整通信》（1959）卷2，第294—295页。

7.参阅塞缪尔·莫里森的《17世纪的哈佛学院》（1936），第644—646页。

8.参阅《美国早期科学仪器》（1950），第33页。

9.参阅佩奇·史密斯的《约翰·亚当斯》（1962），第15—18页。

10.参阅《美国早期科学仪器》（1950），第2页。

11.参阅克利福德·希普顿的《18世纪新英格兰地区的生活：引自希伯来的哈佛毕业生生平》（1963），第349—373页。在哈佛大学的档案里还有一份重要的未出版的研究报告《约翰·温思罗普和哈佛的殖民地科学教育》，作者迈克尔·马蒂厄，曾被哈佛科学史系授予较高的论文奖项。

12.哈佛大学的档案里保存着亚当斯学生时期温思罗普的讲稿。档案中还有由蒂莫西·福斯特于1772—1773年间做的关于这些讲座的笔记。下面摘录了亚当斯听课笔记的某些内容。

13.参阅《美国早期科学仪器》（1950），第135—144页。

14.参阅莱曼·巴特菲尔德等编的《约翰·亚当斯早期的日记》（1966）。

15.可与蒂莫西·福斯特1772—1773年间所做的笔记对照来读。

16.根据温思罗普的日记，保存在马萨诸塞州历史协会的档案中。参阅莱曼·巴特菲尔德等编的《约翰·亚当斯早期的日记》（1966），第64页。

17.参阅莱曼·巴特菲尔德等编的《约翰·亚当斯早期的日记》（1966），第63页。温思罗普和当时的其他人用"离心力"来解释物体做轨道运动时惯性、线性（或切线）的运动组成部分。还可参阅第二章，在起草《独立宣言》时曾讨论过适当的用词，比如亚当斯的"艾萨克·牛顿爵士的三大自然定律"和温思罗普的"大自然或运动的三大定律"。

18.在理论上，臂长相等的天平是两个相等的力和两个盘上物体重量相等的例证。每个用过天平的人都知道它是一种精密和准确的仪器，要达到真正的平衡是不容易的。所以珠宝商在称金子或宝石时并不是要达到完全的平衡，只要知道这块金子或宝石比一定重量的A轻又比一定重量的B重就行了。所估重量在A、B之间。

19.基尔为他的学生提供了三力平衡的第二个例子。一根绳子悬挂在天花板上、下端是一个金属球，金属球上的另一根绳子按给定角度将球拉离垂直位置。这时在球上已有三个力在作用。一个是球所受的重力垂直向下，另一个是球的水平拉力，导致它向外或向一侧移动，最后一个是支撑绳的张力，现以上述角度施加在垂直方向上。通过受力分析图和简单的几何学可算出这三个力各自的大小。所有作用在这个球上的力都可以分解为互相垂直的分力。平衡的条件是这几个互相垂直的方向上的合力都是零，否则就不会有平衡。

20.《约翰·亚当斯著作集》（影印版，1971）卷4，第521页。

21.《约翰·亚当斯著作集》（影印版，1971）卷6，第323页。

22.《约翰·亚当斯著作集》（影印版，1971）卷4，第470页。

23.《约翰·亚当斯著作集》（影印版，1971）卷6，第394页。

24.《约翰·亚当斯著作集》（影印版，1971）卷4，第354页。

25.《约翰·亚当斯著作集》（影印版，1971）卷4，第347页、第391页、第499页；《约翰·亚当斯著作集》（影印版，1971）卷5，第10页、第426页；《约翰·亚当斯著作集》（影印版，1971）卷6，第108页、第128页、第341页。

26.《约翰·亚当斯著作集》（影印版，1971）卷6，第323页。在科雷亚·沃尔什的《约翰·亚当斯的政治科学》（影印版，1969）的第五章中有关于这个题目的表述，但没有提到静力学。

27.《约翰·亚当斯1790年致本杰明·拉什的信》，引自佩奇·史密斯的《约翰·亚当斯》（1962），第802页。

28.富兰克林在之后版本的电学著作中写进了温思罗普对雷电现象和避雷针效用的观测。参阅I.伯纳德·科恩的《本杰明·富兰克林的实验》（1941），第150—151页。

29.参阅I.伯纳德·科恩的《本杰明·富兰克林的科学》（1990），第八章。

30.《约翰·亚当斯著作集》（影印版，1971）卷2，第3页。

31.参阅I.伯纳德·科恩的《反对采用避雷针的偏见》，《富兰克林学会学报》第253期（1952），第426页、第429页。

32.参阅I.伯纳德·科恩的《本杰明·富兰克林的实验》（1941）的前言。

33.温思罗普反驳说他不相信在"整个波士顿地区会有这样的事，一个脆弱的、幼稚的、愚蠢的，甚至不信神的人，会像传说的那样只用几码金属线就可能'逃出上帝的手心'"！

34.参阅佐尔坦·哈拉斯蒂的《年轻的约翰·亚当斯论富兰克林的铁尖》，《伊西斯》第41期（1950），第11—14页。

35.参阅克劳瑟的《著名的美国科学家》（1937），第一章第三节，"科学和美国宪法"，第140页。

36.参阅理查德·托尼的《哈林顿对他所处时代的说明》，《英国国家学术院会议论文集》第27期（1941），第199—223页。

37.参阅塞缪尔·比尔的《创造一个国家：美国联邦主义的再发现》（1993）。还可参阅I.伯纳德·科恩的《自然科学与社会科学的互动》（1994），第二章。

38.参阅林赛·斯威夫特编的《波士顿图书馆中的约翰·亚当斯图书馆目录》（1917）。

39.参阅如下著作：詹姆斯·哈林顿的《海洋环保组织》（1656）。詹姆斯·哈林顿的《著作集：大洋国和其他作品》（重版，1980），约翰·托兰编，第15页。查尔斯·皮里泽的《一个不朽的国家：詹姆斯·哈林顿的政治思想》（1960），第338—339页。波可克编的《詹姆斯·哈林顿的政治著作》（1977），第11—14页。

40.参阅如下著作：詹姆斯·哈林顿的《海洋环保组织》（1656）。詹姆斯·哈林顿的《大洋国》（1924），里尔杰奎琳编，第15页。查尔斯·皮里泽的《詹姆斯·哈林顿政治著作集：代表作》（1955）。詹姆斯·哈林顿的《大洋国和政治体系》（重版，1992），波可克编。

41.《约翰·亚当斯著作集》（影印版，1971）卷4，第428页。

42.参阅莱曼·巴特菲尔德等编的《约翰·亚当斯早期的日记》（1966），第62页。

43.参阅博伊德编的《托马斯·杰斐逊文集》（1956）卷13，第9页。

44.参阅莱曼·巴特菲尔德等编的《约翰·亚当斯早期的日记》

（1966），第62页。

45.参阅莱曼·巴特菲尔德等编的《约翰·亚当斯早期的日记》（1966），第72页、第73页。

46.参阅亨利·西蒙斯的《约翰·泰勒的生平：一个早期弗吉尼亚州公立学校的卓越领导人的故事》（1932）等。

47.参阅约翰·泰勒的《对美国政府的原则和政策的质询》（1950）前言，由罗伊·尼科尔斯编。

48.《约翰·亚当斯著作集》（影印版，1971），卷4—卷6。

49.参阅约翰·泰勒的《对美国政府的原则和政策的质询》（1814），第36页。

50.参阅约翰·泰勒的《对美国政府的原则和政策的质询》（1814），第36页。

51.参阅约翰·泰勒的《对美国政府的原则和政策的质询》（1814），第37页。

52.参阅约翰·泰勒的《对美国政府的原则和政策的质询》（1814），第37页。

53.参阅约翰·泰勒的《对美国政府的原则和政策的质询》（1814），第37页。

54.参阅约翰·泰勒的《对美国政府的原则和政策的质询》（1814），第52页。

55.参阅约翰·泰勒的《对美国政府的原则和政策的质询》（1814），第83页。

56.参阅约翰·泰勒的《对美国政府的原则和政策的质询》（1814），第93页。

57.参阅约翰·泰勒的《对美国政府的原则和政策的质询》（1814），第61页。

58.参阅亚当斯—泰勒通信集，收录在《约翰·亚当斯著作集》（影印版，1971）卷6，第443—521页。

59.《约翰·亚当斯著作集》（影印版，1971）卷6，第466页。

60.《约翰·亚当斯著作集》（影印版，1971）卷6，第467页。

61.《约翰·亚当斯著作集》（影印版，1971）卷6，第467—468页。

62.《约翰·亚当斯著作集》（影印版，1971）卷6，第468页。

63.参阅科雷亚·沃尔什的《约翰·亚当斯的政治科学》（影印版，1969），第48页。

64.参阅佩奇·史密斯的《约翰·亚当斯》（1962），第690—691页。

65.参阅科雷亚·沃尔什、吉尔伯特·奇纳德的著作。也可参阅佩奇·史密斯的《约翰·亚当斯》（1962）。

66.《约翰·亚当斯著作集》（影印版，1971）卷4，第389页。

67.关于亚当斯的权威汇编作品参阅佩奇·史密斯的《约翰·亚当斯》（1962），第691—692页。

68.以下对亚当斯的《为美国宪法辩护》的摘录取自《约翰·亚当斯著作集》（影印版，1971）卷4，第389—390页。

69.在牛顿的物理学中，一个行星（或任何其他做轨道运动的物体）能保持在它的轨道上是因为它具有两个独立的完全不同的运动成分。一个是沿轨道切线方向的惯性运动，是使物体向前做直线运动的力量。另一个是将行星吸向太阳的加速运动，类似所有其他的落体运动，比如苹果受到地球引力所产生的自由下落。这两个运动是彼此独立的，因为当行星或轨道运行的物体在向轨道中心下落时一直保持着向前的直线运动，所以保持着沿切线方向飞离轨道曲线的倾向。这不属于均衡或两个力（向心力和离心力）平衡的情况，而是力的不平衡，一直有恒定的加速度。约翰·温思罗普教授彻底了解牛顿天体动力学的这一方面，即使在学生时代并未了解。

70.同样的放电现象可以在任何时候当物体上不同区域带电不均匀的情况下发生，尽管作为整体来说它并未带电。这种情况正如富兰克林发现的那样是很容易在实验室中模拟出来的。将一个金属球放在绝缘座上，把一支摩擦过的玻璃棒（带正电）靠近金属球的一端。这时金属球靠近玻璃棒的一端带负电，而远离玻璃棒的一端带正电。可以用移开玻璃棒说明并没有电荷加到金属球上去，因为它恢复为中性不带电体。

71.《约翰·亚当斯著作集》（影印版，1971）卷4，第391页。

72.《约翰·亚当斯1801年9月15日致塞缪尔·德克斯特的信》，参阅佩奇·史密斯的《约翰·亚当斯》（1962），第1071页。

73.《约翰·亚当斯1801年9月15日致他的儿子托马斯的信》，参阅佩奇·史密斯的《约翰·亚当斯》(1962)。

74.《约翰·亚当斯1801年8月20日致弗朗西斯·阿德林的信》，参阅佩奇·史密斯的《约翰·亚当斯》(1962)。

75.《约翰·亚当斯1803年1月21日致大卫·赛维尔的信》，参阅佩奇·史密斯的《约翰·亚当斯》(1962)。

76.《约翰·亚当斯1817年致约翰·戈勒姆的信》，引用在詹姆斯·肯德尔的《原子家族》(1929)，第7页、第75页、第78页。

77.《约翰·亚当斯1780年致其妻阿比盖尔·亚当斯的信》，参阅查尔斯·弗朗西斯·亚当斯编的《革命时期约翰·亚当斯与其妻阿比盖尔·亚当斯的家信》(1875)，第381页。

第五章 科学和宪法

1.关于那个时代的"科学"的含义见附录1。

2.参阅马克斯·法兰德编的《1787年联邦议会记录》(1911)卷2，第321页。

3.参阅马克斯·法兰德编的《1787年联邦议会记录》(1911)卷2，第325页。

4.参阅马克斯·法兰德编的《1787年联邦议会记录》(1911)卷2，第473页。

5.参阅马克斯·法兰德编的《1787年联邦议会记录》(1911)卷2，第505页。

6.参阅约翰·菲奇的《自传》(1976)，第178—179页。

7.参阅I.伯纳德·科恩的《富兰克林的科学是怎样用于实际的?》,《宾夕法尼亚州历史和传记杂志》第69期(1945)，第284—293页。也可参阅I.伯纳德·科恩的《本杰明·富兰克林的科学》(1990)。

8.参阅马克斯·法兰德编的《1787年联邦议会记录》(1911)卷2，第505页。

9.参阅菲茨帕蒂里克编的《来自乔治·华盛顿著作集的手稿》(1940)

卷30，第493页。

10.参阅福里斯特·麦克唐纳的《时代的新秩序，宪法的知识起源》（1985），第69页。

11.参阅伍德罗·威尔逊的《美国立宪政府》（1908）。参阅《伍德罗·威尔逊文集》（1966）卷18，第69—216页；《伍德罗·威尔逊文集》卷17，第427—428页、第616页。也可参阅1911年的新闻报道，收录在《伍德罗·威尔逊文集》卷23，第572—583页。这些文献的主要部分已摘录在附录12中。

12.《伍德罗·威尔逊文集》卷24，第415—416页。

13.见附录2。

14.参阅《1884年1月1日致埃伦·埃克森的信》（《伍德罗·威尔逊文集》卷2，第641—642页）；《1884年4月4日致霍顿·米夫林的信》（《伍德罗·威尔逊文集》卷3，第111—112页）；参阅《国会政体：美国政治研究》（初版，1885），收录在《伍德罗·威尔逊文集》卷4，第6—13页。还可参阅布拉德福特的评论，收录在《民族》第40期，1885年2月12日，第142—143页；还收录在《伍德罗·威尔逊文集》卷4，第236—240页、第254—255页。

威尔逊对白哲特的其他评论参阅《一个文人政治家》，收录在《纯粹文学和其他随笔》（1896），第69—103页；还可参阅《伍德罗·威尔逊文集》卷6，第335—354页。

白哲特的评论最初登在1865年5月15日至1867年1月1日的《双周评论》上。首版作为独立卷本收录在《英国宪法》（1867）。学术版参阅沃尔特·白哲特的《沃尔特·白哲特文集》卷5（1974），编者诺曼·圣约翰-斯特瓦斯，第161—409页。

15.很明显白哲特对美国的概念是建立在诸如查尔斯·狄更斯（英国小说家）和亚历克西斯·德·托克维尔的著作上的。参阅《沃尔特·白哲特文集》卷5，第79页。

16.《伍德罗·威尔逊文集》卷24，第413—428页。

17.《伍德罗·威尔逊文集》卷24，第415—416页。

18.《伍德罗·威尔逊文集》卷24，第416—418页。

19.关于诺曼·肯普·史密斯（1872—1958）参阅《伍德罗·威尔逊文集》卷16，第398页、第452页、第454页、第465页、第507页；卷61，第476—477页。还可参阅劳伦斯·巴曼编的《弗里德里希·冯·许格尔男爵和诺曼·肯普·史密斯教授的信件》(1981)。

20.《伍德罗·威尔逊文集》卷24，第415—416页。

21.关于他后来使用笔名"肯普·史密斯"的情况参阅劳伦斯·巴曼编的《弗里德里希·冯·许格尔男爵和诺曼·肯普·史密斯教授的信件》(1981)，第3页。

22.1902年由伦敦麦克米伦出版公司出版。

23.《伍德罗·威尔逊文集》卷16，第454页。

24.《伍德罗·威尔逊文集》卷16，第507页。

25.《伍德罗·威尔逊文集》卷24，第416页。

26.赞同这个意见的美国政论家有莫里斯·科恩（美国思想史家和哲学家）、本杰明·赖特（政治理论家，后任史密斯学院院长）、爱德华·科温（美国宪法权威专家）、拉尔夫·加布里埃尔（历史学家）、卡尔·多伊奇（政治学家）、理查德·霍夫施塔特（美国政治思想史家）。至少有一位重要的学者丹尼尔·布尔斯廷对贝克所解释的牛顿主义的合理性表示了怀疑。

27.其中有罗伯特·达尔、诺曼·福斯特、理查德·莫热。参阅詹姆斯·鲁宾逊的《牛顿主义和宪法》,《中西部政治学杂志》第1期（1957），第252—266页。

28.参阅克劳瑟的《著名的美国科学家》(1937)第一章第三节，"科学和美国宪法"。

29.参阅克劳瑟的《著名的美国科学家》(1937)，第140页。

30.参阅克劳瑟的《著名的美国科学家》(1937)，第142—143页、第144页。虽然克劳瑟用一定的篇幅列出亚当斯引用多位作家的有关"制衡的概念"，包括马基雅维利和哈林顿，但他似乎并不理解他自己的结论"牛顿主义的理念比牛顿更老"的含义。他主要想表明"牛顿的力学是在文艺复兴和改革的社会运动的基础上生长起来的"。

31.参阅克劳瑟的《著名的美国科学家》(1937)，第149页。

32.见附录2。

33.参阅约翰·帕特里克·迪金斯的《科学和美国的实验》,《科学》第27期（1987）,第28—31页。

34.迈克尔·富利对这个问题做了探讨,参阅《法律、人和机器:现代美国政府和牛顿力学的吸引力》（1990）,第1—2章。富利的"宪法反映了牛顿的机械论,特别是平衡和权力分立的概念",广泛地出现在美国学者的著作中（美国历史课本和关于美国政治思想的著作）。虽然在开篇的章节中,富利表述了《原理》的某些基本特性,表示本书与力学或力的平衡毫无关系,但他没有坚持要区分"牛顿力学"和力的平衡概念。被《原理》继续发展的"理论力学"是对不平衡的力和由此产生的运动变化理论的研究,与机械论（例如钟表机械）、牵制和平衡都毫不相干。科学家和哲学家在牛顿时代所说的"机械的哲学"不是一种有关机械的理论,而是一种认为一切现象都应该用物质和运动的"原理"来解释的学说。

在一本早期的著作中,笔者错误地说过:"关于美国宪法的辩论是由牛顿物理学原理的含义和可能的应用问题引发的。"参阅I.伯纳德·科恩的《19世纪的美国科学》,第170页;施莱辛格等编的《美国思想的途径》（1963）,第167—189页。笔者应该写的是:"在亚当斯和富兰克林之间关于宪法形式的辩论中,由牛顿物理学原理的含义和可能的应用引发的问题。"

35.克林顿·罗西特:《共和国的播种时期:美国政治自由传统的起源》（1953）,第133—134页、第440页。

36.奥本海默:《原子和空间:关于科学和社会的散文》（1989）,第12页。

37.见附录2。

38.参阅马克斯·法兰德编的《1787年联邦议会记录》（1911）卷1,第153页。

39.参阅马克斯·法兰德编的《1787年联邦议会记录》（1911）卷1,第157页。

40.参阅马克斯·法兰德编的《1787年联邦议会记录》（1911）卷1,第159页。

41.参阅马克斯·法兰德编的《1787年联邦议会记录》(1911)卷1,第159页。

42.参阅詹姆斯·休斯顿编的《对马克斯·法兰德所编〈1787年联邦议会记录〉所做的附录》(1987),第57页。

43.参阅马克斯·法兰德编的《1787年联邦议会记录》(1911)卷2,第10页。

44.为了领会麦迪逊早期的教育情况,参阅拉尔夫·凯查姆的《詹姆斯·麦迪逊传》(1971),第二章。还可参阅欧文·布兰特的《弗吉尼亚的革命家詹姆斯·麦迪逊》(1941),第四章。

45.参阅瓦纳姆·兰辛·科林斯的《威瑟斯庞校长传记》(1925),第四章。还可参阅布鲁克·欣德尔的《革命时期美国对科学的追求,1735—1789》(1956),第89页。

46.参阅塞缪尔·布莱尔的《新泽西学院的故事》(1764),引用在托马斯·杰斐逊·沃滕贝克的《1746—1896年的普林斯顿》(1946),第93页。关于这个学院最初几十年的科学教育情况,参阅约翰·德威特的《18世纪普林斯顿学院的经营管理》,《长老会和改革派的评论》1897年7月,第392—409页;也可参阅拉尔夫·凯查姆的《詹姆斯·麦迪逊传》(1971),第三章。

47.参阅威廉·多德的《从1746—1783年的毕业典礼看新泽西学院的发展历史》(1844),第38页。

48.参阅威廉·多德的《从1746—1783年的毕业典礼看新泽西学院的发展历史》(1844),第40页。参阅约翰·麦克莱恩的《新泽西学院的历史》卷1(1877),第312—313页;弗朗西斯·布劳德里克的《讲道坛、物理学和政治》,《威廉-玛丽学院季刊》第6期(1949),第50页、第52页。也可参阅布鲁克·欣德尔的《革命时期美国对科学的追求,1735—1789》(1956),第89页。

49.参阅馆藏的1760年出版的一份报告,引用在托马斯·杰斐逊·沃滕贝克的《1746—1896年的普林斯顿》(1946),第107页。

50.参阅托马斯·杰斐逊·沃滕贝克的《1746—1896年的普林斯顿》(1946),第197页。

51.参阅托马斯·杰斐逊·沃滕贝克的《1746—1896年的普林斯顿》（1946），第197页。

52.参阅托马斯·杰斐逊·沃滕贝克的《1746—1896年的普林斯顿》（1946），第197页。

53.参阅雷斯的《里滕豪斯太阳系仪：18世纪普林斯顿的天文馆》（1954），第18页、第41—42页。

54.参阅托马斯·杰斐逊·沃滕贝克的《1746—1896年的普林斯顿》（1946），第109页。

55.《詹姆斯·麦迪逊1784年2月11日致托马斯·杰斐逊的信》，收录在威廉·雷恰尔等编的《詹姆斯·麦迪逊文集》（1962）卷7，第419页。

56.参阅欧文·布兰特的《弗吉尼亚的革命家詹姆斯·麦迪逊》（1941），第276页。

57.参阅拉尔夫·凯查姆的《詹姆斯·麦迪逊传》（1971），第151页。

58.《詹姆斯·麦迪逊1784年2月17日致托马斯·杰斐逊的信》，收录在威廉·雷恰尔等编的《詹姆斯·麦迪逊文集》（1962）卷7，第421页。

59.《詹姆斯·麦迪逊1786年6月19日致托马斯·杰斐逊的信》，收录在威廉·雷恰尔等编的《詹姆斯·麦迪逊文集》（1962）卷9，第77页。

60.参阅托马斯·恩格曼等编的《联邦主义者词汇索引》（1988），第484页。

61.参阅雅各布·库克编的《联邦主义者》杂志（1961），第58页。

62.在已出版的讨论宪法批准过程的两卷超过2000页篇幅的书中，没有一处提到过牛顿。见伯纳德·贝林编的《关于宪法的争论》两卷本（1993）。

63.《伍德罗·威尔逊文集》卷18，第105页。见附录12。

64.《伍德罗·威尔逊文集》卷18，第106页。

65.《伍德罗·威尔逊文集》卷18，第106页。

66.《伍德罗·威尔逊文集》卷18，第107页。

67.参阅伍德罗·威尔逊的《国会政体：美国政治研究》（初版，1885），收录在《伍德罗·威尔逊文集》卷4，第13—179页。

68.《伍德罗·威尔逊文集》卷4，第16—19页。

69.《伍德罗·威尔逊文集》卷5，第54—92页。

70.《伍德罗·威尔逊文集》卷5，第81—82页。

71.《伍德罗·威尔逊文集》卷6，第221—239页。

72.《伍德罗·威尔逊文集》卷6，第233页。

73.参阅伍德罗·威尔逊的《国家》(1889)，第597—598页；收录在《伍德罗·威尔逊文集》卷1，第256—257页。

74.参阅《民族》第49期，1889年12月26日，第523—524页；收录在《伍德罗·威尔逊文集》卷6，第458—462页。

75.《伍德罗·威尔逊文集》卷6，第461页。

76.《伍德罗·威尔逊文集》卷6，第335页。

77.《伍德罗·威尔逊文集》卷6，第335页。

78.参阅克莱门特·伊顿的《詹姆斯·伍德罗教授和南方的教学自由》，《南方历史杂志》第28期(1962)，第3—17页。也可参阅《伍德罗·威尔逊文集》卷1，第42页；卷3，第218页、第543页。还可参阅威廉·戴蒙德的《伍德罗·威尔逊的经济思想》(1943)，第43页。

79.参阅大卫·赫费勒的《詹姆斯·麦科什和从格拉斯哥带到普林斯顿的苏格兰理性传统》(1981)。

80.《伍德罗·威尔逊文集》卷3，第216—217页。

81.《伍德罗·威尔逊文集》卷18，第106页。

82.参阅沃尔特·白哲特的《沃尔特·白哲特文集》卷5，第364页。

83.参阅沃尔特·白哲特的《沃尔特·白哲特文集》卷7，第65—66页。

84.参阅沃尔特·白哲特的《沃尔特·白哲特文集》卷7，第30页。

85.参阅沃尔特·白哲特的《沃尔特·白哲特文集》卷7，第42页。

86.《伍德罗·威尔逊文集》卷18，第106页。

补 充

1.《托马斯·杰斐逊文集》(见第二章注解1)卷23，第370页。

2.参阅艾尔玛·勒斯蒂格等编的《博斯韦尔：英国的实验(1785—1789)》(1986)，第236页。

3.参阅菲茨帕蒂里克编的《来自乔治·华盛顿著作集的手稿》（1940）卷35，第222页。

4.《约翰·亚当斯著作集》（见第四章注解1）卷9，第450页、第512页、第523页。

5.初次出现在《光学》拉丁文版（1706）最后一篇"疑问"处，译者塞缪尔·克拉克。牛顿指出，"彗星可以在离中心很远的轨道上做各种运动"，但是"所有的行星只能用一种相同的方式（即在相同的方向）在同心的轨道上运动"。然而，他注意到在观察行星有规则的运动时，发现存在"无足轻重的不规则"现象，这"可能来自彗星和行星之间的相互作用，而且这种不规则的倾向在增加，直到这个系统得到重组"。

6.《托马斯·杰斐逊1799年1月26日致埃尔布里奇·格里的信》，《托马斯·杰斐逊著作集》（见第二章注解1）卷10，第78页。

7.参阅I.伯纳德·科恩的《本杰明·富兰克林的科学》（1990），第三章"富兰克林的科学如何用于实践？"

8.参阅I.伯纳德·科恩的《本杰明·富兰克林的科学》（1990），第三章"富兰克林的科学如何用于实践？"

9.《本杰明·富兰克林1747年8月17日致彼得·柯林森的信》；背景参阅I.伯纳德·科恩的《本杰明·富兰克林的实验》（1941），第63页。

10.就是这个原因乔治·盖洛德·辛普森坚持说杰斐逊对古生物学的影响是"倒退的"。参阅《美国哲学学会学报》第86期（1942），第155页。

11.参阅雷斯的《杰斐逊送给法国国家自然历史博物馆的化石》，《美国哲学学会学报》第95期（1951），第597—627页。

12.参阅托马斯·格利克等编的《大獭兽和总统杰斐逊》（1993）。

13.参阅西尔维奥·贝迪尼的《科学政治家托马斯·杰斐逊》（1990），第270—271页。

14.参阅博伊德的《大獭兽和杰斐逊记错的事》，《美国哲学学会学报》第102期（1958），第420—435页。

15.参阅《托马斯·杰斐逊文集》（见第二章注解1）卷14，第25—36页、第498—505页。

16.乔治·居维叶："在南美巴拉圭发现的巨兽骨骼，未能确认其种类，已上交到马德里的自然历史博物馆，"收录在《博物杂志》第1期（1796），第303—310页；《自然历史博物馆编年史》第1期（1804），第538—576页。

17. 参阅西尔维奥·贝迪尼的《科学政治家托马斯·杰斐逊》（1990），第485页。

18. 参阅《1788年4月19日备忘录》，收录在《托马斯·杰斐逊文集》（见第二章注解1）卷13，第27页。也可参阅埃德温·贝茨编的《托马斯·杰斐逊的务农笔记、评论和来自其他著作的相关摘录》（1953），第49页。

19. 参阅埃德温·贝茨编的《托马斯·杰斐逊的务农笔记、评论和来自其他著作的相关摘录》（1953），第47—64页。

20. 杰斐逊有关犁和模板设计的全部信件（包括与帕特森的通信）已出版在埃德温·贝茨编的《托马斯·杰斐逊的务农笔记、评论和来自其他著作的相关摘录》（1953）中。

21. 参阅埃德温·贝茨编的《托马斯·杰斐逊的务农笔记、评论和来自其他著作的相关摘录》（1953），第51页。

22. 参阅埃德温·贝茨编的《托马斯·杰斐逊的务农笔记、评论和来自其他著作的相关摘录》（1953），第52页。

23. 参阅埃德温·贝茨编的《托马斯·杰斐逊的园艺工作笔记（1766—1824）》（1944），"杰斐逊在1798年3月23日给约翰·辛克兰的信中描述了最小阻力的模板"。杰斐逊对他本人设计的坡地犁的解释见《美国哲学学会学报》第4期（1799），第313—320页。

24. 这条曲线技术上叫作"捷线"，是一种摆线。也许有人认为这个问题的解答很简单，是一条直线，但这是错的。问题要求的不是最短的距离而是最短的时间。从本质上讲，一个弯曲的路径是必要的，这样珠子快速下落并迅速达到高速来穿过剩下的路径。在直线上珠子下落的速度只能逐步增加而总的时间反而延长了。

25. 参阅I.伯纳德·科恩的《艾萨克·牛顿、变量微积分和船舶设计：牛顿〈原理〉中的纯数学运用于实际问题的例证》。还可参阅怀特赛德编的《艾萨克·牛顿数学文集》卷6（1974），第456页、第463页、第470—480页。

26.参阅 I.伯纳德·科恩的《托马斯·杰斐逊纠正了大卫·里滕豪斯对牛顿〈原理〉的手误》，收录在《威廉－玛丽学院季刊》。

27.《托马斯·杰斐逊 1785 年 6 月 17 日致詹姆斯·门罗的信》，《托马斯·杰斐逊文集》（见第二章注解 1）卷 8，第 229 页。

28.《查尔斯·汤姆森 1785 年 11 月 2 日致托马斯·杰斐逊的信》，《托马斯·杰斐逊文集》卷 9，第 38 页。

29.《约翰·亚当斯 1785 年 5 月 22 日致托马斯·杰斐逊的信》，收录在莱斯特·卡彭编的《亚当斯与杰斐逊通信集：托马斯·杰斐逊和约翰·亚当斯及其妻子阿比盖尔的完整通信》（1959）卷 1，第 21 页。

30.参阅梅里尔·彼得森的《托马斯·杰斐逊和新的国家：一本传记》（1970），第 260 页。

31.《托马斯·杰斐逊 1785 年 6 月 1 日致沙特吕侯爵的信》，《托马斯·杰斐逊文集》（见第二章注解 1）卷 8，第 184 页。

32.詹姆斯·麦迪逊主教是威廉－玛丽学院院长，也是美国第四任总统詹姆斯·麦迪逊的堂兄弟。

33.《托马斯·杰斐逊 1785 年 5 月 11 日致詹姆斯·麦迪逊的信》和《詹姆斯·麦迪逊 1785 年 11 月 15 日致托马斯·杰斐逊的信》，《托马斯·杰斐逊文集》（见第二章注解 1）卷 8，第 147—148 页；《托马斯·杰斐逊文集》卷 9，第 9 页。

34.《托马斯·杰斐逊 1785 年 6 月 1 日致沙特吕侯爵的信》，《托马斯·杰斐逊文集》卷 8，第 184 页。

35.《托马斯·杰斐逊文集》卷 6，第 608 页。关于杰斐逊的观点"奴隶制是道德上的错误和对人性的凌辱"的讨论参阅托马斯·杰斐逊的《弗吉尼亚州备忘录》（1955），威廉·倍登注解，第 286—288 页。

36.参阅梅里尔·彼得森的《托马斯·杰斐逊和新的国家：一本传记》（1970），第 259 页。

37.参阅梅里尔·彼得森的《托马斯·杰斐逊和新的国家：一本传记》（1970），第 261 页。

38.参阅埃德蒙·摩根的《美国的奴隶制度、美国的自由：弗吉尼亚殖民地的痛苦经历》（1975），还可参阅格里斯沃尔德的《不道德的权利：杰斐逊、奴隶制度和哲学的困惑》(1991) 等文献。

39. 参阅西尔维奥·贝迪尼的《本杰明·班纳克的生平》(1972)。还可参阅西尔维奥·贝迪尼的《科学政治家托马斯·杰斐逊》(1990),第232页。

40.《托马斯·杰斐逊1791年8月19日致本杰明·班纳克的信》,收录在西尔维奥·贝迪尼的《本杰明·班纳克的生平》(1972),第150页;还收录在西尔维奥·贝迪尼的《科学政治家托马斯·杰斐逊》(1990),第222页。

41.《托马斯·杰斐逊1791年8月30日致孔多塞的信》,《托马斯·杰斐逊文集》(见第二章注解1)卷22,第98—99页。

42. 参阅西尔维奥·贝迪尼的《本杰明·班纳克的生平》(1972),第180—283页、第287—289页。

43.《托马斯·杰斐逊1809年2月25日致亨利·格雷古瓦的信》,《托马斯·杰斐逊著作集》(见第二章注解1)卷12,第255页。

44. 参阅马克斯·霍尔的《本杰明·富兰克林和波莉·贝克:历史上的一个文学虚构》(1960),第167页。

45. 参阅马克斯·霍尔的《本杰明·富兰克林和波莉·贝克:历史上的一个文学虚构》(1960),第168—176页、第177—184页。

46. 参阅马克斯·霍尔的《本杰明·富兰克林和波莉·贝克:历史上的一个文学虚构》(1960),第六章。

47. 这一段关于波莉·贝克趣事的传说,来自杰斐逊关于本杰明·富兰克林的逸事,收录在杰斐逊的《托马斯·杰斐逊著作集》(见第二章注解1)卷18,第171—172页。杰斐逊讲的故事有一处误差。这个恶作剧从未在富兰克林自己的《费城日报》登过,在那里他登的是其他恶作剧。

48. 关于"造物主"这个主旨,参阅阿尔德里奇令人称赞的著作《本杰明·富兰克林和造物主》(1967)。

49.《约翰·亚当斯著作集》(第四章注解1)卷3,第378页。

50. 在印出来的文章中有拉丁文的"in a vacuo(在真空中)",但以拉丁文水平而自豪的亚当斯实在不该如此滥用,他应该像许多已出版的著作那样用"in vacuo"或"in a vacuum"。

51.这就是我们的大学或学院使用"文学院"、"人文课程"或"文学士"、"文学硕士"学位以及"文科毕业生"等词的来源。近代的"人文学科"在学院的课程中包含了新的科目：哲学、语言学、经济学、历史学、政治学。此外，古代的七种"人文学科"和新的"文科"从18世纪开始就通过现代实验（或观察）科学在我们的大学或学院里结合在一起了，所以产生了"文理学院"以及美国艺术与科学院这样的学术团体。

52.参阅《牛津英语词典》词条"科学"。

53.这些例子引证在《牛津英语词典》中。

54.参阅哈维·曼斯菲尔德的《机械论的沉默》,《政府和反对派》第28期（1993），第126—129页。曼斯菲尔德特别提到查尔斯·凯斯勒等人的著作。

主要人物

托马斯·杰斐逊（Thomas Jefferson，1743—1826）

美国第三任总统。生于古奇兰，即现在的弗吉尼亚州阿尔伯马尔县。美国最博学的人物之一，毫无疑问也是美国历史上最伟大的人物之一。1762年毕业于威廉－玛丽学院。1767年取得律师资格。1769—1774年任弗吉尼亚州下议院议员。1773年与R.H.李和帕特里克·亨利共同创立弗吉尼亚州通讯委员会。1775年和1776年为大陆会议代表、《独立宣言》起草委员会主席。1776年7月2日向大陆会议宣读了由他起草的宣言草稿。《独立宣言》的署名人之一。1779—1781年任弗吉尼亚州州长。1783—1785年任大陆会议代表。1785—1789年任美国驻法国使节。1790—1793年任美国国务卿，曾同财政部部长汉密尔顿发生尖锐分歧。1797—1801年任美国副总统。在1800年选举中，由于同伯尔所得的选举人票数相等，经众议院投票后当选总统。对购买路易斯安那、西部扩张和禁止输入奴隶等事件曾起主要作用。为抗议《外侨法》和《惩治叛乱法》，曾起草《肯塔基州决议案》。曾协助组织刘易斯和克拉克探险队。1819年协助创办弗吉尼亚大学。引退后回到弗吉尼亚州夏洛茨维尔附近的种植园"蒙蒂塞洛"。

本杰明·富兰克林（Benjamin Franklin，1706—1790）

美国历史上的杰出人物之一。政治家、科学家、哲学家。生于马萨诸塞殖民地波士顿市。1718—1723年在印刷所当学徒，后在费城开办印刷所。1730—1748年出版《宾夕法尼亚报》。1732—1758年出版《穷理查年鉴》，颇为成功。1731年建立北美第一个巡回图书馆。曾创建美国哲学学会，改进城市照明、组建警察部门。1737—1753年任费城邮政局局长。1753—1774年任殖民地邮政局副局长。曾改进取暖炉。1752年用风筝进行有名的雷电实验。1754年为奥尔巴尼会议代表。1757—1762年在英国代表宾夕法尼亚殖民地与英国交涉财产税问题，并在英国下议院解释殖民地对《印花税法》的愤慨情绪，1775年在战争看来不可避免时回殖民地。1775年为第二届大陆会议代表，《独立宣言》起草委员会成员之一，《独立宣言》署名人之一。1776年为殖民地派往法国寻求援助的小组成员之一，与法国缔结攻守同盟条约和通商条约。1781年与杰伊和亚当斯一起同英国缔结和约。1787年为制宪会议代表。1790年要求国会废除奴隶制。著有《关于电学的实验和观察》。

约翰·亚当斯（John Adams，1735—1826）

生于马萨诸塞的布雷恩特里（现名昆西）。1755年毕业于哈佛学院。1758年取得律师资格。1774年被选为第一届大陆会议马萨诸塞州代表。任代表期间，曾协助起草致英王的请愿书和权利宣言，提议华盛顿任大陆军司令，协助起草《独立宣言》并在宣言上署名。曾任邦联国会议员直至被任命为驻法国使节（1778—1779），1782年克服困难向丹麦银行家协商借款。在巴黎参加杰伊和富兰克林与英国的和约谈判。1785—1788年任驻英全权公使，回国之际被选为美国第一任副总统，1792年再度被选为副总统，1797年被选为总统。由于汉密尔顿的强烈反对，任内困难重重，竞选连任时被杰斐逊击败，随后退隐。著有《政府断想》（1776）、《为美国宪法辩护》2卷（1787—1788）。

詹姆斯·麦迪逊（James Madison，1751—1836）

美国第四任总统。生于弗吉尼亚殖民地康韦港。1771年毕业于普林斯顿大学。曾研究宪法。1776年协助起草弗吉尼亚州宪法。1780—1783年任大陆会议代表。1787年参加制宪会议并成为领袖人物，或许比其他任何人更有资格无愧于"美国宪法之父"的称号。曾与汉密尔顿、杰伊合写《联邦派论丛》支持宪法。1789—1797年任国会众议员，后为民主共和党领导人，反对汉密尔顿。1798年起草《弗吉尼亚州决议案》，反对《外侨法》和《惩治叛乱法》。1800—1808年任国务卿。1809—1817年任总统，曾领导1812年的抗英战争。1826—1836年任弗吉尼亚大学校长。

詹姆斯·哈林顿（James Harrington，1611—1677）

17世纪英国政治理论家。

威廉·哈维（William Harvey，1578—1657）

英国医生、实验生理学的创始人之一。他根据实验研究，证实了动物体内的血液循环现象，并阐明了心脏在此过程中的作用，指出血液受心脏推动，沿动脉流向全身各部，再沿静脉返回心脏，环流不息。他还测定过心脏每搏输出量。1628年发表《动物心血运动的解剖研究》，1651年发表《论动物的生殖》。这些成就对生理学和胚胎学的发展起了很大作用。

艾萨克·牛顿（Isaac Newton，1643—1727）

英国物理学家。他在伽利略等人工作的基础上进行深入研究，建立了成为经典力学基础的牛顿运动定律。他还进一步发展了开普勒等人的工作，发现万有引力定律。由于他建立了经典力学的基本体系，人们常把经典力学称为"牛顿力学"。在光学方面，他致力于色的现象和光的本性的研究。1666年用三棱镜分析日光，发现白光是由不同颜色（即不同波长）的光构成，成为光谱分析的基础，并制作了色盘。1675年观察到牛顿环。关于光的本性，他主张光的微粒说。1704年出版《光学》一书。在热学方面，他确定了牛顿冷却定律。在天文学方面，他1671年创制了反射望远镜，初步考察了行星运动规律，解释潮汐现象，预言地球不是正球体，并由此说明岁差现象等。在数学方面，他在前人工作的基础上，提出了"流数法"，和莱布尼茨一道并称为微积分的创始人，此外，他还建立了二项式定理。他的《自然哲学的数学原理》一书于1687年出版，包括物体运动理论和关于万有引力的讨论。

伍德罗·威尔逊（Thomas Woodrow Wilson，1856—1924）

美国总统（1913—1921），民主党人。曾任普林斯顿大学校长，新泽西州州长。著有《国会政体：美国政治研究》《美国立宪政府》等。

詹姆斯·威尔逊（James Wilson，1742—1798）

法官、政界领袖。生于苏格兰。曾在苏格兰学习，1766年来纽约，后定居费城。曾学习法律，写过重要的爱国主义小册子。1775—1777年任大陆会议代表，《独立宣言》的署名人之一。1782年、1783年、1785—1787年任邦联国会议员。曾代表宾夕法尼亚州参加制宪会议。1788年任宾夕法尼亚州批准联邦宪法大会代表。1789—1798年任联邦最高法院法官。1790年为费城学院第一位法学教授，该校并入宾夕法尼亚大学后其仍任法学教授。

乔治·华盛顿（George Washington，1732—1799）

美国第一任总统。生于弗吉尼亚州威斯特摩兰县。入选名人祠的第一人，被尊为"美国国父"。曾受私立教育，曾做费尔法克斯爵士的土地测量员。1755年为布雷多克的参谋人员，同年被授予上校军衔，任弗吉尼亚民兵总司令，负责保卫边疆，抵御法国军队和印第安人的进攻。后辞去军职，在弗农山过乡间绅士生活。1759—1774年任弗吉尼亚议会议员，曾领导弗吉尼亚殖民地的反英运动。1774—1775年任第一届和第二届大陆会议代表。1775年起任大陆军总司令，曾英勇出色地率领大陆军进行许多艰苦卓绝的战役，如纽约战役、长岛战役、特伦顿战役、普林斯顿战役。战后曾一度隐退弗农山，1787年被召回费城主持制宪会议，1789年根据新宪法被一致选为美国第一任总统，1793年连任总统。1796年谢绝连任第三届总统，并发表了著名的《告别演说》。在一个还是由国王、世袭酋长和小暴君统治的世界里，华盛顿做出放弃权力、让给民选继承人的决定表明美国的民主实验有了一个良好的开端。后美国有可能与法国发生战争时，被授予中将军衔，统率全军。

路易斯·阿加西斯（Louis Agassiz, 1807—1873）

博物学家。生于瑞士。1846年移居美国之前，曾在欧洲发表过许多重要著作，包括关于冰川运动的论文，亦曾在剑桥大学讲演。1848—1873年任哈佛大学劳伦斯科学院博物学教授。1859年开始收集标本，现陈列于哈佛大学比较动物学博物馆。1861年加入美国国籍。完成《对美国博物学的贡献》一书的四卷（原计划写作十卷）。

查尔斯·达尔文（Charles Robert Darwin，1809—1882）

英国博物学家，进化论的奠基人。于1859年出版震动当时学术界的《物种起源》一书。提出以自然选择为基础的进化学说，不仅说明了物种是可变的，对生物适应性也做了正确的解说，从而摧毁了各种唯心的特创论、目的论和物种不变论，并给宗教以一次沉重的打击。随后又发表《动物和植物在家养下的变异》《人类起源及性选择》等书，对人工选择做了系统的叙述，并提出性选择及人类起源的理论，进一步充实了进化学说的内容。

西格蒙德·弗洛伊德（Sigmund Freud，1856—1939）

奥地利精神病学家。

威廉·斯坦利·杰文斯（William Stanley Jevons，1835—1882）

英国经济学家和逻辑学家。

奥古斯特·孔特（Auguste Comte，1798—1857）

法国实证主义哲学家。

乔治·贝克莱（George Berkeley，1685—1753）

爱尔兰主教及哲学家。

大卫·休谟（David Hume，1711—1776）

苏格兰史学家、哲学家。

亚当·斯密（Adam Smith，1723—1790）

英国经济学家。

傅立叶（François Marie Charles Fourier，1772—1837）

法国空想社会主义者。

孟德斯鸠（Charles Montesquieu，1689—1755）

法国政治哲学家、法学家。曾考察欧洲许多国家的情况，企图揭示社会发展的规律性，认为地理条件决定一个民族的道德面貌、法律性质和政体特点，反对封建专制和神权思想，在当时有进步意义。主张在资产阶级和贵族妥协的基础上建立君主立宪制，提倡立法、行政、司法三权分立。著有《波斯人信札》《论法的精神》《罗马盛衰原因论》等。

拉普拉斯（Pierre-Simon marquis de Laplace，1749—1827）

法国天文学家、数学家。

安托万·洛朗·拉瓦锡（Antoine Laurent Lavoisier，1743—1794）

法国化学家、氧的发现者。证明物质燃烧和动物的呼吸都属于空气中氧所参与的氧化作用，并据以驳斥当时不正确的"燃素说"。在他的领导下拟定了化合物的第一个合理命名法，并在1789年写成了一本新体系的《化学基本教程》。

伏尔泰（Voltaire，1694—1778）

法国作家、哲学家、启蒙思想家。生于公证人家庭。1717年因写诗讽刺封建贵族遭逮捕。在狱中创作悲剧《俄狄浦斯》。1723年完成史诗《亨利亚德》，描写宗教战争加于人民的灾害。1725年再度被捕，并被驱逐出法国。代表18世纪法国大资产阶级的利益，反对当时的封建专制制度，主张由开明的君主执政，并强调资产阶级的自由和平等。在哲学上，认为物质世界是客观存在着的，人们的感觉反映客观存在，感觉经验是认识的唯一源泉。但他片面强调感觉的作用，不理解感性认识和理性认识的辩证关系。重要哲学著作有《哲学通信》《牛顿哲学原理》《形而上学论》《哲学辞典》等；重要文学作品有悲剧《查伊尔》《穆罕默德》，长诗《奥尔良少女》，哲理小说《查第格》《老实人》《天真汉》等。

林奈（Carolus Linnaeus，1707—1778）

瑞典博物学家。双名法（二名法）的创立者。著作以《自然系统》最为重要，在1758年所印第10版中和1753年出版的《植物种志》中，初步建立了"双名命名制"即二名法，把过去紊乱的植物名称归于统一，对植物分类研究的进展影响很大。又根据花的雄蕊数目和位置做了人为分类法，把显花植物分为23纲，另总括隐花植物为1纲，成所谓"林氏24纲"，一时也广被采用，至19世纪才为自然分类法所代替。林奈的分类范畴还没有"科"，是一个缺点。林奈起初认为"种"是永恒不变的，但在《自然系统》最后一版中，删去了"种不会变"这一项，因为他已观察到变异的现象。

欧几里德（Euclid，约公元前330—公元前275）

古希腊数学家。著有《几何原本》13卷，是世界上最早的公理化数学著作。他在这部书中，总结了前人的生产经验和研究成果，从公理和公设出发，用演绎法叙述平面几何学，其中还包括整数论的许多成果，如求两整数最大公约数的"辗转相除法"。

弗朗西斯·培根（Francis Bacon，1561—1626）

英国经验论哲学家。"英国唯物主义和整个近代实验科学的真正始祖"（马克思）。打破"偶像"主张，铲除各种偏见、熄灭各种幻想。还主张双重真理说，强调发展自然科学的重要性，提出知识就是力量，认为掌握知识的目的是认识自然，以便征服自然。指出自然界是物质的，物质是多种多样的、能动的且具有内在力量和内部张力；一切知识来源于感觉，感觉是可靠的，培根在整理感觉材料时，用的是归纳、分析、比较、观察和实验的理性方法。其思想的进步方面反映了英国资产阶级在上升时期对发展科学的要求。在教育方面，强调学校应传授百科全书式的知识。主要著作有《论科学的价值和发展》《新工具》。

约翰·洛克（John Locke，1632—1704）

英国唯物主义哲学家。早年在牛津大学研究哲学和医学；曾参加辉格党政治活动，"光荣革命"后，任贸易和殖民事务大臣。他继承并发展了培根和霍布斯的思想，制定并论证了唯物主义经验论的"知识起源于感觉"的学说。他反对天赋观念说，坚持心灵本是一块白板，后天获得的经验是认识的源泉。反对"君权神授"说，提倡自由和对资产阶级的"宽容"，提出分权说（立法、行政和联盟权），拥护代议制度，强调国家的主要任务在于保护私有财产。提出劳动（包括经营在内）创造使用价值和地租来自剩余劳动的经济学说。主张培养具有"文雅态度"和"善于处理事务"等品质的绅士。主要著作有《政府论两篇》《教育漫话》《人类理解论》等。

爱德华·詹纳（Edward Jenner，1749—1823）

英国医生，种痘法的首创人。

德谟斯梯尼（Demosthenes，公元前384—公元前322）

古希腊政治家、雄辩家。

布丰（Buffon，1707—1788）

法国博物学家、作家、进化思想的先驱者。曾任法国皇家植物园园长。研究宇宙和物种的起源，主张生物的种是可变的，竭力倡导生物转变论，并提出"生物的变异基于环境的影响"的原理。曾在法兰西学院中宣读演讲词《风格论》，提出"风格即人"的论点。著有《自然史》（36卷）。

亚历山大·汉密尔顿（Alexander Hamilton，1757—1804）

美国联邦党领导人。独立战争时期曾任华盛顿秘书、大陆会议代表。曾任财政部部长（1789—1795）。曾参加1787年制宪会议，主张建立中央集权的联邦政府。拥护奴隶制，反对18世纪法国资产阶级革命。

塔西佗（Publius Cornelius Tacitus，约55—约120）

古罗马历史学家。历任保民官、执政官、行省总督等职。反对帝制，以共和政体为理想。其文体独具风格。主要著作：《编年史》《日尔曼尼亚志》《阿古利可拉传》。均系研究西方古代史的重要资料。

修昔底德（Thucydides，约公元前460—约公元前400）

古希腊历史学家。公元前424年任雅典将军，伯罗奔尼撒战争期间，因在安菲城战役中驰援不力，被放逐。20年后返回雅典。所著《伯罗奔尼撒战争史》（8卷），以亲身经历和访问，较翔实地记述了公元前411年以前的战争经过以及当时人对一些政治事件的看法，为研究古希腊历史提供了重要资料。

拉格朗日（Joseph Louis Lagrange，1736—1813）

法国数学家和力学家，变分法的奠基人。

埃德蒙德·哈雷（Edmond Halley，1656—1742）

英国天文学家，曾任格林尼治天文台台长。编制了第一个南天星表和首次利用万有引力定律推算出一颗彗星的轨道，并预测它以约76年为周期绕太阳运转，这颗彗星后来被称为哈雷彗星。他又发现了恒星的自行和月球运动的长期加速度，并建议观测金星凌日以测定太阳的视差。

莱布尼茨（Gottfried Wilhelm Leibniz，1646—1716）

德国自然科学家、数学家、唯心主义哲学家。同牛顿并称为微积分创始人。数理逻辑的前驱者。改进了帕斯卡的加法器，设计并制造了一种手摇演算机。提出了他认为是和中国"先天八卦"相吻合的二进制，影响到后代计算技术的发展。

笛卡尔（Descartes，1596—1650）

法国哲学家、数学家。

尼古拉·哥白尼（Nicolaus Copernicus，1473—1543）

波兰天文学家。

托勒密（Ptolemaeus，约90—168）

古罗马天文学家、数学家、地理学家和地图学家。主要著作为《天文学大成》，在中世纪时是天文学的重要著作。书中主要论述宇宙的地心体系，直到哥白尼的日心说发表，书中论点才被推翻。所著《地理学指南》8卷，是当时有关数理地理知识的总结。

约翰尼斯·开普勒（Johannes Kepler，1571—1630）
德国天文学家、物理学家。

马基雅维利（Machiavelli，1469—1527）
意大利政治家、历史学家，主张为达目的利用权术，不择手段。

德尼·狄德罗（Denis Diderot，1713—1784）
法国哲学家、《百科全书》编者。

托马斯·马尔萨斯（Thomas Robert Malthus，1766—1834）
英国经济学家，马尔萨斯人口论创始人。

拉斐德侯爵（Marquis de Lafayette，1757—1834）
法国将军、政治家。美国独立战争时，曾率领法军援助美军。

密涅瓦（Minerva）
司智慧、学问、战争的女神。

马尔斯（Mars）
战神、军神。

柏拉图（Plato，公元前427—公元前347）
古希腊客观唯心主义哲学家。苏格拉底的学生，亚里士多德的老师。主张理念是独立于个别事物和人类意识之外的实体。在认识论上，认为感觉是以个别事物为其对象，因而不可能是真实的知识的源泉；一切真实的知识，只是不朽的灵魂对理念的"回忆"。宣称辩证法的一个意义就是人们回忆理念的过程。柏拉图的哲学思想对唯心主义在西方的发展影响极大。主要著作:《理想国》《法律篇》《斐多篇》《巴门尼德篇》《泰阿泰德篇》《智者篇》《蒂迈欧篇》等和书信13封。

亚里士多德（Aristotle，公元前384—公元前322）

古希腊哲学家。

玻意耳（Boyle，1627—1691）

英国化学家、物理学家。1662年用实验阐明气压升降的原理，并发现著名的气体定律。他在化学方面将当时习用的定性试验归纳为一个系统，初次引入化学分析的名称，开始了分析化学的研究。1661年写了《怀疑的化学家》一书，批判了点金术士的唯心主义"元素"观，将元素定义为未能分解的物质，使化学开始在科学的基础上进行研究，对破除迷信和提倡科学精神起了很大的作用。

伽利略（Galileo，1564—1642）

意大利物理学家、天文学家。主张研究自然界必须进行系统的观察和实验。通过实验他推翻了向来奉为权威的亚里士多德关于"物体落下的速度和重量成比例"的学说，建立了自由落体定律。他还发现了物体的惯性定律、摆振动的等时性、抛体运动规律，并确定了伽利略相对性原理，通常认为他是经典力学和实验物理学的先驱者。他也是利用望远镜观察天体取得大量成果的第一人。重要发现有:月球表面凹凸不平、木星的四颗卫星、太阳黑子、银河由无数恒星组成，以及金星、水星的盈亏现象等，有力地证明了哥白尼的日心说。1632年发表《关于两种世界体系的对话》，反对托勒密的地心体系，支持和发展了日心说，次年遭到罗马教廷圣职部判罪管制。此后他完成了《两种新科学的对话》，总结自己在力学上的工作。他主张自然之书以数学特征写成。强调只有可归结为数量特征的物质属性，如大小、形状、重量、速度等是客观存在的，而不正确地否认了色、香、味等物质属性的客观性。

威廉·布莱克（William Blake，1757—1827）
英国版画家、诗人。

德谟克利特（Democritus，约公元前460—约公元前370）
古希腊唯物主义哲学家，与留基伯并称原子论的创始人。

麦考密克（Mccormick，1809—1884）
美国人，收割机发明者。

约翰·菲奇（John Fitch，1743—1798）
美国人，汽船发明者。

马库斯·奥里留斯（Marcus Aurelius，121—180）
古罗马皇帝兼哲学家。

奥维德（Ovid，公元前43—约公元前17）
古罗马诗人。

塞尼加（Seneca，约公元前4—公元65）
古罗马政治家、哲学家、作家。

奥本海默（Oppenheimer，1904—1967）
美国物理学家、原子弹计划主持人。

贺拉斯（Horace，公元前65—公元前8）
古罗马诗人。

西塞罗（Marcus Tullius Cicero，公元前106—公元前43）
古罗马政治家、雄辩家和哲学家。其主要贡献在于将希腊哲学思想通俗化，使人易于接受。著述广博，今存《论善与恶之定义》《论神之本性》

《论国家》《论法律》及大批书简。其文体流畅，被誉为拉丁文典范。

色诺芬（Xenophon，约公元前430—约公元前355）
古希腊将军、历史学家，著有《远征记》一书。

赫伯特·斯宾塞（Herbert Spencer，1820—1903）
英国实证主义哲学家。